"十三五"
国家重点出版物出版规划项目

陆战装备科学与技术·坦克装甲车辆系统丛书

装甲车辆试验学

Armored Vehicle Testing Technology

丛华 樊新海 邱绵浩 编著

北京理工大学出版社
BEIJING INSTITUTE OF TECHNOLOGY PRESS

内 容 简 介

本书以传感器和检测技术为基础，以装甲车辆试验技术为目的构建内容体系，主要内容包括：绪论、测试系统的基本组成及特性分析、装甲车辆典型参数的测量、相似理论与正交试验设计、装甲车辆室内台架试验、装甲车辆室外道路试验、装甲车辆使用适应性试验、测试信号的采集与分析处理等。

本书整合了测量技术中的基础内容和试验技术中的重要内容，削枝强干，突出重点，使测量技术和试验技术有机融为一体。在内容安排上力求衔接有序，符合认知规律，由浅到深，由整体到局部，由理论到应用，便于读者掌握装甲车辆典型参数测量与典型试验技术的基本理论知识以及测试信号的常用分析处理方法。

本书可作为高等院校车辆工程专业有关课程教材或参考书，也可供高等院校相关专业教师、学生或科研院所工程技术人员自学参考。

版权专有 侵权必究

图书在版编目（CIP）数据

装甲车辆试验学 / 丛华，樊新海，邱绵浩编著. —北京：北京理工大学出版社，2019.6

（陆战装备科学与技术·坦克装甲车辆系统丛书）

国家出版基金项目 "十三五"国家重点出版物出版规划项目 国之重器出版工程

ISBN 978-7-5682-7107-3

Ⅰ. ①装… Ⅱ. ①丛…②樊…③邱… Ⅲ. ①装甲车－车辆试验 Ⅳ. ①TJ811

中国版本图书馆 CIP 数据核字（2019）第 105719 号

出　　版 / 北京理工大学出版社有限责任公司		
社　　址 / 北京市海淀区中关村南大街 5 号		
邮　　编 / 100081		
电　　话 / （010）68914775（总编室）		
（010）82562903（教材售后服务热线）		
（010）68948351（其他图书服务热线）		
网　　址 / http://www.bitpress.com.cn		
经　　销 / 全国各地新华书店		
印　　刷 / 固安县铭成印刷有限公司		
开　　本 / 710*1000 mm　1/16		
印　　张 / 26		责任编辑 / 梁铜华
字　　数 / 444 千字		文案编辑 / 梁铜华
版　　次 / 2019 年 6 月第 1 版　2019 年 6 月第 1 次印刷		责任校对 / 周瑞红
定　　价 / 98.00 元		责任印制 / 王美丽

图书出现印装质量问题，请拨打售后服务热线，本社负责调换

专家委员会委员（按姓氏笔画排列）：

于　全　中国工程院院士

王少萍　"长江学者奖励计划"特聘教授

王建民　清华大学软件学院院长

王哲荣　中国工程院院士

王　越　中国科学院院士、中国工程院院士

尤肖虎　"长江学者奖励计划"特聘教授

邓宗全　中国工程院院士

甘晓华　中国工程院院士

叶培建　中国科学院院士

朱英富　中国工程院院士

朵英贤　中国工程院院士

邬贺铨　中国工程院院士

刘大响　中国工程院院士

刘怡昕　中国工程院院士

刘韵洁　中国工程院院士

孙逢春　中国工程院院士

苏彦庆　"长江学者奖励计划"特聘教授

苏哲子　中国工程院院士

李伯虎　中国工程院院士

李应红　中国科学院院士

李新亚　国家制造强国建设战略咨询委员会委员、
　　　　中国机械工业联合会副会长

杨德森　中国工程院院士

张宏科　北京交通大学下一代互联网互联设备国家
　　　　工程实验室主任

陆建勋　中国工程院院士

陆燕荪　国家制造强国建设战略咨询委员会委员、原
　　　　机械工业部副部长

陈一坚　中国工程院院士

陈懋章　中国工程院院士

金东寒　中国工程院院士

周立伟　中国工程院院士

郑纬民　中国计算机学会原理事长

郑建华　中国科学院院士

屈贤明　国家制造强国建设战略咨询委员会委员、工业和
　　　　信息化部智能制造专家咨询委员会副主任

项昌乐　"长江学者奖励计划"特聘教授，中国科协
　　　　书记处书记，北京理工大学党委副书记、副校长

柳百成　中国工程院院士

闻雪友　中国工程院院士

徐德民　中国工程院院士

唐长红　中国工程院院士

黄卫东　"长江学者奖励计划"特聘教授

黄先祥　中国工程院院士

黄　维　中国科学院院士、西北工业大学常务副校长

董景辰　工业和信息化部智能制造专家咨询委员会委员

焦宗夏　"长江学者奖励计划"特聘教授

《陆战装备科学与技术·坦克装甲车辆系统丛书》
编写委员会

编者序

　　坦克装甲车辆作为联合作战中基本的要素和重要的力量，是一个最具临场感、最实时、最基本的信息节点，其技术的先进性代表了陆军现代化程度。

　　装甲车辆涉及的技术领域宽广，经过几十年的探索实践，我国坦克装甲车辆技术领域的专家积累了丰富的研究和开发经验，实现了我国坦克装甲车辆从引进到仿研仿制再到自主设计的一次又一次跨越。在车辆总体设计、综合电子系统设计、武器控制系统设计、新型防护技术、电子电气系统设计及嵌入式软件设计、数字化与虚拟仿真设计、环境适应性设计、故障预测与健康管理、新型工艺等方面取得了重要进展，有些理论与技术已经处于世界领先水平。随着我国陆战装备系统的理论与技术所取得的重要进展，亟需通过一套系统全面的图书，来呈现这些成果，以适应坦克装甲车辆技术积淀与创新发展的需要，同时多年来我国坦克装甲车辆领域的研究人员一直缺乏一套具有系统性、学术性、先进性的丛书来指导科研实践。为了满足上述需求，《陆战装备科学与技术·坦克装甲车辆系统丛书》应运而生。

　　北京理工大学出版社联合中国北方车辆研究所、内蒙古金属材料研究所、北京理工大学、中国人民解放军陆军装甲兵学院、南京理工大学、中国人民解放军陆军军事交通学院和中国兵器科学研究院等单位一线的科研和工程领域专家及其团队，策划出版了本套反映坦克装甲车辆领域具有领先水平的学术著作。本套丛书结合国际坦克装甲车辆技术发展现状，凝聚了国内坦克装甲车辆技术领域的主要研究力量，立足于装甲车辆总体设计、底盘系统、火力防护、电气系统、电磁兼容、人机工程等方面，围绕装甲车辆"多功能、轻量化、网

络化、信息化、全电化、智能化"的发展方向，剖析了装甲车辆的研究热点和技术难点，既体现了作者团队原创性科研成果，又面向未来、布局长远。为确保其科学性、准确性、权威性，丛书由我国装甲车辆领域的多位领军科学家、总设计师负责校审，最后形成了由 14 分册构成的《陆战装备科学与技术·坦克装甲车辆系统丛书》(第一辑)，具体名称如下：《装甲车辆行驶原理》《装甲车辆构造与原理》《装甲车辆制造工艺学》《装甲车辆悬挂系统设计》《装甲车辆武器系统设计》《装甲防护技术研究》《装甲车辆人机工程》《装甲车辆试验学》《装甲车辆环境适应性研究》《装甲车辆故障诊断技术》《现代坦克装甲车辆电子综合系统》《坦克装甲车辆电气系统设计》《装甲车辆嵌入式软件开发方法》《装甲车辆电磁兼容性设计与试验技术》。

《陆战装备科学与技术·坦克装甲车辆系统丛书》内容涵盖多项装甲车辆领域关键技术工程应用成果，并入选"'十三五'国家重点出版物出版规划"项目、"国之重器出版工程"和"国家出版基金"项目。相信这套丛书的出版必将承载广大陆战装备技术工作者孜孜探索的累累硕果，帮助读者更加系统全面地了解我国装甲车辆的发展现状和研究前沿，为推动我国陆战装备系统理论与技术的发展做出更大的贡献。

丛书编委会

前　言

　　现代车辆的研发过程不但涉及设计、制造和使用，而且还涉及新技术、新材料和新工艺，是一项技术密集的复杂系统工程。无论是车辆部组件设计阶段、原理样机组装阶段、设计定型阶段，还是后续使用阶段，都离不开测量和试验技术支持。车辆试验已经发展成为一个相对独立的学科，是车辆工程技术发展的重要组成部分，也是进行车辆性能评价、技术状况分析和状态监测诊断的重要技术手段。

　　鉴于车辆试验在现代车辆工程中的重要作用，以及车辆工程专业人才培养需要，编者在总结专业教学和科研实践经验的基础上编写了此书。内容选取主要根据车辆试验技术的发展，并结合履带式和轮式车辆实际情况，按照利于教与学、利于学生科学实践能力和创新精神培养的原则而定。本书兼顾了理论知识的系统性和技术手段的通用性，重点讲述了测量技术和车辆试验技术的基本理论知识以及常见试验设备、试验方法、试验数据的分析处理等内容。全书共分为8章，各章内容如下：

　　第1章　绪论：车辆试验的目的及意义；车辆试验的发展；车辆试验的分类；车辆试验的标准；车辆试验的组织。

　　第2章　测试系统的基本组成及特性分析：测试系统的基本组成；测量误差；测试系统的特性分析；不失真测试的条件；测试系统动态特性参数的测定方法；测试系统的干扰及防护。

　　第3章　装甲车辆典型参数的测量：应变与力的测量；转速与转矩的测量；振动测量；噪声测量；温度测量；液体参数测量。

　　第4章　相似理论与正交试验设计：相似理论；相似准则的求法；相似

准则形式的转换和数据处理；相似理论应用；正交试验设计；多指标分析方法；考虑交互作用的试验设计；正交试验设计的方差分析。

第 5 章　装甲车辆室内台架试验：概述；室内试验的动力设备和测功设备；车辆重心和转动惯量的测定；传动系统部件的室内台架试验；车辆动力性室内台架试验；车辆室内振动疲劳试验；消声室内车辆试验。

第 6 章　装甲车辆室外道路试验：概述；试验场；动力性试验；制动性试验；装甲车辆室外噪声试验；燃料经济性试验；操纵与稳定性试验；行驶平顺性试验；通过性试验；装甲装备陆上机动性能试验。

第 7 章　装甲车辆使用适应性试验：可靠性试验；维修性试验；保障性试验；测试性试验；安全性试验；其他适应性试验。

第 8 章　测试信号的采集与分析处理：模拟信号的采集；测试信号的幅域分析；测试信号的时域分析；测试信号的频域分析；测试信号的解调分析；测试信号的细化谱分析。

本书第 1、4 章由丛华教授编写，第 2、3、8 章由樊新海副教授编写，第 5、6 章由邱绵浩副教授编写，第 7 章由徐保荣高工编写。全书由安钢教授主审。本书编写过程中参阅了一些院校、科研单位的相关教材和专著，对书后所列参考文献的编（著）者表示诚挚的感谢！

限于学识和经验，书中疏漏和不妥之处在所难免，诚恳希望同行专家和读者不吝指正，以便进一步完善提高。

作　者

目　录

第 1 章

绪 论

装甲车辆的研发是一项技术密集的复杂系统工程。在不断提高车辆机动性能和防护性能的基础上，谋求车辆全寿命周期的可靠性、安全性、经济性和维修性等综合性能的全面提高，正成为装甲车辆发展追求的目标。这不仅是设计、制造和操作使用的问题，还涉及新技术、新材料以及新工艺的研究和发展。这些工作的开展，都与装甲车辆试验密不可分，都需要试验研究的数据支持。

|1.1 车辆试验的目的及意义|

科学实验①是人们认识客观世界，掌握研究对象本质和科学规律的重要手段。人们对客观世界的认识，是通过不断地探索和实践逐步深入的。在大量实践活动的基础上，人们不断进行总结，对客观世界的认识逐步升华，渐渐掌握了各种理论知识，而这些理论反过来又指导人们对客观世界的探索和实践，使人们的实践活动更有针对性，并逐步达到科学化、规范化。因此，实践是一切理论活动的基础，是理论工作的前提。任何一种理论，只有在科学实验中得到证实后才能确立，而理论上的重大发现往往是伴随科学实验技术的突破，这在科学发展史上屡见不鲜。通过实验证实理论和发展理论是科学技术发展的基本规律之一。

在科学技术与科学实验相互促进的高速发展过程中，科学实验通过多种技术融合、多学科知识交叉渗透，逐渐发展成为理论体系完善、设施和设备技术先进、标准法规配套、人才队伍专业化分工越来越细的独立学科。

机械工程作为传统的学科领域，伴随着电气化、信息时代的到来，车辆、飞机、船舶、工程机械等工业产品的自动化和信息化技术含量越来越高，与之

---

① 本书中出现的"实验（experiment）"一词，主要是强调与理论研究相区别的一种研究方法；"试验（test）"一词，主要是指采用测试手段来获取或者验证某一结果的行为。

相应的必然是对产品的可靠性、安全性、舒适性和经济性的要求越来越高，其研发涉及机械设计、材料加工、制造工艺、自动控制、信息技术、动力传动、电气以及通信等多学科领域。因此，要使这种技术构成和系统构成越来越复杂的大型工业产品满足性能和使用要求，就必须在产品的研发过程中进行一系列的科学实验，而且通常情况下属于大规模系统性的实验，需要由一个多学科人才构成的专业实验队伍，依托多种精密、复杂的大型实验设备和实验设施，并在相关理论指导下，依据有关的实验标准和规程来设计方案和组织实施。

例如，装甲车辆整车场地试验。场地试验要求在专门的试验场进行，一般它是一个占地面积几十平方千米的大型综合性试验基地。试验场内建设有各种典型使用条件的模拟设施，能够模拟装甲车辆实际可能遇到的各种情况，如能进行高速试验的高速跑道，能进行各种性能测试的标准路面，能进行强化试验的各种道路，有各种坡道、滑台、涉水池以及相应配套的室内设备等。场地试验可以根据实际需要，进行包括各种性能、寿命和可靠性在内的各类试验。装甲车辆场地试验不仅设施、设备条件投入很大，而且试验耗费也相对较高。尽管如此，由于在试验场里能深入开展装甲车辆各种性能的试验研究，可缩短研制试验周期、提高试验结果的可比性和试验工作的安全性，在人力、物力和时间上都能取得明显的效益，因此试验场已经成为装甲车辆研制和改进不可或缺的典型试验设施。对于装甲车辆场地试验，试验设施多属大型试验设施或设备，而且涉及试验设计、道路模拟、系统控制、信息采集、数据处理及分析和系统维护等方面的技术支持，无论是试验设施的建设和管理，还是各种试验的具体实施，均需要各类专门技术人才的通力合作才可完成。

现代科学技术的发展，无论是在广度上还是在深度上都呈现出前所未有的发展速度，这种发展极大地促进和推动了实验科学的发展，使它的应用范围和规模发生了深刻的变化，出现了许多新的情况，提出了许多新的问题。实验科学不仅仅是应用在探索性的学术研究上，而且在工程领域，无论是产品的设计、性能预测、仿真分析和验证，还是产品生产质量的检验、可靠性评估以及使用中维修和维护的检测等，均涉及实验工作，实验科学已贯穿于产品的整个寿命周期。装甲车辆研发和性能改进过程中涉及许多复杂的工程技术难题，实验往往是发现和解决问题的最有效途径。为了适应科学技术发展对实验科学的要求，需要研究科学技术实验本身的一些问题。例如，如何根据实际需要，科学、高效地组织开展装甲车辆大型试验；如何合理地设计试验方案；如何根据需要选择适宜的测试技术，组成合理的测试系统，并进行试验数据的处理分析，等等。因此，需要从实验的理论和实践两方面进行系统全面的研究，认清其规律性和特殊性，加强理论与实践的互动，使科学技术实验发挥其应有的作用。

装甲车辆的研发过程是一项技术密集的复杂系统工程，在不断提高车辆机动性能和防护性能的基础上谋求车辆全寿命周期的可靠性、安全性、经济性、测试性、保障性和维修性等综合性能的全面提高，已成为车辆发展追求的目标。这不但涉及设计、制造和操作使用等方面，而且还涉及新技术、新材料以及新工艺的研究和发展。这些工作的开展，都与试验研究密不可分，都需要试验研究的数据支持。在我国军队装备发展部门以及兵器行业相关的大型装甲车辆企业或研究机构中，都设有专门的车辆试验研究中心和综合性试验场，以承担包括装甲车辆在内的诸多特种车辆试验研究任务。

装甲车辆试验涉及的内容很广，在设计定型、部队使用和改造升级等不同的阶段，试验的侧重点和目的不同。一般来说，装甲车辆试验的目的主要有以下几个方面：

① 验证装甲车辆工程理论及技术的基础性研究。

② 新型装甲车辆设计定型的相关试验。

③ 装甲车辆相关法规标准的验证试验。

④ 装甲车辆制造质量的验证。

| 1.2　车辆试验的发展 |

车辆试验是伴随车辆工业的产生和发展而逐渐发展起来的。19 世纪末，随着蒸汽机技术、内燃机技术的发展，第一辆汽车问世。20 世纪初第一次世界大战，伴随着火炮技术、装甲防护和履带推进技术的进步，又诞生了第一辆坦克。此后，在科学技术的不断发展和工业、农业、国防以及人民生活需求不断增长的双重推动下，车辆工业得到十分迅速的发展，不断推陈出新，出现了各种用途和类型的车辆。车辆是多种技术的综合体，它的研发与制造和钢铁、冶金、石油、化工、电气、机械、交通运输等国民经济的许多产业有着极其密切的关系，车辆工业已经成为许多国家重要的支柱产业或重要产业，而各种军用车辆在现代战争中发挥的显著作用，也使得它成为世界各国军队现代化建设的重要组成部分。

车辆工业包括军用车辆发展到今天的水平是与其试验研究工作的发展密不可分的。一方面，车辆的技术构成和系统构成复杂，它需要动力、机械、电子、电气、冶金制造、控制、材料等多项技术的支持和综合应用，这就决定了车辆系统构成和技术构成的复杂性，有些理论问题并未完全解决，不少实际设计问题还不能根据现有的理论做出可资信赖的预期判断，需要通过试验来检验设计思想是否正确、设计意图能否实现、设计产品是否适合使用要求；另一方面，车辆使用条件复杂，而对车辆的各方面要求却在不断提高，如何在性能提高的同时不断提高车辆的质量和可靠性，是车辆研发和生产过程中需要关注的重要课题。因此，无论是新设计还是现生产的产品，在设计制造上考虑得如何周密，都必须通过试验来检验。

20世纪初，随着生产竞争的加剧，汽车工业率先创立了大量流水作业的生产形式，使劳动生产率得到显著提高，成本大幅度下降，产量猛增，使用范围急骤扩大。汽车工业的发展使车辆的可靠性、寿命和性能方面的问题日显突出。由于相关的理论尚不能解决这些问题，所以需要开展试验研究工作加以解决。为了适应形势的发展，有关材料、制造工艺、可靠性、寿命、磨损以及性能等方面问题的试验研究相继展开。同时，车辆生产的规模化细化了分工，需要各行业专业化的协作支持，这样标准化的研究逐步受到重视，开始制定相关的各种标准，其中包括车辆试验方面标准的制定。车辆试验技术除借用其他行业比较成熟的方法外，也逐渐形成了车辆行业自己的试验方法和试验设备，如动力传动的开式试验台、闭式试验台、疲劳试验台等，这些设备除具体结构和控制技术方面在不断改进外，基本原理沿用至今。此外，车辆的道路试验一直是车辆试验的基本方法，也建立了一些早期的试验场。早期的车辆试验，由于试验手段有限，试验设备比较简单，试验规模不大，范围不广，所以试验工作多数在试验台架和一般道路上进行，但是车辆试验工作的基本方法在这一时期已经形成，并为其后的发展打下了良好的基础。

第二次世界大战以后，随着车辆发展需求的迅速增加，无论是民用车辆还是军用车辆均得到了迅速发展。车辆试验技术也进入一个新的发展时期，特别是各相关学科的交叉渗透，有力地促进了车辆试验理论和技术的发展。例如，汽车空气动力特性、车辆地面力学、车辆结构强度与载荷、车辆实际动态工作过程等的研究试验都涉及如系统分析、相似理论、误差理论、随机数据处理等多方面的试验理论、试验技术，极大地促进了基础性研究工作的开展，有力地推动了车辆试验技术的发展。

试验技术和试验设备的完善有效地推动了车辆试验理论和技术的进步。电子技术的迅猛发展，导致各种数据采集、变换、放大、存储、处理、控制等方面仪器的出现，并且迅速向着小型化、集成化的方向发展。例如，电测量技术在现代车辆试验中已经成为主要测量手段。电测量技术借助于各种形式的传感

变换器将应力、力、力矩、压力等各种非电量的物理量变换为电量信号，然后对此电量进行测量，以确定待测非电量的量值。电测量法能够测量高速变化的物理量，易于实现多参量集中同步测量，所使用的传感变换器具有尺寸小、质量轻、易于安装等特点。由于电信号易于传输、放大、记录和存储，特别是高速数字化、大容量存储技术的快速发展，不但解决了实车数据的采集和快速存储问题，更可以直接将记录的数据输入计算机进行各种数据的分析处理。

计算机的不断发展和应用对车辆试验起了巨大的促进作用。现在运用计算机仿真技术对车辆的动力学特性、操纵稳定性、制动特性、通过性、转向特性等性能进行预测，采取有限元计算法对车体或部件进行结构强度分析等已经十分普遍，这些仿真快速、准确，可以代替大量多方案的比较试验。计算机不但是计算分析的工具，也是试验手段的重要组成部分。在试验中运用计算机，不仅是进行数据采集、处理的有力工具，而且配以相应的软件，可根据需要灵活地构成不同的虚拟测试分析系统，代替部分二次仪表，同时还可作为模拟道路状态的电子液压振动试验台、电控测功机试验台的控制设备。在场地试验中采用以计算机为核心的实车测试系统，既可以实现多参数的数据采集和大容量的存储，还可以进行实时的数据处理和分析。计算机已成为试验设备自动控制的主要核心，计算机过程控制系统可以同时对几十台试验设备进行数据采集和控制，使试验工作高度自动化。

目前，各种类型、功率等级的电液或电控振动试验台和动力特性试验台等先进试验设备的广泛采用，现代化试验场、风洞等大型试验设施的普遍建立，使车辆试验技术无论在方法上还是在装备上都达到了空前完善的程度。

我国的车辆试验也是伴随着车辆工业的产生逐步发展起来的，从学习吸收国外的经验，引进国外设备，到创立自己的试验方法，制定我国的国家标准、行业标准和军用标准，建立自己的试验设施和试验基地。经过几十年的发展，我国已经建立起比较完整的车辆试验体系，组建了国家级的汽车技术中心，相继建立了海南汽车试验场、农安汽车试验场、襄樊汽车试验场和定远汽车试验场等具有国际水准的车辆试验场。这些试验场配备了一批具有国际水平的试验设备，建立了先进的整车道路模拟试验系统、各类试验台和多种专项测试分析系统，能够完成整车、发动机、底盘、车身、电气、发动机附件及零部件、强度、振动、噪声、碰撞、轮胎等车辆几乎所有方面的试验，可以对汽车整车及各总成的性能、质量进行严格、规范的试验分析，从而满足了汽车产品开发和基础研究工作的要求。此外，为满足坦克装甲车辆等特种车辆的发展需要，我国还积极开展该方面的试验研究，建立了特种车辆试验场和试验基地，用于特种车辆的试验。

在加强试验设施建设的同时，我国还建立了各类专门的车辆研究机构，专门从事车辆的试验研究工作。他们与车辆制造集团的研究机构和高等院校的车辆教学研究机构一起构成了我国车辆研发、试验的主要研究力量。

| 1.3 车辆试验的分类 |

车辆试验涵盖的内容非常广泛，涉及车辆的设计性能、制造质量、使用的可靠性以及相关技术开发的测试与评价，需要解决的问题多而复杂，要根据实际需要，组织相关的试验。车辆试验可按试验目的、试验对象和试验方法等进行分类。

1. 从试验目的的角度分类

从试验目的的角度分类，车辆试验又可分为科研性试验、新产品定型试验和质量检查试验。

1）科研性试验

它是带有探索和研究性质的试验，其包含 3 种情况：一是在新产品研发或现有产品改进过程中，对车辆的新部件、新结构及采用的新材料、新工艺等进行的试验；二是为找出现有车辆存在的某方面问题，分析其产生的原因，进行的针对性试验；三是为探讨新的试验方法与测试技术、制定试验标准而进行的有关试验。

2）新产品定型试验

车辆定型试验是车辆由研制阶段转向生产阶段重要的关键环节。任何新车型在正式定型投产之前都必须按照规程对车辆进行全面的性能鉴定试验。试验不仅要进行各种性能试验，而且还要在不同地区（如我国华南亚热带、西藏高原、东北寒区等）进行适应性和实用性试验。定型试验的要求十分严格，试验中不允许出现重大损坏、性能恶化及频繁维修等情况。定型试验需要提供一定数量的试验样车，试验样车数量既不是越多越好，也不是越少越好，其数量的确定，既要考虑到试验鉴定的质量，也要兼顾研制经费的投入。确定试验样车数量的基本原则是，在确保车辆发展质量的基础上，降低工程研制阶段和设计定型阶段的成本费用，同时保证车辆耐久性、可靠性等试验评估值达到质量界限下限规定，这样试验质量才是可信的。国家军用标准 GJB 848—1990《装甲

车辆设计定型试验规程》对装甲车辆定型试验的车辆样本数做出了规定，基型车 3～5 辆，变型车 2～3 辆。

3）质量检查试验

质量检查试验主要是针对正在生产的成熟车辆产品进行的定期试验，这种产品技术状态已经定型，试验的目的主要是确保产品质量，鉴定产品质量的稳定性。质量检查试验一般情况下比较简单，时间相对较短，通常是针对用户意见进行检查并作出检查结论。一般每种产品都有具体的试验规范，如 GB 1333—1977《汽车产品质量定期检查试验规程》。

2. 从试验对象的角度分类

从试验对象的角度分类，车辆试验又可分为整车性能试验、部件及总成试验和零部件试验。

1）整车性能试验

整车性能试验主要是对整车的技术性能进行考核，检查其各项性能指标是否达到研制的总要求。如动力性、制动性、通过性、平顺性、经济性试验以及车辆基本参数的测定等均属整车性能试验。需要注意的是，受车内空间条件及结构的限制，被测试参数信号的提取和存储均较室内试验困难，因此对于测试系统的选择和安装必须结合车辆实际情况仔细研究。

2）部件及总成试验

这部分试验一般在整车试验前完成，它的主要目的是考核部件及总成的工作性能和耐久性是否满足设计要求，如动力装置功率、传动系统各部件的效率、悬挂装置的特性以及它们的结构强度、疲劳寿命和耐久性等。

3）零部件试验

零部件试验主要考核其结构和工艺设计的合理性，测试其刚度、强度、磨损和疲劳寿命以及研究材料的选择是否合适。

3. 从试验方法的角度分类

从试验方法的角度分类，车辆试验又可分为室内台架试验、室外道路试验和试验场试验。

1）室内台架试验

室内台架试验是通过室内试验台架模拟实际使用工况，对车辆及其部件进行的试验，其特点是试验的针对性较强，能消除不需要研究的某些因素，并能以较高的精度来测试车辆及其部件的相关性能。近些年，随着现代试验技术和计算机技术的发展，大容量的动态数据采集系统已实现小型化和产品化，为车辆试验的数据采集提供了便利，也使得利用台架试验模拟车辆的实际使用工况成为可能。在实际试验中建立台架试验与实车道路试验相应的关系，可以代替一部分道路试验，这样不仅提高了试验精度，而且缩短了试验周期。

2）室外道路试验

它是指车辆在实际使用道路条件下进行的试验，主要用于全面考核和评价车辆的技术性能。其特点是试验符合车辆实际使用情况，能全面反映车辆的总体技术性能，是应用最普遍的车辆试验方法。

3）试验场试验

它是在专门的车辆试验场，按预先制定的试验项目、规范，在规定的行驶条件下进行的试验。其特点是在试验场内可设置比实际道路更恶劣的行驶条件和各种典型道路与环境，利于进行强化试验以缩短试验周期，提高试验结果的对比性，同时还可进行可靠性试验、寿命试验及环境试验等。

1.4 车辆试验的标准

现代车辆性能不断提高，技术构成日趋复杂，规模不断扩大，这也导致其试验的内容不断增加，规模不断扩大。规范车辆研发和生产过程中所进行的各项试验，是提高车辆研发效率，确保车辆性能提高和监督产品质量的关键。因此，试验规程和技术性能标准是车辆研发和产品生产中必不可少的技术文件。目前，针对车辆试验，可以参照的标准主要有：国际标准，它由国际标准化组织主持制定，其目的是便于国际通用；区域标准，是由世界某一地区标准化团体及参与标准化活动的区域团体所制定并通过的标准，如欧洲标准化委员会；国家标准，各个国家自己制定的国家标准，我国的国家标准由国家主管机构批准、发布，在全国范围内统一实施，目前已相继制定了一系列汽车和军用车辆试验的国家标准和国家军用标准；行业标准，我国的行业标准是在没有国家标准而又需要在全国某个行业范围内统一技术要求而制定和实施的标准，我国的汽车行业根据国家标准的制定情况和行业特点补充颁布了一系列行业标准；除此以外，我国还有企业标准，它是企业范围内统一技术要求、管理要求和工作要求所制定的标准，是企业组织生产、经营活动的依据。

1. 车辆试验标准规范的内容

车辆试验标准主要对以下内容进行了统一和规定：

① 统一规定了试验项目、试验规程，可作为制定试验大纲、实施试验的依据。

② 规定了性能参数、技术要求、允许值，可作为试验结果评价的标准。

③ 规定了车辆各项试验检测规程、操作方法，可作为车辆定型、合格产品出厂的检验标准。

2. 汽车试验标准

我国关于汽车试验的标准主要有国家标准和行业标准，它们分别适用于轿车、客车和载货车。例如：

① GB 1332—1977　载重汽车定型试验规程。

② GB 1334—1977　载重汽车和越野汽车道路试验方法。

③ JB 3746—1984　客车定型试验规程。

④ JB 3748—1984　客车道路试验方法。

为了汽车厂在生产中实施质量控制，中国汽车工业公司制定了载货汽车、客车、轿车质量（QZ）检查评定办法，统称蓝皮书，书中收录了部分相关的标准与文件，例如：

① QZ 101—1984　载货车辆质量检查评定规程。

② QZ 108—1984　载货车辆整车质量考核试验评定方法——25 000 km 行驶试验。

3. 军用车辆试验标准

对于军用履带式和轮式车辆的试验，参照的主要是国家军用标准（GJB），这些标准分别适用于坦克装甲战斗车辆、军用汽车和军用工程机械。国家军用标准《装甲车辆试验规程》中列出了所有的相关标准目录。

| 1.5　车辆试验的组织 |

车辆试验作为考核车辆研发或改进的必备环节，是技术性和系统性很强的工作，往往需要调集各类技术人员和动用大量试验设备，投入较大经费，耗费一定的试验周期。对于一些重要试验，如车辆定型试验的地区适应性试验，对地理和气候条件有明确要求，试验有很强的季节性。因此，要确保车辆试验高效顺利地完成，必须周密计划，严密组织，缜密实施。一般来说，车辆试验可分为试验准备、试验实施和试验总结 3 个阶段。

1.5.1 试验准备阶段

试验准备阶段主要进行制定试验大纲、仪器准备和人员配备等方面的工作，这些工作是确保试验顺利实施的重要保证。

1. 制定试验大纲

任何试验都必须依照试验大纲进行，它是指导试验的重要技术文件，关系到试验的好坏与成败，必须认真细致地准备。车辆试验大纲应根据车辆试验任务提出的要求，按相应的国家标准或国家军用标准编制，然后经过反复讨论、审批后方可实施。试验大纲应包括下列内容：

① 明确试验的目的和任务。试验大纲首先要明确试验的目的，因为它决定了试验的类型，在很大程度上决定了试验进行的规模与内容；其次，要规定试验必须完成的任务，如需要考察的技术性能、获取的技术数据、观察的试验现象等。

② 确定试验内容与条件。大纲应根据试验任务，确定所需的试验项目和内容、试验程序以及试验工作量，还要对各项试验内容和条件作简要说明，必要时应附有说明的示意图。

③ 列出试验项目和测量参数。对于每一项试验内容，大纲中均应详细列出必须进行的试验项目以及每个项目需要测量的参数，并说明由测量参数求得最后性能指标的方法。

④ 试验仪器和设备。根据列出的试验项目和需要的测量参数，给出选用的试验仪器和设备，并对仪器的精度提出要求。

⑤ 试验技术和方法。大纲中应对试验中涉及的有关试验技术、试验方法和步骤做出规定，以利于规范试验人员的操作、数据检测，这对确保试验的成功十分重要。对于标准或法规规定的试验程序和方法必须遵守。

⑥ 试验的时间和进度。根据试验的目的、任务，结合各试验项目的特点以及进行的次序，大纲中要对试验总的时间及各个项目进度时间提出要求，在此基础上编制进度计划，以便使试验工作协调和有序地进行。

⑦ 人员组织与分工。明确参加试验的单位，建立试验组织机构，组成试验领导指挥系统，负责组织、指挥试验的进行。明确参加试验人员的构成、分工和职责，使人尽其责。

2. 仪器设备准备

试验前应根据试验大纲要求，准备好所需的仪器和设备，并做好检查和调

试工作。试验所用的各种传感器、测量仪器必须进行过标定，未标定的仪器标定后方可用于试验，标定的数据应记录并填入试验报告中；所有测量仪器与设备都应满足试验的测量范围、容量和精度要求；多参数的复杂测试系统试验前应进行联调和试运行，以检查数据采集和存储是否符合要求；整车试验的装车试验仪器，要设计好安装位置、固定措施和连接线路；室内台架试验，除检查测量仪器、动力设备、测功设备等外，还要检查各种连接件的连接是否可靠。

3. 人员配备

根据试验项目的具体特点、测量数据，配备操作、检测人员，明确每个人的任务和相互间协调配合的要求，试验前应对试验人员进行必要的培训，使其熟悉试验的要求和程序，掌握仪器设备的使用操作、测量数据的检查和校核，拟定试验记录数据的输出格式。

1.5.2 试验实施阶段

1. 试验实施

试验实施阶段一般经历下述几个过程：

① 起动预热。起动预热过程是确保试验设备和被试车辆部件正常工作的必要过程。不论是车辆试验，还是总成、部件试验，除另有规定（如冷起动试验）外，都必须按要求先起动预热，然后按负荷由小到大、转速由低到高的程序进行试验。

② 工况监测。在试验进行中，为防止发生破坏性事故，使试验工况符合要求，必须随时对车辆和设备的运转工况进行监测（如发动机水温、机油温度等），要特别注意限制极限加载值的情况。

③ 采样读数。试验进行中要按大纲规定，对指定工况进行数据采集和读数。对于稳态试验，按一定的时间间隔（如 5 s）采集其间的稳定值；在动态瞬时试验中，要使数据采集与被试件动作同步。

④ 现代车辆试验中，为快速记录大量测量数据，一般采用由计算机控制的自动采样记录系统，可根据需要对数据进行处理，迅速计算出所需的参数，输出形式既可以是曲线或图形，也可以是表格。在试验结束后，应立即汇总主要测试数据，校核各参数测定值，及时作出试验是否有效的判断。若发现数据互相矛盾、不合理或偏差过大，则应采取改进措施，必要时重新进行试验。

2. 必须遵循的原则

在试验实施中，必须遵循以下原则：

① 试验必须严格按试验大纲实施，试验现场不得临时改变试验项目或内容，以避免考虑不周、准备不足而发生意外事故。

② 试验中发现车辆、设备、仪器出现故障，应及时停止试验，进行检修，待车辆、仪器、设备完好后方可继续实施试验。

③ 试验人员应明确试验中规定的允许最大负荷、最高转速、最大压力等极限值，任何情况下不得超过规定的要求限值。

④ 车辆试验的测试数据应及时汇总处理，以便发现问题，在下次试验中解决。

⑤ 试验中，要有明确的安全要求，并采取相应的安全措施，以确保试验人员的人身安全。

1.5.3　试验总结阶段

试验总结阶段的主要工作，首先要对试验中观察到的现象和发现的问题进行定性的分析研究；其次对测得的各类试验数据，运用试验统计理论、误差理论进行处理和分析，以确定实测所得的性能指标和各参数间的关系，得出相应的定量结论，同时对于一些试验项目，如强度、疲劳、磨损试验，还要在试验完毕后，通过对被试件进行分解、检查与测量，取得试验后的数据，而对于整车、部件总成试验，有时为分析试验中出现的问题，也需要对被试件进行分解；最后在完成上述工作后就可以对被试件做出总体评价，给出试验结论，总结试验全过程，写出试验报告。试验报告的内容一般包括：

① 试验的目的和试验内容。

② 试验条件的描述，可包括如下内容：

a. 外部环境参数。气候参数，如气温、大气压力、风向、风速等，两栖车辆水上试验还需要测量海况等参数。地形条件，如地形坡度、土壤参数等。

b. 试验工况参数，如油温、水温、油压和流量等。它便于试验结果的比较和应用试验结果时参考。

③ 试验方案设计与试验方法。

④ 测试系统的构成和仪器的选配。

⑤ 传感器的标定及精度。

⑥ 数据处理的方法、处理结果与误差范围。

⑦ 试验结果分析。

⑧ 结论。

⑨ 存在问题和进一步的改进意见。

⑩ 附录，如典型试验记录曲线、数据处理结果表、试验规律曲线及试验过程的有关照片等。

第 2 章

测试系统的基本组成及特性分析

测试是一种依赖测试系统定量地获取研究对象某种未知信息的过程。车辆试验过程中，往往需要测量一些性能参数或状态参数。在对被测量进行测量时，要用到各种各样的装置和仪器，这些装置和仪器对被测量进行传感、转换、传送、显示、记录以及存储等，由于受测试系统特性以及信号传输过程中干扰的影响，输出信号的质量一般不如输入信号的质量。为了正确地描述和反映被测量，实现所谓的"不失真测试"，测试系统的选择及其传递特性的分析极其重要。本章主要从测试系统自身的角度，研究测试系统的组成、各环节的主要功能，测量误差，测试系统的静态特性、动态特性分析，测试系统对典型激励的响应，不失真测试的条件，测试系统动态特性参数的测定，测试系统的干扰与防护等，便于读者掌握不失真测试的条件，在实际工作中具备相应的理论基础知识，能够合理选择和使用测试仪器。

|2.1　测试系统的基本组成|

　　测试工作一方面是要借助测试系统检测到信号，另一方面是要从复杂的信号中提取有用的信号或从含有干扰的信号中提取有用的信息。为了完成测试任务，常需要借助一定的测量工具或测量装置。工程技术领域中的被测量，绝大部分是非电量，如压力、温度、湿度、流量、力、应变、位移、速度和加速度等。在现代测量方法中，越来越多地将这些非电量变换为电量后再进行测量，称为非电量的电测技术。这得益于电量便于转换、传输、处理和显示，准确度和灵敏度高，测量范围大，响应速度快，频率范围宽等特点。随着微电子技术和计算机技术的飞速发展，电测技术的优点更加明显，应用也更加广泛。

　　测试系统是指由有关器件、仪器和装置有机组合而成的具有定量获取某种未知信息之功能的整体。一个测量或测试系统大体上可用图 2.1 所示的原理框

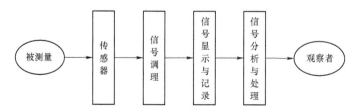

图 2.1　测试系统原理框图

图来描述，通常包括传感器、信号调理、信号显示与记录、信号分析与处理以及与测试有关的其他部分。

1. 传感器

传感器是测试系统中的第一个环节，用于从被测对象获取有用的信息，并将其转换为适合于测量的变量或信号。对于不同的被测物理量要采用不同的传感器，这些传感器的作用原理所依据的物理效应是千差万别的，其性能直接影响整个测试工作的质量，因此传感器在整个测量系统中的作用十分重要。

2. 信号调理

信号调理环节是对传感器的输出信号作进一步的加工和处理，包括将电阻抗转换成电压或电流、放大、滤波、调制与解调、整形、模–数和数–模转换等。通过对信号的调理，最终希望获得便于传输、显示和记录以及后续处理的信号。

3. 信号显示与记录

信号显示与记录环节是将调理过的信号以便于人们观察和分析的形式，利用某种介质和手段进行显示或记录，如利用示波器可以显示信号的波形，利用磁带机可以将信号记录下来，随时能够回放。

4. 信号分析与处理

信号分析与处理环节是把测得的信号经过必要的变换或运算（滤波、增强、压缩、估计、识别等），研究信号的构成和特征值，以便从中获得所需信息的过程。用于信号分析与处理的仪器或装置有专用信号处理机、信号分析与处理应用软件等。

除了以上主要部分外，测试系统还可能包括传感器安装支架、供电电源、导线、打印机、绘图仪等。上述组成测试系统的各个部分除传感器是必需的以外，其他的某些部分可能根据实际情况被简化。例如，某些传感器的输出直接为电信号，可不需要调理而直接进行显示。

应当指出，一个完整的测试系统，广义上是指从测量输入量的那个环节到测量输出量的那个环节之间的整个系统，既包括测试仪器本身，也包括测量对象和观察者。因为后两者也会影响到测量结果以及系统的输入、输出关系，所以它们与测量仪器一起决定了整个系统的传递特性。

|2.2 测 量 误 差|

在实际测量工作中，许多因素，诸如测量设备制造上的不完善、测量方法的不完善、测量环境的影响，以及测量人员能力的限制等，都会使测量结果与被测量真实值之间存在差异，这种差异的数值表现即误差。

随着科学技术的发展，测量误差可以控制到很小，但误差绝不可能为零，它有一个理论极限，这个极限就是使测量对象本身失去物质概念的那个量。例如，长度测量的误差就不可能小于分子的大小，否则就破坏了被测物体表面的连续性，因而失去界限就变成了无对象测量。因此，任何测量结果都具有误差，误差始终存在于一切科学实验与测量之中，这就是"误差公理"。

1. 真值

真值即真实值，是指在一定条件下，能够真正反映被测量大小的量值。真值是客观存在的，但通常是未知的。实际测试中所说的真值一般是指理论真值、约定真值和相对真值。

1）理论真值

理论真值也称绝对真值，如数学中平面三角形的 3 个内角之和恒为 180°，直角为 90° 等。

2）约定真值

约定真值也称规定真值，是指国际上公认的某些基准量值，如国际千克原型器的质量等。

3）相对真值

将计量器具按精度分为不同的等级，若把上一等级的指示值作为下一等级的真值，此真值称为相对真值。有时也可以用已修正过的多次测量的算术平均值来代替真值使用。

2. 误差

1）绝对误差

绝对误差用给出值 x 与真值 x_0 的差表示，即

$$\Delta x = x - x_0 \tag{2.1}$$

它反映了测量值偏离真值的绝对大小。

2）相对误差

相对误差用绝对误差 Δx 与其真值 x_0 的比值的百分数表示，即

$$\varepsilon = \frac{\Delta x}{x_0} \times 100\% \qquad （2.2）$$

采用相对误差表示法较绝对误差表示法能更好地表明测量质量的好坏，更加符合量值大所能接受的绝对误差也可以大一些、量值小所能接受的绝对误差应该小一些的客观情况。

在连续刻度的仪表中，用相对误差来表示整个量程内仪表的准确程度，往往也不方便。因为使用这种仪器时，在某一测量量程内，被测量有不同的数值，随着被测量大小的不同，其真值在变化，相对误差也将随之改变。

3）引用误差及最大引用误差

引用误差 r 用绝对误差 Δx 与仪器的满量程 A 之比的百分数表示，即

$$r = \frac{\Delta x}{A} \times 100\% \qquad （2.3）$$

引用误差是相对误差的一种特殊形式，也就是测量真值刚好为 A 时的相对误差。事实上，在仪器测量范围的各个示值的绝对误差 Δ 都是不同的，引用误差仍与仪器的具体示值 x 有关，为此又引入最大引用误差的概念。

最大引用误差 r_{max} 用规定条件下当被测量平稳增加或减少时，在仪器全量程内所测得各示值的绝对误差的绝对值最大者与满量程 A 之比的百分数表示，即

$$r_{max} = \frac{|\Delta x|_{max}}{A} \times 100\% = \frac{|x - x_0|_{max}}{A} \times 100\% \qquad （2.4）$$

最大引用误差是仪器基本误差的主要形式，能很好地表明仪器的测量精确度，故是仪器最主要的质量指标和工业仪器精度等级的标志，由制造厂家给出。仪器在出厂检验时，不论指针在刻度的哪一点，其引用误差都不允许超过 r_{max} 值。

我国规定电工仪器精度等级 G 分为 0.1、0.2、0.5、1.0、1.5、2.0、2.5、5.0 八级。人为规定：取最大引用误差百分数的分子作为精度等级的标志，即精度等级 G 为最大引用误差去掉百分号后的数字。若精度等级 G 为 0.2，它所表示的意义是引用误差的最大值为 ±0.2%。仪器精度等级的数字越小，精度越高。

由引用误差的定义可知，不宜选用大量程的仪器测量较小的量值，否则会产生较大的误差。同时，由若干台不同精度的仪器组成的测试系统，其测试结果的精度主要取决于精度最低的那一台仪器，因此应当选用同等精度的仪器来组成所需的测试系统。如果不能做到同等精度，则前面的精度应高于后面的

精度。

4）残差

由于真值是无法确定的，因此误差也是无法确定的。在实际测量时常用约定值、相对值或估计值 $\bar{x}$ 代替真值，这样测量值 x 与约定值 $\bar{x}$ 之差称为残差 v，即

$$v = x - \bar{x} \tag{2.5}$$

| 2.3　测试系统的特性分析 |

测试系统是用来测量被测信号的，被测信号经系统的加工和处理之后被输出。系统的输出信号应该真实地反映原始被测信号，这样的测试过程被称为"精确测试"或"不失真测试"。因此，测试系统各环节输出量与输入量之间应保持一一对应和尽量不失真的关系，并尽可能地减小和消除各种干扰。系统的运行与操作离不开信号，通常把外界对系统的作用称作系统的输入或激励，而将系统对这种作用的反应称作系统的输出或响应。系统的作用就是对输入信号进行加工处理、运算变换和传输。一个系统无论多么复杂，其传递特性与输入、输出之间的关系可用图 2.2 表示。

图 2.2　测试系统原理框图

从系统本身的特性来划分，可分为连续与离散、线性与非线性、因果与非因果、稳定与非稳定等系统。在动态测试中，根据不同的测试对象所采用的测试系统将会涉及诸如电学、力学、光学和声学等不同学科领域的问题，但就测试系统本身来讲，理想情况下应该是一个线性系统。这是因为线性系统是客观存在的，同时目前处理线性系统及其问题的数学理论较为完善，而对于动态测试中的非线性校正还比较困难。虽然实际的测试系统往往不是一种完全的线性系统，但在一定的测量范围、工作频段和一定的误差允许范围内均可视为线性系统，因此研究线性系统具有普遍性。

测试系统的特性分为静态特性和动态特性。从数学上讲，线性系统是指可以用线性方程（线性代数方程、线性微分方程和线性差分方程）描述的系统。若系统的输入 $x(t)$ 和输出 $y(t)$ 之间的关系可以用如下微分方程描述：

$$a_N \frac{\mathrm{d}^N y(t)}{\mathrm{d}t^N} + a_{N-1} \frac{\mathrm{d}^{N-1} y(t)}{\mathrm{d}t^{N-1}} + \cdots + a_1 \frac{\mathrm{d}y(t)}{\mathrm{d}t} + a_0 y(t)$$

$$= b_M \frac{\mathrm{d}^M x(t)}{\mathrm{d}t^M} + b_{M-1} \frac{\mathrm{d}^{M-1} x(t)}{\mathrm{d}t^{M-1}} + \cdots + b_1 \frac{\mathrm{d}x(t)}{\mathrm{d}t} + b_0 x(t)$$

（2.6）

且方程中的系数 a_n、b_m 均为不随时间变化的常数，则该方程为常系数微分方程，所描述的系统为定常线性系统或线性时不变系统（LTI，Linear Time Invariant）。

2.3.1　测试系统的静态特性

如果测试系统的输入和输出不随时间变化，或变化极慢（在所观察的时间内可忽略其变化而视作常量），这样在式（2.6）微分方程中输入和输出的各阶导数均为零，于是有输入和输出线性成比例，即

$$y(t) = \frac{b_0}{a_0} x(t) = Sx(t)$$

（2.7）

在此基础上所确定的测试系统的响应特性称为静态特性。简单地说，静态特性是指测试系统传输静态量或准静态量的特性，主要包括灵敏度、非线性度、回程误差、量程、精确度、分辨力、重复性、漂移和稳定性等。

1. 灵敏度

单位被测量引起的仪器输出值的变化称为灵敏度。测试系统的灵敏度常用输出量与输入量的变化量之比来表示，即

$$S = \frac{\Delta y(t)}{\Delta x(t)}$$

（2.8）

如果测试系统为定常系统，则其输入和输出线性成比例，那么它的灵敏度为常量，即

$$S = \frac{\Delta y(t)}{\Delta x(t)} = \frac{y(t)}{x(t)} = \frac{b_0}{a_0}$$

灵敏度反映了测试系统对输入量变化的一种反应能力。灵敏度的量纲取决于输出量与输入量的量纲。若系统的输出量与输入量为同量纲，灵敏度就是该测试系统的放大倍数。这里需要注意：测试系统的灵敏度并非越高越好。通常情况下，灵敏度越高，对输入量的变化反应越灵敏，但测量范围越窄，稳定性也就越差。

2. 非线性度

非线性度是指定度曲线偏离其理想直线的程度。所谓定度曲线，是指在静

态测试中，根据测试系统的输入量与输出量实测值的一一对应关系所绘制的曲线。非线性度的具体技术指标则采用在测试系统的标称输出范围 A 内，定度曲线与理想直线的最大偏差 B 与 A 之比的百分数表示，即

$$非线性度 = \frac{B}{A} \times 100\% \tag{2.9}$$

非线性度反映了测试系统的输入与输出保持线性关系的程度，非线性度越小，测试系统的线性程度越高。至于理想直线的确定，国内外还没有统一的标准，常用的方法主要有两种：端基直线和独立直线。端基直线是连接测量范围上下限点的直线，如图 2.3（a）所示。这种方法求解过程简单，但误差较大。独立直线是指使输入与输出曲线上各点的线性误差平方和最小的直线，如图 2.3（b）所示。这种方法需要利用最小二乘法进行直线拟合求解。

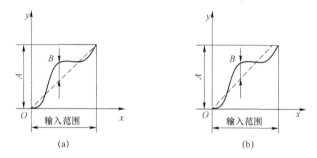

图 2.3 非线性度示意
（a）端基直线；（b）独立直线

对于 N 点离散数据 $\{x(n), y(n)\}$，$n = 0, 1, \cdots, N-1$，$x(n)$ 代表点数或时间，$y(n)$ 代表实测数据。设其回归直线为

$$\hat{y} = kx + b \tag{2.10}$$

对于每点 $x(n)$，其实测值 $y(n)$ 与回归值 $\hat{y}(n)$ 之差的平方和为

$$Q = \sum_{n=0}^{N-1} [y(n) - \hat{y}(n)]^2 = \sum_{n=0}^{N-1} [y(n) - kx(n) - b]^2$$

分别取 Q 关于 k 和 b 的偏导数，并令其为 0，有

$$\frac{\partial Q}{\partial b} = -2\sum_{n=0}^{N-1} [y(n) - kx(n) - b]x(n) = 0$$

$$\frac{\partial Q}{\partial b} = -2\sum_{n=0}^{N-1} [y(n) - kx(n) - b] = 0$$

得正规方程组

$$\begin{cases} Nb + k\sum_{n=0}^{N-1} x(n) = \sum_{n=0}^{N-1} y(n) \\ b\sum_{n=0}^{N-1} x(n) + k\sum_{n=0}^{N-1} x^2(n) = \sum_{n=0}^{N-1} x(n)y(n) \end{cases}$$

方程组有唯一的解

$$\left. \begin{array}{l} k = \dfrac{\overline{xy} - \overline{x}\ \overline{y}}{\overline{x^2} - \overline{x}^2} \\ b = \overline{y} - k\overline{x} \end{array} \right\} \tag{2.11}$$

式中，$\overline{x} = \dfrac{1}{N}\sum_{n=0}^{N-1} x(n)$，$\overline{y} = \dfrac{1}{N}\sum_{n=0}^{N-1} y(n)$，$\overline{xy} = \dfrac{1}{N}\sum_{n=0}^{N-1} x(n)y(n)$，$\overline{x^2} = \dfrac{1}{N}\sum_{n=0}^{N-1} x^2(n)$。

需要注意，在定度曲线制作过程中，测试系统的输入值一定在其给定的输入范围内，并且尽可能均匀布满其满量程。

3. 回程误差

回程误差也叫滞后量或变差。实际测量系统在同样的测试条件下和全量程范围内，当输入量由小增大再由大减小时，所得到的定度曲线并不重合，如图 2.4 所示。回程误差的技术指标用同一个输入量对应两个输出量之间差值的最大者 h_{max} 与标称输出范围 A 之比的百分数表示，即

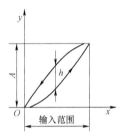

图 2.4 回程误差示意

$$回程误差 = \frac{h_{max}}{A} \times 100\% \tag{2.12}$$

回程误差一般是由于系统内部的摩擦、间隙，以及某些机械材料（如弹性元件）和电、磁材料的滞后现象引起的。

4. 量程

测试装置所能测量允许的最大被测量（即输入量）的数值称为测量上限 x_{max}，最小被测量的数值则称为测量下限 x_{min}，用测量下限和测量上限表示的区间称为测量范围，而测试装置的量程用测量上限与测量下限的代数差 $x_{max} - x_{min}$ 表示。输入超过允许承受的最大值时，称为过载。超量程使用，不仅会引起较大的测量误差，还有可能对测试装置造成损坏，一般是不允许的，但测试装置应具有承受一定过载的能力。过载能力通常用一个允许的最大值或者用满量程值的百分数来表示。

5. 精确度

精确度指测量仪器的指示值和被测量真值的接近程度。精确度是受诸如非线性、迟滞、温度变化、漂移等一系列因素的影响，反映测量中各类误差的综合。

6. 分辨力

分辨力也称为灵敏阈或灵敏限，是指测试系统所能检测出来的输入量的最小变化量，通常是以最小单位输出量所对应的输入量来表示的。一个测试系统的分辨力越高，表示它所能检测出的输入量的最小变化量值越小。输出为数字显示的测试系统是用最后一位所代表的输入量表示其分辨力，输出为模拟显示的测试系统是用输出指示标尺最小分度的一半所代表的输入量来表示其分辨力。

7. 重复性

重复性表示由同一观察者采用相同的测量条件、方法及仪器对同一被测量所做的一组测量之间的接近程度。它反映了在同样条件下，以同样方法，多次输入给测试系统同一大小的量时，测试系统重复输出读数的能力。

8. 漂移

仪器的输入未发生变化时其输出所发生的变化叫漂移。在规定条件下，对一个恒定的输入在规定的时间内的输出变化，称为点漂。在测试装置测量范围最低值处的点漂，称为零点漂移，简称零漂。其他条件不变，在规定时间内产生的漂移称为时飘。随环境温度变化所产生的漂移称为温漂。漂移常由仪器的内部温度变化和元件的不稳定性所引起，它反映了测试系统对各种干扰包括温度、湿度和电磁场等的适应能力。

9. 稳定性

稳定性表示测试装置在一个较长时间内保持其性能参数的能力，也就是在规定的条件下，测量装置的输出特性随时间的推移而保持不变的能力。一般以室温条件下经过一段规定的时间后，测量装置的输出与起始标定时的输出差异程度来表示其稳定性。其表示方式如多少个月不超过百分之多少满量程输出，有时也采用给出标定的有效期来表示其稳定性。

选用测量装置应该考虑其抗干扰能力和稳定性，特别是在复杂环境下工作时。影响稳定性的因素主要有时间、环境、干扰和测量装置的器件状况等。

2.3.2　测试系统的动态特性

当输入量随时间变化时，测试系统所表现出的响应特性称为动态特性。了解测试系统的动态特性非常重要，因为在动态测试中，我们所观测到的输出量不仅受到输入变化的影响，同时也受到测试系统动态特性的影响。

描述测试系统动态特性的方法有多种。时域中常用的描述方法有微分方程、差分方程和状态方程，或特定输入下的响应，如单位冲激响应函数等；复数域中有传递函数；频域中有频率响应函数等。在表达方式上可以是一种数学表达式，也可以是一种图形表示。相对于数学表达式，图形表示更加直观，易于理解。这里主要研究常用时域微分方程、传递函数、频率响应函数和单位冲激响应函数等描述方法。

1. 时域微分方程

当测试系统被视为线性时不变系统时，可用常系数线性微分方程（2.6）描述。若已知系统的输入 $x(t)$，通过求解微分方程，能够得到系统的响应 $y(t)$，再根据输入、输出之间的传输关系就可确定系统的动态特性。

微分方程是一种基本的数学模型，重在反映系统的输入、输出关系，而系统特性隐含在方程之中，不直观、不明了，在实际使用中有许多不便。因此，常通过拉普拉斯变换（简称拉氏变换）、傅里叶变换（简称傅氏变换）建立相应的传递函数、频率响应函数，以便更加方便地从测试系统自身的角度来描述其动态特性。

2. 传递函数

拉普拉斯变换为求解微分方程带来了方便。它可以把微分、积分运算转换为乘法、除法运算，进而把微分方程转换为代数方程。利用拉普拉斯变换的微分性质，对式（2.6）两边进行拉普拉斯变换，可以建立测试系统传递函数的概念。在初始条件为零的情况下，记输入 $x(t) \leftrightarrow X(s)$，输出 $y(t) \leftrightarrow Y(s)$，则系统的传递函数 $H(s)$ 被定义为输出量和输入量的拉普拉斯变换之比，即

$$H(s) = \frac{Y(s)}{X(s)} = \frac{b_M s^M + b_{M-1} s^{M-1} + \cdots + b_1 s + b_0}{a_N s^N + a_{N-1} s^{N-1} + \cdots + a_1 s + a_0} \tag{2.13}$$

传递函数 $H(s)$ 系统特性在复数域的描述，以数学式的形式表征了系统本身的传递特性，包含了瞬态、稳态时间响应和频率响应的全部信息，具有以下特点：

① $H(s)$ 只反映系统的特性，与输入 $x(t)$ 及系统的初始状态无关。对具体系统而言，它的 $H(s)$ 不会因输入 $x(t)$ 的变化而不同，却能确定给出相应的输出

$y(t)$，并且联系着输入量与输出量所必需的量纲。

② $H(s)$ 作为对物理系统特性描述的一种数学模型，不能确定系统的具体物理结构，因为两个完全不同的物理系统，可能具有相似的传递特性，能用相同形式的传递函数表示。

③ $H(s)$ 中的系数 a_N，a_{N-1}，$\cdots$，a_1，a_0 和 b_M，b_{M-1}，$\cdots$，b_1，b_0 由本身特性所确定，分母取决于系统的结构，而分子则表示系统同外界之间的联系，如激励点的位置、输入方式、被测量及测点布置情况等。

④ $H(s)$ 分母中 s 的幂次 N 代表了系统微分方程的阶数，若 $N=1$ 则称为一阶系统，$N=2$ 则称为二阶系统，$N=k$ 则称为 k 阶系统。

通过传递函数的形式可以判断系统的稳定性，一般测试系统都是稳定系统，其分母中 s 的幂次总是高于分子中 s 的幂次 $(N>M)$。

3. 频率响应函数

频率响应函数是系统特性在频率域的描述。它有着明确的物理概念，也容易通过实验来获得，因此频率响应函数就成为实验研究的重要工具。对于稳定的线性定常系统，根据傅里叶变换的微分性质，对式（2.6）两边进行傅里叶变换，可得稳态输出量与输入量的傅里叶变换之比，即

$$H(\mathrm{j}\omega) = \frac{Y(\mathrm{j}\omega)}{X(\mathrm{j}\omega)} = \frac{b_M(\mathrm{j}\omega)^M + b_{M-1}(\mathrm{j}\omega)^{M-1} + \cdots + b_1(\mathrm{j}\omega) + b_0}{a_N(\mathrm{j}\omega)^N + a_{N-1}(\mathrm{j}\omega)^{N-1} + \cdots + a_1(\mathrm{j}\omega) + a_0} \qquad (2.14)$$

这里称 $H(\mathrm{j}\omega)$ 为系统的频率响应函数或频率响应特性，简称频响函数。$H(\mathrm{j}\omega)$ 通常为复数，若用 $P(\omega)$ 和 $Q(\omega)$ 分别表示其实部和虚部，则有

$$H(\mathrm{j}\omega) = P(\omega) + \mathrm{j}Q(\omega) \qquad (2.15)$$

若用 $A(\omega)$ 和 $\varphi(\omega)$ 分别表示其模和相角，则有

$$H(\mathrm{j}\omega) = A(\omega)\mathrm{e}^{\mathrm{j}\phi(\omega)} \qquad (2.16)$$

式中，

$$A(\omega) = \mid H(\mathrm{j}\omega) \mid = \sqrt{P^2(\omega) + Q^2(\omega)} \qquad (2.17)$$

$$\varphi(\omega) = \angle H(\mathrm{j}\omega) = \arctan\frac{Q(\omega)}{P(\omega)} \qquad (2.18)$$

频响函数 $H(\mathrm{j}\omega)$ 的实部 $P(\omega)$、虚部 $Q(\omega)$、模 $A(\omega)$ 和相角 $\varphi(\omega)$ 都是 ω 的函数。以 ω 为自变量分别画出 $P(\omega)$、$Q(\omega)$、$A(\omega)$ 和 $\varphi(\omega)$ 的特性，所得的曲线分别称为实频曲线、虚频曲线、幅频曲线和相频曲线。

实际作图时，常对自变量 ω 用对数坐标表达，幅值 $A(\omega)$ 用分贝（dB）数表达，即作 $20\lg A(\omega) \sim \lg\omega$ 和 $\varphi(\omega) \sim \lg\omega$ 曲线，二者分别称为对数幅频曲线和对

数相频曲线，总称为伯德（Bode）图。对数频率特性曲线的横坐标按 $\lg\omega$ 均匀分度。ω 的数值每变化 10 倍，在对数坐标上变化 1 个单位，所对应的长度称为十倍频程，并用英文缩写"dec"表示。但要注意，横坐标虽然是对数分度，但在其刻度上不标 $\lg\omega$ 值，而标 ω 值。

如果用 $P(\omega)$ 为横坐标，$Q(\omega)$ 为纵坐标，画出 $Q(\omega)-P(\omega)$ 的曲线，并在曲线上标明相应的频率 ω 所得的图称为奈奎斯特（Nyquist）图。如果用 $\varphi(\omega)$ 为横坐标，$20\lg A(\omega)$ 为纵坐标，画出 $20\lg A(\omega)-\varphi(\omega)$ 曲线，并在曲线上标明相应的频率 ω 所得的图称为对数幅相曲线或尼科尔斯（Nichols）图。

4. 单位冲激响应函数

如果不考虑系统的储能，在初始条件为零的情况下，在 $t=0$ 时刻，给测试系统输入一单位冲激函数，即 $x(t)=\delta(t)$，如果测试系统是稳定的，那么经过一段时间后它会渐渐恢复到原来的状态。把测试系统对单位冲激函数输入的响应称为其单位冲激响应函数，也称为单位脉冲响应函数或权函数，用 $h(t)$ 表示。

利用单位冲激响应函数可以推导测试系统在任意输入下的响应。图 2.5（a）所示为一输入信号 $x(t)$，将其用一系列等间隔 Δt_i 划分的矩形条来逼近，在 t_i 时段矩形条的面积为 $x(t_i)\Delta t_i$。若 Δt_i 充分小，则该矩形条可近似看作强度为 $x(t_i)\Delta t_i$ 的冲激，表示为 $x(t_i)\Delta t_i\delta(t-t_i)$。在 t 时刻系统的输入应该是所有 $t_i<t$ 的各冲激输入的总合，如图 2.5（b）所示，即

$$x(t)\approx\sum_{i=0}^{\infty}x(t_i)[u(t-t_i)-u(t-t_i-\Delta t_i)]$$

$$=\sum_{i=0}^{\infty}x(t_i)\frac{u(t-t_i)-u(t-t_i-\Delta t_i)}{\Delta t_i}\Delta t_i$$

$$\approx\sum_{i=0}^{\infty}[x(t_i)\Delta t_i]\delta(t-t_i)$$

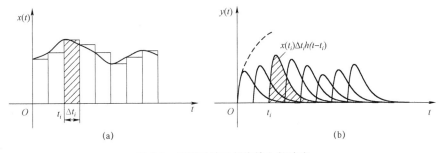

图 2.5　测试系统对任意输入的响应

若测试系统的单位冲激响应函数 $h(t)$ 已知，则冲激 $x(t_i)\Delta t_i \delta(t-t_i)$ 激励下的系统的响应为 $[x(t_i)\Delta t_i]h(t-t_i)$。根据线性系统的叠加原理，在上述一系列冲激的作用下，测试系统的零状态响应可表示为

$$y(t) \approx \sum_{i=0}^{\infty}[x(t_i)\Delta t_i]h(t-t_i)$$

对 Δt_i 取极限，写成积分形式，就得到

$$y(t) = \int_0^{\infty} x(t_i)h(t-t_i)\,\mathrm{d}t_i = x(t)*h(t) \qquad (2.19)$$

上式表明，测试系统对任意输入的响应，是输入与系统单位冲激响应函数的卷积。

5. 系统动态特性之间的关系

以上系统动态特性 4 种描述方法之间的相互关系可用图 2.6 表示。对式（2.19）两边同取傅里叶变换，由时域卷积定理可得

$$Y(\mathrm{j}\omega) = X(\mathrm{j}\omega)H(\mathrm{j}\omega)$$

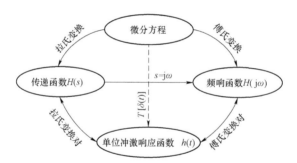

图 2.6　系统动态特性之间的关系

由传递函数的定义，可知

$$Y(s) = X(s)H(s)$$

因此，不难看出，频响函数 $H(\mathrm{j}\omega)$ 与单位冲激响应函数 $h(t)$ 是一对傅里叶变换对（傅氏变换对），传递函数 $H(s)$ 与单位冲激响应函数 $h(t)$ 是一对拉普拉斯变换对（拉氏变换对）。

虽然传递函数 $H(s)$ 只要把 s 换成 $\mathrm{j}\omega$ 就可得到频响函数 $H(\mathrm{j}\omega)$，但二者在含义上是有差别的。传递函数 $H(s)$ 是输出与输入拉普拉斯变换之比，其输入并不限于正弦激励，而且传递函数不仅决定着测试系统的稳态性能，也决定着它的瞬态性能，因此在控制系统应用得较多。频响函数 $H(\mathrm{j}\omega)$ 是在正弦信号激励下，测试系统达到稳态后输出与输入之间的关系。对一个测试过程，为得到准确的

被测信号，常使测试系统工作到稳态阶段，因此在测试系统中频响函数应用得较多。

下面来深入分析频响函数的特点及其对信号传输的影响。因为频响函数 $H(j\omega)$ 是单位冲激响应函数 $h(t)$ 的傅里叶变换，将 $H(j\omega)$ 简记为 $H(\omega)$，则有

$$H(\omega) = \int_{-\infty}^{\infty} h(t)e^{-j\omega t}dt = P(\omega) + jQ(\omega) = A(\omega)e^{j\varphi(\omega)}$$

式中，

$$P(\omega) = H_R(\omega) = -\int_{-\infty}^{\infty} h(t)\cos(\omega t)dt, \quad Q(\omega) = H_I(\omega) = -\int_{-\infty}^{\infty} h(t)\sin(\omega t)dt$$

$$A(\omega) = |H(\omega)| = \sqrt{P^2(\omega) + Q^2(\omega)}, \quad \varphi(\omega) = \angle H(\omega) = \arctan\frac{Q(\omega)}{P(\omega)}$$

不难看出，实频特性和幅频特性是 ω 的偶函数，即 $P(-\omega) = P(\omega)$，$A(-\omega) = A(\omega)$；虚频特性和相频特性是 ω 的奇函数，即 $Q(-\omega) = -Q(\omega)$，$\varphi(-\omega) = -\varphi(\omega)$。

由于 $H(\omega) = |H(\omega)|e^{j\angle H(\omega)}$，$Y(\omega) = |Y(\omega)|e^{j\angle Y(\omega)}$，$X(\omega) = |X(\omega)|e^{j\angle X(\omega)}$，因此

$$H(\omega) = \frac{Y(\omega)}{X(\omega)} = \frac{|Y(\omega)|}{|X(\omega)|}e^{j[\angle Y(\omega) - \angle X(\omega)]}$$

故有

$$|H(\omega)| = \frac{|Y(\omega)|}{|X(\omega)|} \tag{2.20}$$

$$\angle H(\omega) = \angle Y(\omega) - \angle X(\omega) \tag{2.21}$$

对比输入、输出信号的傅里叶变换和系统频响函数系统之间的关系可见，频响函数直接影响输入信号不同分量的幅值变化和相位变化。幅频特性表示系统在给定频率的正弦信号激励下达到稳态后输出正弦信号与输入正弦信号的幅值比，而相频特性表示输出正弦信号与输入正弦信号的相位差。可见频响函数的物理概念明确，应用更加广泛，对于一个未知的复杂系统也可用实验方法来获取其幅频特性和相频特性。

2.3.3　测试系统动态特性分析

对于一个由多个环节组成的稳定的复杂系统，式（2.13）中，其分母可以分解成 s 的一次和二次实系数因子式（对应一对共轭复数极点），即

$$a_N s^N + a_{N-1}s^{N-1} + \cdots + a_1 s + a_0 = a_N \prod_{i=1}^{r}(s + p_i) \prod_{i=1}^{(N-r)/2}(s^2 + 2\zeta_i\omega_{ni}s + \omega_{ni}^2)$$

式中，$\zeta_i < 1$。

因此，式（2.13）可以改写成

$$H(s) = \sum_{i=1}^{r} \frac{q_i}{s+p_i} + \sum_{i=1}^{(N-r)/2} \frac{\alpha_i s + \beta_i}{s^2 + 2\zeta_i \omega_{ni} s + \omega_{ni}^2} \qquad (2.22)$$

或

$$H(s) = \prod_{i=1}^{r} \frac{q_i}{s+p_i} \prod_{i=1}^{(N-r)/2} \frac{\alpha_i s + \beta_i}{s^2 + 2\zeta_i \omega_{ni} s + \omega_{ni}^2} \qquad (2.23)$$

式中，α_i、β_i 和 ζ_i 均为实常数。

这表明，任何一个高阶系统总可以被看成由若干简单系统通过串、并联方式组成，理想情况下其瞬态响应是由这些一阶系统、二阶系统的响应函数叠加组成。

测试系统的阶数越高，其传递特性越复杂。另外，某些高阶系统通过合理的简化，可以用低阶系统去近似。因此，一阶系统、二阶系统的传递特性是研究高阶系统传递特性的基础。

1. 一阶系统动态特性分析

在式（2.6）中若除了 a_1、a_0 和 b_0 外，令其他所有的系数均为零，则可得到如下微分方程：

$$a_1 \frac{\mathrm{d}y(t)}{\mathrm{d}t} + a_0 y(t) = b_0 x(t) \qquad (2.24)$$

若系统输入、输出满足上述数学关系，便称为一阶系统或一阶惯性系统。

典型的一阶系统如图 2.7（a）所示忽略质量的单自由度振动系统，输入为力 $x(t)$，输出为位移 $y(t)$，k 为弹簧刚性系数，C 为阻尼系数，其数学模型可表示为

$$C \frac{\mathrm{d}y(t)}{\mathrm{d}t} + ky(t) = x(t) \qquad (2.25)$$

图 2.7（b）所示的 RC 低通滤波电路，输入为电压 $x(t)$，输出为电压 $y(t)$，电阻为 R，电容为 C，其数学模型可表示为

$$RC \frac{\mathrm{d}y(t)}{\mathrm{d}t} + y(t) = x(t) \qquad (2.26)$$

将式（2.24）两边同除以 a_0，得

$$\frac{a_1}{a_0} \frac{\mathrm{d}y(t)}{\mathrm{d}t} + y(t) = \frac{b_0}{a_0} x(t)$$

令 $S = b_0 / a_0$ 为系统的静态灵敏度（为分析问题方便，归一化为 1），$\tau = a_1 / a_0$ 为系统的时间常数，然后对其进行拉普拉斯变换，有

$$\tau s Y(s) + Y(s) = X(s)$$

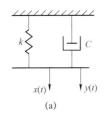
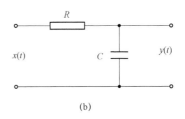

(a)　　　　　　　　　　　　　　　　(b)

图 2.7　典型的一阶系统

（a）单自由度振动系统；（b）RC 低通滤波电路

故一阶系统的传递函数为

$$H(s) = \frac{Y(s)}{X(s)} = \frac{1}{\tau s + 1} \tag{2.27}$$

频响函数为

$$H(j\omega) = \frac{Y(j\omega)}{X(j\omega)} = \frac{1}{j\tau\omega + 1} = \frac{1}{1 + (\tau\omega)^2} - j\frac{\tau\omega}{1 + (\tau\omega)^2} \tag{2.28}$$

幅频特性和相频特性分别为

$$A(\omega) = \frac{1}{\sqrt{1 + (\tau\omega)^2}} \tag{2.29}$$

$$\varphi(\omega) = -\arctan(\tau\omega) \tag{2.30}$$

如图 2.8（a）、（b）所示。

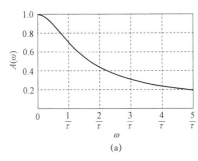
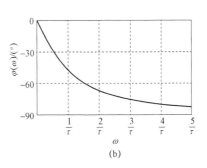

图 2.8　一阶系统的幅频特性曲线和相频特性曲线

（a）幅频特性曲线；（b）相频特性曲线

一阶系统的对数幅频特性为

$$20\lg A(\omega) = -20\lg\sqrt{1 + (\tau\omega)^2} \tag{2.31}$$

其伯德图如图 2.9 所示。当 $\tau\omega \ll 1$，即 $\omega \ll 1/\tau$ 时，$20\lg A(\omega) \approx 0$，因此在低频

段对数幅频特性近似为零分贝线，此水平线称为对数幅频特性曲线的低频渐近线。当 $\tau\omega \gg 1$，即 $\omega \gg 1/\tau$ 时，$20\lg A(\omega) \approx -20\lg\omega - 20\lg\tau$，因此在高频段对数幅频特性近似为一条斜率为 -20 dB/dec 的直线，并且与零分贝线交于 $\omega = 1/\tau$ 处（称为转角频率或交接频率），此斜线称为对数幅频特性曲线的高频渐近线。因此，一阶系统对数幅频特性曲线可由低频渐近线和高频渐近线衔接所构成的折线来近似表示，具有高频衰减特性。

一阶系统的实部和虚部满足下列方程：

$$\left[P(\omega)-\frac{1}{2}\right]^2 + [Q(\omega)]^2 = \left[\frac{1}{1+(\tau\omega)^2}-\frac{1}{2}\right]^2 + \left[-\frac{\tau\omega}{1+(\tau\omega)^2}\right]^2 = \left(\frac{1}{2}\right)^2 \quad (2.32)$$

因此，其奈奎斯特图如图 2.10 所示，即一圆心在 $(1/2, 0)$、半径为 $1/2$ 的半圆。

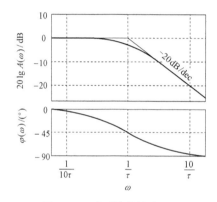

图 2.9　一阶系统的伯德图

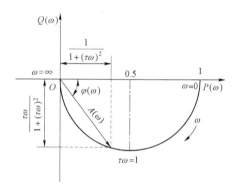

图 2.10　一阶系统的奈奎斯特图

2. 二阶系统动态特性分析

在式（2.6）中若除了 a_2、a_1、a_0 和 b_0 外，令其他所有的系数均为零，则可得到二阶系统的微分方程

$$a_2\frac{\mathrm{d}^2 y(t)}{\mathrm{d}t^2} + a_1\frac{\mathrm{d}y(t)}{\mathrm{d}t} + a_0 y(t) = b_0 x(t) \quad (2.33)$$

典型的二阶系统如图 2.11（a）所示的质量弹簧阻尼系统，输入为力 $x(t)$，输出为位移 $y(t)$，m 为物体的质量，k 为弹簧刚度系数，C 为阻尼系数，其数学模型可表示为

$$m\frac{\mathrm{d}^2 y(t)}{\mathrm{d}t^2} + C\frac{\mathrm{d}y(t)}{\mathrm{d}t} + ky(t) = x(t) \quad (2.34)$$

如图 2.11（b）所示的 RLC 电路，输入为电压 $x(t)$，输出为电压 $y(t)$，电阻为 R，电感为 L，电容为 C，其数学模型可表示为

$$LC\frac{\mathrm{d}^2 y(t)}{\mathrm{d}t^2} + RC\frac{\mathrm{d}y(t)}{\mathrm{d}t} + y(t) = x(t) \qquad (2.35)$$

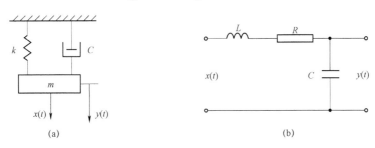

图 2.11　典型的二阶系统

（a）质量弹簧阻尼系统；（b）RLC 电路

将式（2.33）两边同除以 a_0，同时令 $\omega_n = \sqrt{a_0/a_2}$ 为系统的固有频率（rad/s），$\zeta = \dfrac{a_1}{2\sqrt{a_0 a_2}}$ 为系统的阻尼比，$S = b_0/a_0$ 为系统的静态灵敏度（归一化为 1），则有

$$\frac{1}{\omega_n^2}\frac{\mathrm{d}^2 y(t)}{\mathrm{d}t^2} + \frac{2\zeta}{\omega_n}\frac{\mathrm{d}y(t)}{\mathrm{d}t} + y(t) = x(t)$$

利用拉普拉斯变换可得系统的传递函数为

$$H(s) = \frac{Y(s)}{X(s)} = \frac{1}{\dfrac{1}{\omega_n^2}s^2 + \dfrac{2\zeta}{\omega_n}s + 1} = \frac{\omega_n^2}{s^2 + 2\zeta\omega_n s + \omega_n^2} \qquad (2.36)$$

频响函数为

$$H(\mathrm{j}\omega) = \frac{1}{1 - \left(\dfrac{\omega}{\omega_n}\right)^2 + \mathrm{j}2\zeta\dfrac{\omega}{\omega_n}} = \frac{1 - \left(\dfrac{\omega}{\omega_n}\right)^2}{\left[1 - \left(\dfrac{\omega}{\omega_n}\right)^2\right]^2 + \left(2\zeta\dfrac{\omega}{\omega_n}\right)^2} - \mathrm{j}\frac{2\zeta\left(\dfrac{\omega}{\omega_n}\right)}{\left[1 - \left(\dfrac{\omega}{\omega_n}\right)^2\right]^2 + \left(2\zeta\dfrac{\omega}{\omega_n}\right)^2}$$

$$(2.37)$$

幅频特性和相频特性分别为

$$A(\omega) = \frac{1}{\sqrt{\left[1 - \left(\dfrac{\omega}{\omega_n}\right)^2\right]^2 + \left(2\zeta\dfrac{\omega}{\omega_n}\right)^2}} \qquad (2.38)$$

$$\varphi(\omega) = -\arctan \frac{2\zeta\left(\dfrac{\omega}{\omega_n}\right)}{1-\left(\dfrac{\omega}{\omega_n}\right)^2} \qquad (2.39)$$

如图 2.12（a）、（b）所示。当 $\omega \ll \omega_n$ 时，$A(\omega) \approx 1$；当 $\omega \gg \omega_n$ 时，$A(\omega) \to 0$。$A(\omega_n) = 1/2\zeta$，取值受阻尼比的影响较大。欠阻尼情况下，在 $\omega = \omega_n$ 附近会产生共振，因此作为实用装置，应该避开这种情况或该频率区域。$\varphi(\omega_n) = -90°$，取值与阻尼比无关。

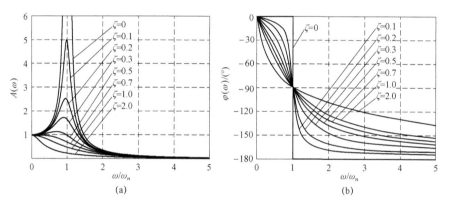

图 2.12　二阶系统的幅频特性曲线和相频特性曲线

（a）幅频特性曲线；（b）相频特性曲线

二阶系统的对数幅频特性为

$$20\lg A(\omega) = -20\lg \sqrt{\left[1-\left(\frac{\omega}{\omega_n}\right)^2\right]^2 + \left(2\zeta\frac{\omega}{\omega_n}\right)^2} \qquad (2.40)$$

其伯德图如图 2.13 所示。在低频段 $\omega \ll \omega_n$ 时，$20\lg A(\omega) \approx 0$，因此低频段渐近线是零分贝线。在高频段 $\omega \gg \omega_n$ 时，$20\lg A(\omega) \approx -40\lg \omega + 40\lg \omega_n$，因此高频段渐近线是一条斜率为 -40 dB/dec 的直线，并且与零分贝线交于 $\omega = \omega_n$ 处。二阶系统的对数幅频特性曲线可由低频渐近线和高频渐近线衔接所构成的折线来近似表示。

二阶系统的奈奎斯特图如图 2.14 所示，其中几个特征点是：$\omega = 0$ 时，$P(0) = 1$，$Q(0) = 0$；$\omega = \omega_n$ 时，$P(\omega_n) = 0$，$Q(\omega_n) = -1/2\zeta$；$\omega = \infty$ 时，$P(\infty) = 0$，$Q(\infty) = 0$。因此，二阶系统的奈奎斯特曲线起始于点 $(1, j0)$，终止于点 $(1, j0)$，曲线与虚轴的交点坐标为 $(0, -j/2\zeta)$。

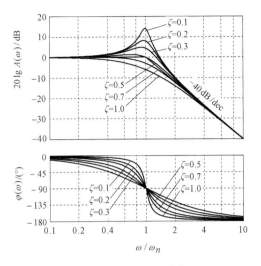

图 2.13　二阶系统的伯德图

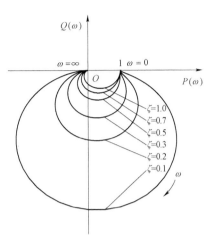

图 2.14　二阶系统的奈奎斯特图

2.3.4　测试系统对典型激励的响应分析

测试系统的动态响应可以通过对其施加某种激励的方式来获取，典型的激励信号有单位冲激函数、单位阶跃函数和正弦函数等。这 3 种信号的函数形式简单，工程上易于实现，因而被广泛应用。在此需要说明，实际测试系统应是因果系统，时间响应信号应是因果信号，本节中测试系统对典型激励的响应表达式仅代表 $t \geqslant 0$ 的情况，在 $t < 0$ 时响应取零值，亦即完整的响应表达式需要再乘以单位阶跃函数 $u(t)$。

1. 测试系统对单位冲激激励的响应

测试系统在单位冲激函数 $\delta(t)$（图 2.15）激励下的响应 $h(t)$，可通过系统传递函数 $H(s)$ 的拉普拉斯逆变换得到，即 $h(t) = L^{-1}[H(s)]$。对于一阶系统，其单位冲激响应函数为

$$h(t) = L^{-1}\left[\frac{1}{\tau s + 1}\right] = L^{-1}\left[\frac{1}{\tau} \cdot \frac{1}{s + 1/\tau}\right] = \frac{1}{\tau}\mathrm{e}^{-t/\tau} \tag{2.41}$$

一阶系统的单位冲激响应如图 2.16 所示，为一条指数衰减曲线，初始值 $h(0) = 1/\tau$，曲线的初始斜率 $h'(0) = -1/\tau^2$。理论上，只有当 $t \to \infty$ 单位冲激响应函数才能衰减到零。但在实际应用过程中，随着 t 的增加，$h(t)$ 衰减到一定程度就可认为系统达到了稳定状态。

对于二阶系统，其单位冲激响应函数为

$$h(t) = L^{-1}\left[\frac{\omega_n^2}{s^2 + 2\zeta\omega_n s + \omega_n^2}\right]$$

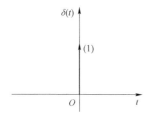

图 2.15　单位冲激函数　　　　　图 2.16　一阶系统的单位冲激响应

根据 ζ 取值的不同，分以下几种情况：

当 $\zeta = 0$ 时（无阻尼），有

$$h(t) = \omega_n \sin(\omega_n t) \tag{2.42}$$

当 $0 < \zeta < 1$ 时（欠阻尼），有

$$h(t) = \frac{\omega_n}{\sqrt{1-\zeta^2}} e^{-\zeta\omega_n t} \sin\sqrt{1-\zeta^2}\,\omega_n t \tag{2.43}$$

当 $\zeta = 1$ 时（临界阻尼），有

$$h(t) = \omega_n^2 t e^{-\omega_n t} \tag{2.44}$$

当 $\zeta > 1$ 时（过阻尼），有

$$h(t) = \frac{\omega_n}{2\sqrt{\zeta^2-1}}\left[e^{-(\zeta-\sqrt{\zeta^2-1})\omega_n t} - e^{-(\zeta+\sqrt{\zeta^2-1})\omega_n t}\right] \tag{2.45}$$

二阶系统的单位冲激响应如图 2.17 所示。在欠阻尼 $(0 < \zeta < 1)$ 情况下，表现为衰减振荡，振荡频率为 $\omega_d = \sqrt{1-\zeta^2}\,\omega_n$，且随阻尼比的变化而变化，但总是小于无阻尼自振角频率 ω_n。当 $\zeta \to 1$ 时，$\omega_d \to 0$，系统接近不振荡。当 $\zeta \to 0$ 时，$\omega_d \to \omega_n$，随着 ζ 的减小，系统振荡幅度加大，最终接近等幅振荡。

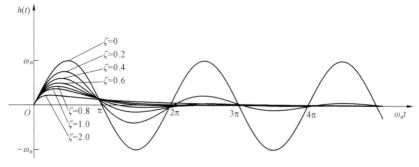

图 2.17　二阶系统的单位冲激响应

2. 测试系统对单位阶跃激励的响应

单位阶跃函数（图 2.18）的拉普拉斯变换为 $X(s) = 1/s$，因此一阶系统的单位阶跃响应为

$$y(t) = L^{-1}\left[\frac{1}{\tau s + 1} \cdot \frac{1}{s}\right] = L^{-1}\left[\frac{1}{s} - \frac{1}{s + 1/\tau}\right] = 1 - e^{-t/\tau} \qquad (2.46)$$

如图 2.19 所示。对一阶系统的单位冲激响应进行积分也可以得到上式，即

$$y(t) = \int_0^t h(\lambda)\mathrm{d}\lambda = \int_0^t \frac{1}{\tau}e^{-\lambda/\tau}\mathrm{d}\lambda = 1 - e^{-t/\tau}$$

一阶系统受到单位阶跃激励后，理论上，需要 $t \to \infty$ 时响应才能达到最终的稳态值 1。当 $t = \tau$ 时，$y(t) = 1 - e^{-1} = 0.632$，即达到稳态值的 63.2%；当 $t = 4\tau$ 时，$y(t) = 1 - e^{-4} = 0.982$，即达到稳态值的 98.2%，此时系统输出值与稳态值的误差不足 2%，可近似认为系统达到稳态。因而一般来说，一阶系统的时间常数 τ 应越小越好，τ 越小，系统的响应越快，达到近似稳态的时间就越短。

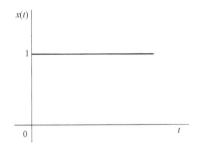

图 2.18　单位阶跃函数　　　图 2.19　一阶系统的单位阶跃响应

对于二阶系统，其单位阶跃响应函数为

$$y(t) = L^{-1}\left[\frac{\omega_n^2}{s^2 + 2\zeta\omega_n s + \omega_n^2} \cdot \frac{1}{s}\right]$$

根据 ζ 取值的不同，分以下几种情况：

当 $\zeta = 0$ 时，有

$$y(t) = 1 - \cos(\omega_n t) \qquad (2.47)$$

当 $0 < \zeta < 1$ 时，有

$$y(t) = 1 - \frac{e^{-\zeta\omega_n t}}{\sqrt{1 - \zeta^2}}\sin\left(\sqrt{1 - \zeta^2}\,\omega_n t + \arctan\frac{\sqrt{1 - \zeta^2}}{\zeta}\right) \qquad (2.48)$$

当 $\zeta = 1$ 时，有

$$y(t) = 1 - (1 + \omega_n t)e^{-\omega_n t} \tag{2.49}$$

当 $\zeta > 1$ 时，有

$$y(t) = 1 - \frac{\zeta + \sqrt{\zeta^2 - 1}}{2\sqrt{\zeta^2 - 1}} e^{-(\zeta - \sqrt{\zeta^2 - 1})\omega_n t} + \frac{\zeta - \sqrt{\zeta^2 - 1}}{2\sqrt{\zeta^2 - 1}} e^{-(\zeta + \sqrt{\zeta^2 - 1})\omega_n t} \tag{2.50}$$

二阶系统的阶跃响应取决于阻尼比 ζ 和固有频率 ω_n，如图 2.20 所示。ω_n 越高，响应越快，阻尼比 ζ 直接影响超调量和振荡次数。超调量为响应的最大偏离量与稳态值的差与稳态值之比的百分数。$\zeta = 0$ 时，超调量为 100%，产生自由振荡，达不到稳态。$\zeta \geqslant 1$ 时，则系统等同于两个一阶环节的串联，此时虽不发生振荡，但也需经较长的时间才能达到稳态。如果 ζ 为 0.6～0.8，则最大超调量将不超过 2.5%～10%，其以允许 5%～2% 的误差而趋近"稳态"的调整时间也最短，为 $(5\sim7)/\omega_n$。这也是很多测试系统在设计时常把阻尼比选在这一区间的理由之一。

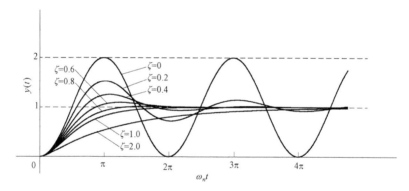

图 2.20　二阶系统的单位阶跃响应

3. 测试系统对正弦输入的响应

若正弦输入信号为 $x(t) = \sin(\omega t)$，其拉普拉斯变换为

$$X(s) = \frac{\omega}{s^2 + \omega^2}$$

则一阶系统的响应为

$$\begin{aligned}
y(t) &= L^{-1}\left[H(s)X(s)\right] = L^{-1}\left[\frac{1}{\tau s + 1} \cdot \frac{\omega}{s^2 + \omega^2}\right] \\
&= \frac{\tau\omega}{1 + (\tau\omega)^2} e^{-t/\tau} + \frac{1}{\sqrt{1 + (\tau\omega)^2}}[\sin(\omega t) - \arctan(\tau\omega)]
\end{aligned} \tag{2.51}$$

二阶系统在欠阻尼 $(0 < \zeta < 1)$ 情况下的响应为

$$y(t) = L^{-1}\left[\frac{\omega_n^2}{s^2 + 2\zeta\omega_n s + \omega_n^2} \cdot \frac{\omega}{s^2 + \omega^2}\right] \quad (2.52)$$

$$= [K_1\cos(\omega_d t) + K_2\sin(\omega_d t)]e^{-\zeta\omega_n t} + A(\omega)\sin[(\omega t) + \varphi(\omega)]$$

式中，$\omega_d = \sqrt{1-\zeta^2}\,\omega_n$，$A(\omega)$ 和 $\varphi(\omega)$ 为二阶系统的幅频特性和相频特性，系数 K_1 和 K_2 分别为

$$K_1 = \frac{2\zeta\omega\omega_n^3}{(\omega^2 - \omega_n^2)^2 + (2\zeta\omega\omega_n)^2} \;,\quad K_2 = \frac{\omega\omega_n[(2\zeta^2-1)\omega_n^2 + \omega^2]}{\sqrt{1-\zeta^2}[(\omega^2-\omega_n^2)^2 + (2\zeta\omega\omega_n)^2]}\;。$$

　　一阶、二阶系统在正弦激励下的响应分别如图 2.21 和图 2.22 所示。在激励之初，存在一段过渡过程，随着时间的推移响应的瞬态部分会很快衰减，而稳态部分则是同频率的正弦信号，但在不同的激励频率下有不同的幅值增益和相位滞后。因此，可以用不同频率的正弦信号去激励测试系统，通过观察和对比其稳态输出与输入的幅值变化和相位变化，可以得到系统的动态特性。这是系统动态标定的常用方法之一。

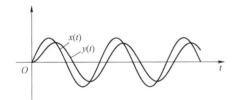

图 2.21　一阶系统的正弦响应

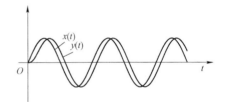

图 2.22　二阶系统的正弦响应

|2.4　不失真测试的条件|

　　在测试过程中，为了使测试系统的输出能够真实、准确地反映被测对象的信息，总希望测试系统的输出在时域能够保持输入信号随时间的变化规律，在频域能够保持输入信号的频谱结构，即测试系统能够实现不失真测试。

1. 时域条件

　　设测试系统的输入为 $x(t)$，输出为 $y(t)$，如果 $y(t)$ 满足

$$y(t) = A_0 x(t - t_0) \quad (2.53)$$

式中，A_0 为系统的增益或放大倍数，t_0 为系统的延迟或滞后时间，那么，输出信号 $y(t)$ 与输入信号 $x(t)$ 相比，只是在幅值上扩大 A_0 倍，时间上滞后 t_0。此时，

将输出信号 $y(t)$ 沿时间轴向左平移 t_0，再将其幅值缩小 A_0 倍，则与输入信号完全重合。在这种情况下可认为在时域上是不失真的，如图 2.23 所示。式（2.53）为不失真测试的时域条件。时域条件从输入、输出的角度来考查信号是否失真，易于理解，但没从系统自身特性的角度来反映问题，实际应用很不方便。

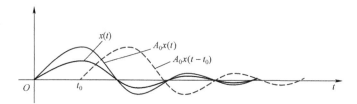

图 2.23　不失真测试的时域条件

2. 频域条件

对于实际的测试系统，在初始条件为零的情况下，对式（2.53）两边同时进行傅氏变换，可得测试系统的频响函数为

$$H(\mathrm{j}\omega) = \frac{Y(\mathrm{j}\omega)}{X(\mathrm{j}\omega)} = \frac{A_0 X(\mathrm{j}\omega)\mathrm{e}^{-\mathrm{j}t_0\omega}}{X(\mathrm{j}\omega)} = A_0 \mathrm{e}^{-\mathrm{j}t_0\omega} \quad (2.54)$$

幅频特性和相频特性分别为

$$A(\omega) = A_0 = \mathrm{const} \quad (2.55)$$

$$\varphi(\omega) = -t_0\omega \quad (2.56)$$

可见，从频域看实现不失真测试的条件即幅频特性是一条平行于 ω 轴的直线，如图 2.24（a）所示；相频特性是斜率为 $-t_0$ 的直线，如图 2.24（b）所示。因此，为了实现不失真测量或不失真传输，要求测试系统的幅频特性是一个与频率无关的常数，对输入信号所有频率分量具有相同的幅值放大；系统的相频特性与频率成正比，对输入信号中所有频率分量具有相同的延迟时间。

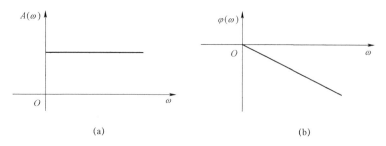

（a）　　　　　　　　　　　　　　（b）

图 2.24　不失真测试的频域条件

（a）幅频特性；（b）相频特性

图 2.25 很形象地表示出一个多分量信号通过测试系统的输出情况。由于受测试系统频率特性的影响，各频率成分具有不同的幅值增益和相角滞后，总的输出信号就出现了波形失真，频率成分处于测试系统的共振区时失真尤为严重。由此可见，对于单频率信号，因为定常线性系统具有频率保持特性，只要其幅值未进入非线性区域，稳态输出信号的频率也是单一的，也就无所谓失真问题了；而对于多种频率信号，通常需要对信号进行必要的前置处理，及时滤除不满足测试系统不失真测试条件的频率成分。

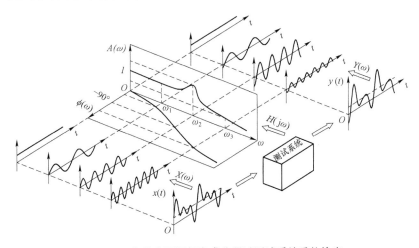

图 2.25　信号中不同频率成分通过测试系统后的输出

应当指出，测试系统必须同时满足幅值条件和相位条件才能实现不失真测试。将 $A(\omega)$ 不等于常数时所引起的失真称为幅值失真，$\varphi(\omega)$ 与 ω 之间的非线性关系所引起的失真称为相位失真。理想的精确测试是不可能实现的，一般情况下测试系统既有幅值失真又有相位失真，只能尽量采取技术手段将波形失真控制在一定的误差范围之内。

任何一个测试系统不可能在非常宽广的频带内满足不失真测试的条件，往往只能在一定的工作频率范围内近似认为是可实现精确测试的。对于一阶测试系统来说，时间常数 τ 越小，系统的响应越快，近似满足不失真条件的频率范围越宽。对于二阶系统来说，当 $\omega < 0.3\omega_n$ 或 $\omega > (2.5\sim3)\omega_n$ 时，其频率特性受阻尼比的影响较小。当 $\omega < 0.3\omega_n$ 时，相频特性 $\phi(\omega)$ 接近直线，$A(\omega)$ 的变化不超过 10%，输出波形失真较小；当 $\omega > (2.5\sim3)\omega_n$ 时，$\varphi(\omega) \approx 180°$，此时可以通过在实际测试电路中采用反相器或在数据处理时减去固定的 180° 相差的办法，使其相频特性满足不失真测试的条件，但此时 $A(\omega)$ 值较小，输出幅值也较小。在阻尼比上，一般取 ζ 为 0.6~0.8，二阶系统具有良好的综合性能。例如，当 $\zeta = 0.7$

时，在 $0\sim0.58\omega_n$ 的带宽内，$A(\omega)$ 接近常数（变化不超过 5%），$\varphi(\omega)$ 接近直线，基本满足不失真测试的条件。

由于测试系统通常由若干个测试装置所组成，只有保证所使用的每一个测试装置都满足不失真的测试条件，才能使最终的输出结果不失真。当对测试系统有实时要求时，或将测试系统置入一个反馈系统中时，系统输出对于输入的滞后可能会影响到整个控制系统的稳定性。此时要求测量结果无滞后，即 $\phi(\omega)=0$。

|2.5 测试系统动态特性参数的测定方法|

为了保证测试结果准确可信，测量装置或仪器在出厂前一般进行了专门标定，使用一段时间后或经过修理后仍需要对其主要指标进行定期校准。对测试系统特性参数的测定，包括静态参数的测定和动态参数的测定。测试系统静态参数的测定相对简单，一般以标准量作输入，测出输入、输出二者相对应的标定曲线，从该曲线可以确定出灵敏度、非线性度及回程误差等各参数。测试系统动态特性参数的测定比较复杂，系统只有受到激励后才能表现出来，并且隐含在系统的响应之中。一阶系统的动态特性参数就是时间常数 τ，二阶系统的动态特性参数就是阻尼比 ζ 和固有频率 ω_n。常用的测定方法有阶跃响应法和频率响应法等。

2.5.1 阶跃响应法

阶跃响应法是以阶跃信号作为测试系统的输入，通过对系统输出响应的测试，计算出系统的动态特性参数。这种方法实质上是一种瞬态响应法，即通过对输出响应的过渡过程来测定系统的动态特性。

对于一阶系统来说，由其阶跃响应曲线可知，当输出响应达到稳态值的 63.2% 时，所需要的时间就是一阶系统的时间常数 τ，如图 2.26（a）所示。但捕获该时间点比较困难，为了获得较高的测试精度，常采用将一阶系统的单位阶跃响应函数改写成 $1-y(t)=\mathrm{e}^{-t/\tau}$，两边取对数，得

$$\ln[1-y(t)]=-t/\tau \qquad (2.57)$$

这样，记 $Z=\ln[1-y(t)]$ 与 t 成线性关系，斜率为 $-1/\tau$。可见，由若干 t 和 $\ln[1-y(t)]$ 的对应值，通过线性拟合求直线的斜率，即可得到时间常数 τ，如图 2.26（b）

所示。该方法不仅可以较为精确地确定 τ 值，还可以根据 $\ln[1-y(t)]$ 与 t 的线性程度来判定该系统是否为一阶系统。

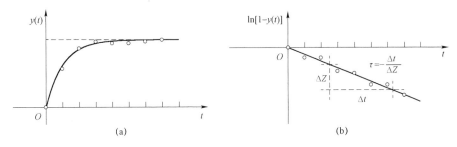

(a)   (b)

图 2.26　一阶系统特性参数的阶跃响应测定

对于二阶系统，在欠阻尼情况下（一般 $\zeta = 0.6 \sim 0.8$），其阶跃响应如式（2.48）所示。表现为以 $\omega_d = \sqrt{1-\zeta^2}\,\omega_n = 2\pi/T_d$ 为角频率的衰减振荡，该角频率称为系统的有阻尼振荡频率。响应取得极大值的时刻为 $t_i = (i-1)T_d + T_d/2$，其中 $i = 1, 2, \cdots$，如图 2.27 所示。把 t_i 代入式（2.48），其中 $\omega_n T_d = 2\pi/\sqrt{1-\zeta^2}$，求得相应的超调量为

$$
\begin{aligned}
M_i &= y(t_i) - 1 = y[(i-1)T_d + T_d/2] - 1 \\
&= -\frac{\mathrm{e}^{-\zeta\pi(2i-1)/\sqrt{1-\zeta^2}}}{\sqrt{1-\zeta^2}} \sin\left(2\pi i - \pi + \arctan\frac{\sqrt{1-\zeta^2}}{\zeta} \right) \\
&= \frac{\mathrm{e}^{-\zeta\pi(2i-1)/\sqrt{1-\zeta^2}}}{\sqrt{1-\zeta^2}} \sin\left(\arctan\frac{\sqrt{1-\zeta^2}}{\zeta} \right) \\
&= \mathrm{e}^{-\zeta\pi(2i-1)/\sqrt{1-\zeta^2}}
\end{aligned}
\tag{2.58}
$$

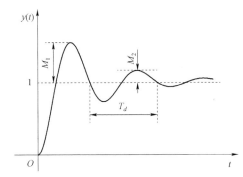

图 2.27　二阶系统特性参数的阶跃响应测定

当 $t_1 = T_d/2$ 时，$y(t)$ 取得最大值，由式（2.58）直接得到最大超调量 M_1 与阻尼比 ζ 的关系为

$$M_1 = y(t_1) - 1 = e^{-\zeta\pi/\sqrt{1-\zeta^2}} \qquad (2.59)$$

或

$$\zeta = \frac{1}{\sqrt{1 + \left(\dfrac{\pi}{\ln M_1}\right)^2}}$$

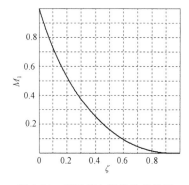

图 2.28　超调量与阻尼比的关系

如图 2.28 所示。因此，当从阶跃响应曲线上测得 M_1 后，便可以按式（2.59）求出阻尼比 ζ。

如果二阶系统的阻尼较小时阶跃响应是较长的瞬变过程，则可利用任意两个相隔 n 个周期的超调量来求取阻尼比 ζ。设第 i 个超调量为 M_i，第 $i+n$ 个超调量为 M_{i+n}，它们所对应的时间分别是 t_i 和 t_{i+n}，且有 $t_{i+n} = t_i + nT_d$。由式（2.58）直接得到 M_{i+n} 为

$$M_{i+n} = y(t_{i+n}) - 1 = e^{-\zeta\pi(2i+2n-1)/\sqrt{1-\zeta^2}}$$

设

$$\delta_n = \ln \frac{M_i}{M_{i+n}} = \frac{2n\pi\zeta}{\sqrt{1-\zeta^2}}$$

因此阻尼比为

$$\zeta = \frac{\delta_n}{\sqrt{\delta_n^2 + (2n\pi)^2}} = \frac{1}{\sqrt{1 + \left(\dfrac{2n\pi}{\ln M_i - \ln M_{i+n}}\right)^2}} \qquad (2.60)$$

利用测得振荡周期 $T_d = 2\pi / \omega_d$ 和求得的阻尼比 ζ，可按下式求出系统的固有频率：

$$\omega_n = \frac{\omega_d}{\sqrt{1-\zeta^2}} = \frac{2\pi}{T_d\sqrt{1-\zeta^2}} \qquad (2.61)$$

2.5.2　频率响应法

频率响应法是以一组频率可调的标准正弦信号作为系统的输入，通过对系统输出幅值和相位的测试，由输出信号对应各频率的幅值和相位与输入信号对应各频率的幅值和相位求取幅值比和相位差，即可得到幅频和相频特性曲线，进而求得系统的动态特性参数。这种方法实质上是一种稳态响应法，即通过输出的稳态响应来测定系统的动态特性。一般测试时，对测试装置施加峰–峰值

为其量程 20% 的正弦输入信号，其频率自接近零频率的足够低的频率开始，以增量方式逐点增加到较高频率，直到输出量减少到初始值的一半为止，即可得到幅频曲线和相频曲线。

对于一阶系统，可通过幅频特性或相频特性直接确定 τ 值。为了提高测试精度，可以做出系统的对数幅频特性曲线，曲线在低频段为一水平线，在高频段曲线斜率为 -20 dB/dec，于是由曲线的转折点处的频率值可求得时间常数 $\tau = 1/\omega_{break}$，如图 2.29 所示。

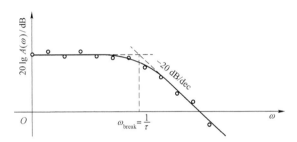

图 2.29　一阶系统特性参数的频率响应测定

对于二阶系统，在相频特性曲线上，当 $\omega = \omega_n$ 时，$\varphi(\omega) = -90°$，由此便可求出固有频率，同时该点斜率反映了 ζ 的大小，$\varphi'(\omega)|_{\omega=\omega_n} = -1/(\zeta\omega_n)$，但准确的相角测试较困难，不易获得较高的精度，通常利用幅频特性曲线来估计其动态参数。在欠阻尼 $(0 < \zeta < 1)$ 情况下，通过计算二阶系统幅频函数 $A(\omega)$ 的峰值大小以及取得峰值时的频率，可得到系统的固有频率和阻尼比。由幅频函数可知

$$A(\omega) = \frac{1}{\sqrt{\left[1-\left(\dfrac{\omega}{\omega_n}\right)^2\right]^2 + \left(2\zeta\dfrac{\omega}{\omega_n}\right)^2}}$$

记 $p = (\omega/\omega_n)^2$，代入上式，有

$$A(\omega) = \frac{1}{\sqrt{(1-p)^2 + 4\zeta^2 p}}$$

整理得

$$A(\omega) = \frac{1}{\sqrt{[p-(1-2\zeta^2)]^2 + 1 - (1-2\zeta^2)^2}}$$

幅频函数一定是在 $p = 1-2\zeta^2$ 时取得最大值

$$A_{\max} = \frac{1}{\sqrt{1-(1-2\zeta^2)^2}} = \frac{1}{2\zeta\sqrt{1-\zeta^2}} \tag{2.62}$$

据此，在实际幅频特性曲线上，记最大值为 $A(\omega_1)$，相应的频率为 ω_1，当 $\omega=0$ 时对应 $A(0)$，用 $A(\omega_1)$ 与 $A(0)$ 之比可消除静态灵敏度 S 的影响，则有

$$\frac{A(\omega_1)}{A(0)} = \frac{1}{2\zeta\sqrt{1-\zeta^2}} \tag{2.63}$$

由此可求出阻尼比 ζ。

再由最大值对应频率 ω_1 和阻尼比 ζ，根据 $p=(\omega_1/\omega_n)^2 = 1-2\zeta^2$，得到

$$\omega_n = \frac{\omega_1}{\sqrt{1-2\zeta^2}} \tag{2.64}$$

从而求出固有频率 ω_n。

| 2.6　测试系统的干扰及防护 |

　　测量装置在工作过程中，有时会出现某些不正常的现象，如指针式仪表的指针抖动、突跳及数字式仪表的数码不规则跳动等。产生这些现象的原因，可能是仪表本身电路结构、器件质量和制造工艺等存在问题，也可能是仪表受到外部工作环境（如电源电压波动、环境温度变化或其他电气设备等）的影响。这说明，对于电测装置总是存在着影响其工作的各种外部因素和内部因素，当被检测信号很微弱时，问题就更加突出。这些来自外部和内部影响检测装置正常工作的各种因素，总称为"干扰"。从测量装置的输出信号来看，除了待测信号外，各种不可知的、随机的无用信号也可能出现。这些无用信号与有用信号叠加在一起，轻则使测量结果偏离正常值，重则淹没了有用信号，无法获得准确的测量结果。

　　为了消除或减弱各种干扰对测量装置工作的影响，必须采取必要的技术措施。各种抗干扰技术措施总称为"防护"。任何事物总是与周围物质世界有着各种具体的联系，并通过这些联系相互作用着、互相影响着。测量装置与外界的联系可分为两类：一类是有用的联系，包括输入信号、输出信号和电源；另一类是有害的联系，包括温度、湿度、压力、光照、电磁场和机械振动等外界干扰。测量装置本身内部各部分之间的联系也可分为两类：有用的联系包括有用信号的正向传输与反馈；有害的联系主要包括各部分之间的寄生耦合与寄生反馈。防护的任务就是消除或减弱各种干扰对测量装置正常工作的影响，保证测量结果的可靠性。防护的手段就是设法割断或减弱有害的联系，同时又不损害测量所需的有用联系。实践证明，不同的测量原理和测量方法受干扰的影响不同，很多干扰对测量装置的影响是通过装置内在原因而起作用的。因此，研究测量装置的抗干扰问题，不能完全归结为防护措施问题，而应当与测量原理、测量方法结合起来统一研究。

测试系统的干扰来自多方面，如振动、冲击、粉尘、温度、湿度、光照、辐射、电磁场、化学腐蚀、电压波动、电子元器件热噪声，等等。根据产生干扰的物理原因，干扰通常可分为下列几种类型。

1. 机械的干扰

机械的干扰是指由于机械的振动或冲击，使仪表或装置中的电气元件发生振动、变形、松动、接触不良和指针抖动等。这些都将影响仪表或装置的正常工作。声波的干扰类似于机械振动，从效果看，也可列入这一类中。对于机械的干扰主要采取减震、加固和锁紧等措施来解决。

2. 热的干扰

电子元器件工作时产生的热量所引起的温度波动或环境温度的变化都会引起装置的电路元件参数变化，从而影响仪表或装置的正常工作。对热的干扰，工程上常用下列几种方法抑制：

① 采用热屏蔽，将某些对温度敏感的元件或电路中的关键器件和组件，用导热性能良好的金属材料做成的屏蔽罩包裹起来，使罩内温度场趋于均匀和稳定。

② 采用恒温措施，如将石英振荡晶体和基准稳压管等与精度有密切关系的元器件置于恒温槽中。

③ 采用对称平衡结构，如电桥电路中使两个与温度有关的器件处于平衡结构的两侧对称位置，这样温度对二者的影响在输出端可互相抵消。

④ 采用温度补偿元件补偿环境温度变化对仪表和装置的影响。

3. 光的干扰

在测量装置中广泛使用各种半导体元器件，在光照作用下会使其工作性能发生变化，从而影响测量装置的正常工作。因此，半导体元器件应封装在不透明的壳体内，对于具有光敏作用的元件，尤其应该注意光的屏蔽问题。

4. 湿度的干扰

湿度增加会使绝缘体的绝缘电阻下降、电介质的介电常数增加、高阻值的电阻的阻值下降、漏电流增加等，这必然会影响测量装置的正常工作。在设计或选用测量装置时，应充分考虑潮湿的防护，如电气元件和印刷电路的浸漆、环氧树脂封灌和硅橡胶封灌等。

5. 化学的干扰

化学物品，如酸、碱、盐及腐蚀性气体等，一方面会通过化学腐蚀作用损坏仪表元器件，另一方面会与金属导体形成化学电势。例如，应用检流计时，手指上含酸、碱、盐等的脏污沾染在导线上被弄湿后与导线形成化学电势使检流计偏转。因此，良好的密封和清洁是对仪表十分必要的防护化学干扰的措施。

6. 电和磁的干扰

电和磁可以通过电路和磁路对测量装置产生干扰作用，电场和磁场的变化也会在检测仪表的有关电路中感应出电动势，从而影响检测仪表的正常工作。这种电和磁的干扰对于测量装置来说是最为普遍和影响最为严重的干扰。

7. 射线辐射的干扰

射线会使气体电离、改变半导体的性能等，从而影响检测仪表的正常工作。射线的防护是一门专门技术，主要用于原子能工业、核武器生产等方面。

测量装置的抗干扰能力很大程度上决定了自身的测量精度、工作稳定性和可靠性。一般来说，良好的屏蔽及正确的接地可以除去大部分电磁干扰。采用稳压器和单独供电可以减小电压波动以及各装置因共用电源而引起相互耦合造成的供电干扰。

第 3 章

装甲车辆典型参数的测量

在装甲车辆试验中经常遇到受力分析、强度校核、疲劳寿命、运行状态参数指示监控、技术状况评估以及故障诊断等这些问题，与之相关的应变、应力、力、转速、转矩、振动、噪声、温度、压力、流量等参数的测量非常重要，这些参数的准确测量是确保试验高质量完成的重要保障。本章重点介绍这些车辆典型参数的测量方法，为车辆试验奠定基础。

| 3.1 应变、应力和力的测量 |

在工程中，应变电测法是常见的应变测量方法之一。它是利用应变计先测出构件表面的应变，再根据应变和应力的关系，确定构件表面应力状态的一种测量方法。这种方法具有很高的测量精度，变换后的电信号也便于传输，以及后续显示记录与分析处理。

3.1.1 应变测量

1. 应变测量原理

基于应变电测法的测量系统主要由应变计、测量电路、显示与记录设备或计算机等组成。在测量过程中，选择合适的应变计，按照构件的受力情况，将其合理地粘贴在测点上。当构件在受力作用下产生变形时，应变计的敏感栅也随之变形，其电阻值就会发生相应的变化。其变化量或相对变化量与构件测点处的应变成一定的比例关系，通过测量电路进一步将电阻的变化转换为电信号，经过分析处理就可得到应变值。当然，借助弹性变形体，其他能够转换为应变的物理量也可以利用应变电测法间接进行测量。

2. 应变测量装置

与应变计配套使用的测量装置称为应变仪，一般由电桥、前置放大器、功率放大器、相敏检波器、低通滤波器、振荡器和稳压电源等单元组成。其中，电桥是将电阻、电感和电容等参量的变化转换为电压或电流变化输出的一种常用测量电路，具有较高的精确度和灵敏度。根据被测应变的性质和工作频率的不同，应变仪基本可以分为以下几类：

① 静态电阻应变仪的工作频率为 0，用以测量构件在静载荷作用下的应变。

② 静动态电阻应变仪的动态工作频率为 0～1 500 Hz，具有静态和动态电阻应变仪的功能，既可测量静应变和静载荷，也可测量 1 500 Hz 以下的动应变或其他动载荷。

③ 动态电阻应变仪的工作频率为 0～2 000 Hz，可测 2 000 Hz 以下的动应变。

④ 超动态电阻应变仪的工作频率为 0～100 kHz，多用于冲击应力的测量。

此外，还有用于多点巡回检测的数字应变仪和利用无线电发射与接收原理制成的遥测应变仪。

从放大器的角度来看，应变仪又可分为直流放大和载波放大。直流放大式应变仪电桥用直流供电，放大器采用差分型或调制型直流放大器。这种应变仪工作频率较高，不存在分布电容的影响，可以使用长导线，易于调平衡。但为了解决零漂问题，其结构变得复杂，造价甚高。载波放大器结构简单、性能稳定、应用广泛，但分布电容影响较大，连接导线不能太长，预调平衡较麻烦（电阻、电容平衡均要调节）。

常用的载波放大动态电阻应变仪的基本结构如图 3.1 所示。当应变计受应变作用后，电桥平衡被破坏，输出一个与应变成正比例的调幅信号，此信号经交流放大器放大后，再经过相敏检波器解调，得到包络线与应变信号相同的信号，最后由滤波器滤波后，进入指示或记录装置。

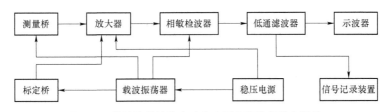

图 3.1　常用的载波放大动态电阻应变仪的基本结构

3. 应变计的选择

应变计是应变测量中最重要的传感器，应用时应根据构件的测试要求及其状况、试验环境等因素来合理选择应变计类型、基底类型、敏感栅材料、灵敏度、电阻值和几何参数等。

1）应变计类型的选择

一般丝式应变计价格低、制造容易，但横向效应大，在要求不高时可用。短接式、箔式应变计具有横向效应小、参数分散性小、精度高等优点，宜在重点应变测量传感器上采用。半导体应变计体积小、频率响应好、灵敏系数高，但温度影响大，宜用在温度变化不大的场合。

2）基底类型的选择

纸基应变计多用于 70 ℃以下的常温测试。不同类型的胶基和浸胶纸基应变计常用于 150 ℃以下的中温和常温测试。湿度大、稳定性及精度要求高和专用的传感器都应采用胶基应变计。150 ℃以上的高温测量多采用金属、石棉和玻璃纤维布等作为基底。

3）敏感栅材料的选择

由于康铜的灵敏系数稳定，电阻温度系数小，在–200～300 ℃使用的应变计多采用康铜制造。高温应变计常采用镍铬合金、卡马合金、铂钨合金材料。半导体应变计多用 P–N 型锗、硅、锑化铟制成。双金属线栅温度自补偿应变计可用电阻温度系数符号相反的两种康铜、康铜–镍、康铜–镍铬合金制成。

4）灵敏度的选择

由于动态电阻应变仪多按灵敏度 $S = 2$ 设计，所以一般动态测量宜用 $S = 2$ 应变计。否则，应对测量结果加以修正。静态电阻应变仪多设有灵敏系数调节装置，允许使用 S 值不为 2 的应变计，当应变计与仪器 S 值相同时，测量结果不用修正。S 值越大，输出越大，有时甚至可以省去中间放大单元。为了简化测量系统，可选用高 S 值应变计。

5）电阻值的选择

因应变仪桥臂电阻多按 120 Ω 设计，故无特殊要求时，均宜选用 120 Ω 应变计。否则，应根据仪器所提供的曲线进行修正。对于无须配用应变仪的测量电路，可根据应变计的允许电流和功率来选择其阻值。

6）几何参数的选择

由于应变计的输出表示沿长度方向的平均应变，所以在应变场梯度大、应变波频率高时，应采用小基长应变计。测量平均应力时，基长可大些。而测量点应力及应力分布时，可采用小基长应变计。对于混凝土、铸钢和铸铁等件，由于材质为非均匀晶体，小基长片难以反映宏观应变，所以宜采用大基长应变计。一般情况下，由于难以保证小基长应变计制造精度，粘贴定向不易，需在放大镜下进行粘贴及质量检查，故基长可选大些。长期使用时，大基长应变计可减少胶体的应力松弛。

4. 电阻应变计粘贴与防护

1）常用黏结剂的种类与性能

应变计的基底材料和黏结剂的主要作用是将机械变形正确地传递给电阻敏感栅，而外界温度、湿度、油及化学物质都会影响这种传递。因此，选择的黏结剂必须适合应变计材料和被测试件材料及环境（如工作温度、湿度和化学腐蚀等），以保证在各种复杂条件下获得精确测量结果。在常温测量中，主要采用的黏结剂为氰基丙烯酸酯黏结剂、环氧树脂类黏结剂、酚醛树脂型黏结剂、氯仿黏结剂等。

2）电阻应变计的粘贴

这里以常温黏结剂为例，说明贴片（粘贴应变计）过程：

① 检查与分选应变计。用放大镜对应变计进行外观检查，剔除敏感栅有霉斑、锈点、断丝、变形、片内有气泡者；用万能表及电桥测阻值，并选配。

② 试件表面处理。将待测构件清洗加工，表面较粗糙时，贴片前用细砂纸打磨光滑平整，用无水酒精、四氯化碳、丙酮擦至无垢为止。

③ 贴片。粘贴方法视黏结剂和应变计的基底不同而定。贴片时，先画线确定贴片方向，擦洗应变计基底并晾干，分别在试件及应变计粘贴面各涂一层薄而匀的胶水，并立即将应变计对准放好，然后在应变计上垫一层玻璃纸，用手指单方向滚压数次，挤出多余胶水和气泡，干燥固化后，去掉纸垫。

④ 检查。用放大镜观察应变计是否贴正、粘牢，有无气泡和褶皱扭翘，是否有断丝，然后用高阻表检查敏感栅与试件间的绝缘电阻（一般在 500 MΩ 以上），亦可将贴片接至应变仪上，用橡皮轻压敏感栅，若静态电阻应变仪读数改变，则说明片下有气泡或剥离，应予重贴。

⑤ 组桥连线。应变计引出线应加塑料套管，将其弯曲后，焊于接线端子上，接桥导线可从端子引出，要求焊点光滑，不得有毛刺、假焊现象。为了防止导线移动，可用环氧树脂、沥青或箔条点焊等方法固定导线。

3）电阻应变计的防护

粘贴好的应变计必须采取防护措施，以防止因水、油和汽的侵蚀而失效。常用防护剂有合成橡胶防护剂、环氧树脂防潮剂、凡士林和石蜡涂层。

3.1.2 应力测量

在研究机械零件的刚度、强度，设备的力能关系以及工艺参数时，常需要进行应力的测量。应力测量可分为单向应力测量和平面应力测量两种，前者可用单个应变计测量，后者通常采用应变花测量。

1. 单向应力状态

在工程实际中，多数测点的应力为单向应力状态或可简化为单向应力状态来处理，如受拉的二力杆、压床的立柱等。简化了的单向受拉件如图 3.2（a）所示，在轴向力 F 作用下，其横截面应力是均匀分布的，应力为

$$\sigma = F / A = E\varepsilon \qquad (3.1)$$

式中，A 为受拉件的截面积，m^2；E 为受拉件的弹性模量，Pa；ε 为受拉件的应变。

只要测得应变值 ε 后，就可根据材料的弹性模量 E 计算出应力值。为此，可沿构件表面的轴线方向贴应变计 R_1，在温度补偿板上贴 R_2，将 R_1、R_2 组成半桥，如图 3.2（b）所示，接入静态电阻应变仪的 A、B、C 3 个旋钮，即可测得轴向应变。

应当说明，这种贴片和组桥必须满足以下条件：工作片和补偿片完全相同；两片粘贴在完全相同材料的试件上，放在相同温度场中，接在相邻桥臂上，即消除了温度的影响。为了增加电桥输出，可采用如图 3.2（c）所示的方式贴片，R_2 处于与 R_1 相反的应力状态。

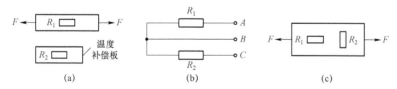

图 3.2　单向受力下的贴片和组桥

2. 在平面应力状态下主应力的测定

在平面应力场内，其主应力方向可能是已知的，也可能是未知的。在主应力方向已知的情况下，如承受内压的薄壁圆筒形容器的筒体，只需要沿两个互相垂直的主应力方向各贴一个应变计 R_1 和 R_2；另外再采取温度补偿措施，就可以直接测出主应变 ε_1 和 ε_2，其贴片和接桥方法如图 3.3 所示。

在主应力方向未知的情况下，一般采用应变花来进行测量。对于平面应力状态，如测出某点 3 个方向的应变 ε_1、ε_2 和 ε_3，就可以计算出该点主应力的大

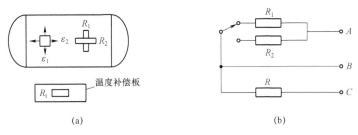

图 3.3　主应力已知时平面应力测量贴片和接桥

小和方向。应变花是由 3 个（或多个）互相之间按一定角度关系排列的应变计组成的。用它可以测量某点多个方向的应变，然后按已知公式求出主应力的大小和方向。图 3.4 给出了几种常用的应变花，其主应力计算公式也都有现成公式可查。现在，市场上有多种图案复杂的应变花供应，可以根据需要选购使用。对每一种应变花，各应变计的相对位置在制造时都已确定，因而在粘贴、接桥和测量时更加方便。

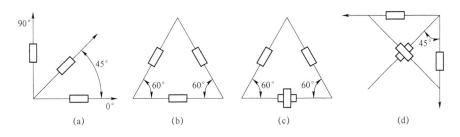

图 3.4　常用应变花
（a）直角形；（b）等边三角形；（c）T-△形；（d）双直角形

在使用电阻应变计测量应变或应力时，应尽可能消除各种误差，以提高测量精确度。一般可从以下几方面采取措施：选择合适的仪器并进行准确的标定；消除导线电阻引起的影响；补偿温度影响；减少贴片误差；力求应变计实际工作条件和额定条件一致；排除测量现场的电磁干扰；合理选择测点。

3.1.3　力的测量

力属于国际单位值（SI）中的导出量，是质量和加速度的乘积，因此其标准和单位都取决于质量和加速度的标准与单位。力的测量方法很多，这里主要介绍以下几种。

1. 应变计式力传感器

在所有的电气式力传感器中，应变计式力传感器是应用最为广泛的一种，

一般由弹性变形体和应变计构成。该传感器的特点是把被测力转变为弹性元件的应变，再利用粘贴在变形体上与之一起变形的应变计测出应变，从而间接地测出力的大小。因此，特性变形体是这类传感器的基础，其性能的好坏是决定力传感器使用质量的关键。为了保证测量精度，必须合理选择弹性元件的材料，设计结构、形式、尺寸，精确加工制造与热处理。

应变计式力传感器的测量范围很大，可达 5 N～10 MN，且能获得很高的测量精度，其精度等级在 0.03%～2.00%。为获得高精度，电桥电路还附加有其他电路元件，以补偿各种与温度有关的效应。

力传感器所用的弹性元件有柱状、管状、辐射状、环状、梁式和 S 形等，如图 3.5 所示。衡量弹性元件的主要指标有非线性、弹性滞后、弹性模量的温度系数、热膨胀系数、刚度和固有频率等。应变计式力传感器能测量的位移一般很小（0.1～0.5 mm），如果要求测量的位移过大，可采用较大量程的传感器，但为此会损失一部分灵敏度。需要时可考虑采用半导体应变计组成的刚性大的变形体。

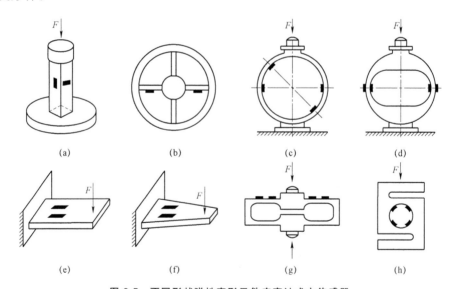

图 3.5　不同形状弹性变形元件应变计式力传感器

（a）柱状；（b）轮辐状；（c）等截面环状；（d）变截面环状；（e）等截面梁；
（f）楔状梁；（g）两端支承梁；（h）S 形圆孔状

应变计式力传感器既可用于静态测量，又可用于动态测量。由于变形体刚度大，因而这种传感器具有很高的固有频率，可达数千赫兹。应变计测量法非常适合于较高频率和持续交变载荷的情况。另外，应变计测量法的重复性很高。所有变形体材料的一个典型特性是在受载及受载变化时具有蠕变特性，这是该类传感器的一个缺点。对此,可通过适当的应变计配置方式来补偿这种蠕变性,以得到稳定的显示数据。

2. 差动变压器式力传感器

差动变压器式力传感器是一种基于力和位移转换原理,测量力作用下弹性体变形引起铁芯位置的变化来实现测力的测量装置。

图 3.6(a)所示差动变压器式力传感器用类似悬臂梁的测量弹簧作为变形体,其优点是,当受到轴向力作用时应力分布均匀,且在长径比较小时受横向偏心分力影响较小,传感器的灵敏度可做得很高。图 3.6(b)所示差动变压器式力传感器用弹性圆筒作为变形体,可以承受较大载荷。差动变压器式力传感器可得到较大的测量信号,常用作实验室和工业现场的动、静态测量。这种传感器的工作温度范围较宽(−54～93 ℃),其精度等级为 0.2%～1.0%。

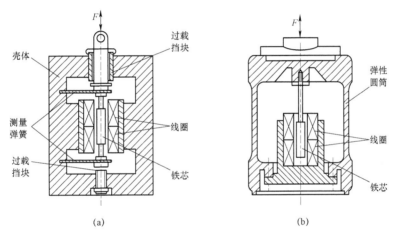

图 3.6 差动变压器式力传感器

3. 压磁式力传感器

压磁式力传感器的工作基础是铁磁材料的压磁效应。所谓压磁效应,是指一些铁磁材料在受外力作用,内部产生应力时,其磁导率随应力的大小和方向而变化的物理现象。当作用力为拉伸力时,沿力作用方向的磁导率增大,而在垂直于作用力的方向上磁导率略有减小。当作用力为压缩力时,压磁效应正好相反。

压磁式力传感器一般由压磁元件和传力机构组成,如图 3.7(a)所示。压磁元件由冲有 4 个对称分布的孔的铁磁材料薄片叠成。孔 1 和孔 2 之间绕有激磁绕组(初级绕组),孔 3 和孔 4 间绕有测量绕组(次级绕组)。当激磁绕组通

有交变电流时，铁磁体中就产生一定大小的磁场。若无外力作用，则磁力线呈同心圆分布，相对于测量绕组平面对称分布，合成磁场强度平行于测量绕组的平面，磁力线不与测量绕组交链，故不产生感应电势，如图 3.7（b）所示。当有压力 F 作用于压磁元件上时，磁力线分布发生变形，呈椭圆分布，不再对称于测量绕组的平面，合成磁场强度不再与测量绕组平面平行，因而就有部分磁力线与测量绕组相交链，而在其上感应出电势，如图 3.7（c）所示。作用力越大，交链的磁通越多，感应电势越大。压磁式传感器的输出电势比较大，通常不必再放大，只要经过滤波整流就可直接进行输出，但要求有一个稳定的激磁电源。

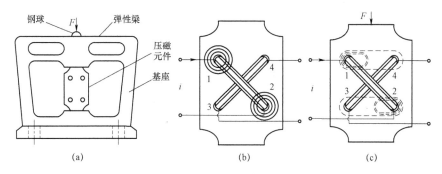

图 3.7　压磁式力传感器

4. 压电式力传感器

压电式力传感器是利用压电效应，将力转换为电量输出的一种传感器。它具有以下特点：静态特性好，即灵敏度、线性度好，滞后小，因为压电元件自身的刚度很高，受力后产生的电荷量仅与力值有关，而与变形元件的位移无直接关系，可同时获得很高的刚度和灵敏度；动态特性好，即固有频率高、工作频带宽、瞬态响应上升时间短，故特别适合动态力和冲击力测量；稳定性好，抗干扰能力强。压电式力传感器是动态力测量中十分重要的一种测量装置。

选择不同的压电晶片和工作方式可构成多种类型的测力传感器。图 3.8 所示为一个压电式力传感器结构剖面。在两个钢环之间配置有环状的压电晶体片，两晶体片之间为一电极，用于接收所产生的电荷。根据传感器的不同尺寸，石英晶体片可做成环状薄片，也有做成多个石英晶体片埋在一环形绝缘体中的形式。将多个不同切片类型的石英晶体片互相叠起来，这样可得到一种测量 2 个或 3 个分力的传感器，它既可测压力又

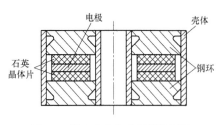

图 3.8　压电式力传感器结构剖面

可测剪切力。

| 3.2 转速与转矩的测量 |

3.2.1 转速测量

对旋转机械或旋转部件的转速测量和指示也是工程上经常用到的。转速以旋转体每分钟内的转数来表示，单位为 r/min。转速测量的方法有多种，可分为离心式、感应式、光电式及闪光频率式等，按输出信号的特点又可分为模拟式和数字式两类。

1. 测速发电机

测速发电机是利用电磁感应原理制成的一种把转动的机械能转换成电信号输出的装置。与普通发电机的不同之处是，它有较好的测速特性，如输出电压与转速之间有较好的线性关系、较高的灵敏度、较小的惯性和较大的输出信号等。测速发电机分为直流和交流两类，如图 3.9 所示。直流测速发电机又分为永磁式和励磁式两种，交流测速发电机分为同步和异步两种。

直流测速发电机是一种将转子转速转换为电信号测速装置，主要由转子、定子和电刷等部件组成，如图 3.9（a）所示。采用永久磁钢激磁，不需要外加激磁电源，结构简单、紧凑、灵敏度高、可靠性好、寿命长，平均直流输出电压与转速大体上呈线性关系，输出电压的极性随旋转方向的不同而改变。由于电枢导线的数目有限，所以输出电压有小纹波。对于高速旋转的情况，纹波可利用低通滤波器来减小。

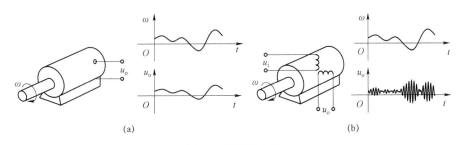

图 3.9 测速发电机

（a）直流测速发电机；（b）交流测速发电机

交流测速发电机是一种两相感应发电机，如图3.19（b）所示，一般多采用鼠笼式转子，为了提高精度有时也采用拖杯式转子。其中一相加交流激励电压以形成交流磁场，当转子随被测轴旋转时，就在另一相线圈上感应出频率和相位都与激励电压相同，但幅值与瞬时转速成正比的交流输出电压。当旋转方向改变时，亦随之发生180°的相移。当转子静止不动时，输出电压基本上为零。大多数工业交流测速发电机在设计时，都是用于交流伺服机械系统，激励频率通常为50 Hz或400 Hz。典型的高精度交流测速发电机以400 Hz、115 V电压激励，当转速在0～3 600 r/min时，其非线性约为0.05%。动态响应频率受载波频率限制，一般为载波频率的1/10～1/15。

2. 电涡流式转速传感器

利用电涡流式转速传感器测量转速的原理如图3.10所示。在旋转体上开一条或数条槽，如图3.10（a）所示，或者把旋转体做成齿状，如图3.10（b）所示，旁边安放一个电涡流式转速传感器，当旋转体转动时，电涡流式转速传感器就输出周期性变化的电压信号。

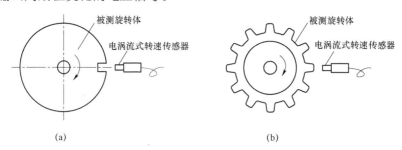

图 3.10　电涡流式转速传感器

3. 磁电感应式转速传感器

磁电感应式转速传感器的结构原理如图3.11所示。安装在被测转轴上的齿轮（导磁体）旋转时，其齿依次通过永久磁铁两磁极间的间隙，使磁路的磁阻

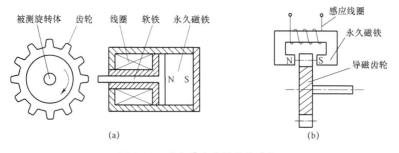

图 3.11　磁电感应式转速传感器

和磁通发生周期性变化，从而在线圈上感应出频率和幅值均与轴转速成比例的交流电压信号。随着转速下降，磁通对时间的变化率减小，故输出电压幅值减小。当转速低到一定程度时，电压幅值将会减小到无法检测出来的程度，故这种传感器不适合于低速测量。

4. 霍尔式转速传感器

利用霍尔效应测量转速的传感器的原理如图 3.12 所示。在旋转轴上安装一个非磁性圆盘，在圆盘边附近的同一圆上等距离地嵌装着一些永磁铁氧体，相邻两个铁氧体的极性相反，如图 3.12（a）所示。由导磁体和置放在导磁体间隙中的霍尔元件组成测量探头，探头两端的距离与圆盘上铁氧体的间距相等。测量时，探头对准铁氧体，当圆盘随被测轴一起旋转时，探头中的磁感应强度发生周期性变化，因而通有恒值电流的霍尔元件就输出周期性的霍尔电势。图 3.12（b）是在被测轴上安装一个导磁性齿轮，对着齿轮固定安放一块马蹄形永久磁铁，在磁铁磁极的端面上粘贴一个霍尔元件。当齿轮随被测轴一起旋转时，磁路的磁阻发生周期性变化，霍尔元件感受的磁感应强度也发生周期性变化，因而输出周期性的霍尔电势。

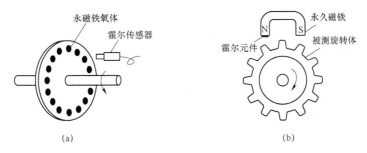

（a）　　　　　　　　　　　　　　　（b）

图 3.12　霍尔式转速传感器

5. 光电式转速传感器

光电式转速传感器分为反射式和透射式两大类，如图 3.13 所示。图 3.13（a）所示为反射式光电转速传感器的原理。测量时，需要在被测旋转轴上粘贴一条或多条反光片，传感器发射的光被反光片反射后被传感器接收，产生高低电平交替脉冲。图 3.13（b）所示为透射式光电转速传感器的原理。当被测轴旋转时，利用被测齿轮或安装在被测轴上的光栅使光路产生交替断和通，进而使光敏元件产生高电压和低电压交替的电信号。

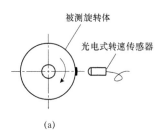
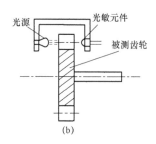

(a)　　　　　　　　　　　　　　(b)

图 3.13　光电式转速传感器

（a）反射式；（b）透射式

3.2.2　转矩测量

转矩测量在研究动力装置的功率输出特性、传动装置的功率传输特性，以及动力传动装置技术状况评估和故障诊断等方面都有着重要的意义。转矩的测量方法有很多种，其中通过转轴的应变、应力、扭转角来测量转矩的方法最为常用。按转矩信号的产生方式可以设计为应变式、压磁式和扭转角式等。

1. 应变式转矩传感器

由材料力学可知，转轴上的主应变和所受到的转矩成正比，只要测得在转矩作用下转轴表面的主应变就可获得相应的转矩。将转矩传感器的扭转轴作为弹性元件，连接在驱动源和负载之间，弹性轴就会产生转动。如果在弹性轴或直接在被测轴上沿 45° 或 135° 方向粘贴上应变计，当转轴受到转矩 M 作用时，转轴产生的主应变和转矩成线性关系。

弹性轴截面形状常见的有实心圆柱形、空心圆柱形、实心方形、十字形和空心十字形等多种，如图 3.14 所示。

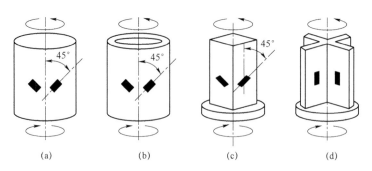

(a)　　　　　(b)　　　　　(c)　　　　　(d)

图 3.14　不同截面形状的弹性轴

（a）实心圆柱形轴；（b）空心圆柱形轴；（c）实心方形轴；（d）十字形轴

小转矩测量，考虑到抗弯曲强度、临界转速、应变计尺寸及粘贴工艺等因素，多采用空心弹性轴，而大转矩测量一般采用实心弹性轴。应该注意，贴片时应使应变计的中心线准确地粘贴在表面 45° 或 135° 方向螺旋线上，否则弹性轴在正、反力矩作用下的输出灵敏度将有差异，造成方向误差。一般粘贴角度误差的允许范围为 ±5°。

为了给粘贴在旋转轴上的应变计提供输入电压，并获得检测信号，目前主要的传输方法为有线传输和无线传输两种。

有线传输方式需要借助一种由滑环和电刷组成的特定装置——集流环来实现。集流环主要由两部分组成：一部分与应变计的引出线连接并固定在转轴上，随转轴一起转动，称为转子；另一部分与应变仪导线连接，静止不动，称为定子。转子和定子能够相对运动，既可以用来输入外部对传感器的激励电压，又可输出弹性轴上应变计转换的电信号。

根据结构及工作原理不同，集流装置可分为连线式集流环和电刷式集流环。电刷式集流环又可分为径向电刷式与侧向电刷式两种。径向电刷式集流环是在轴上安装用绝缘胶木（或尼龙）做成的滑环，然后在其 4 个槽内镶有铜环，其上为电刷，用弹簧片把它压紧在铜环上，如图 3.15 所示。在轴上粘贴应变计，组桥引线分别焊在 4 个铜环上。当电桥有信号输出时，通过铜环和电刷，可以将轴上的信号传递到应变仪上。集流环的优劣直接影响测量精度，质量低劣或维护不当的集流环引入的噪声甚至能淹没转矩信号，使测量无法进行。对集流环的要求是接触电阻要小，一般希望接触电阻的变化小到应变计电阻变化的 $1/50 \sim 1/100$。

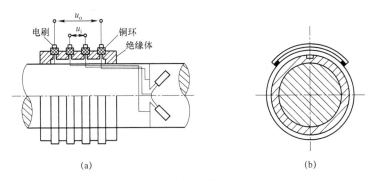

(a)　　　　　　　　　　　　　(b)

图 3.15　电刷式集流环

无线传输方式是一种比较先进的扭矩测量方式，它可以克服有线传输的缺点。目前，这种信号传输方式得到越来越多的应用，并有取代有线传输的趋势。无线传输方式也分为电波收发方式和光电脉冲传输方式。从使用的角度来看，

这两种无线传输方式都取消了中间接触环节、导线和专门的集流装置，但电波收发方式测量系统需要有可靠的发射、接收和遥测装置，且其信号容易受到干扰。光电脉冲传输式测量系统则是把测试数据数字化后，通过光信号，无接触地从转动的测量盘传送到固定的接收器上，然后经解码器还原所需信号。这种方式抗干扰能力较强。

2. 压磁式转矩传感器

如图 3.16 所示，两个绕有线圈的 U 形铁芯 A 和 B 相互垂直放置，开口端

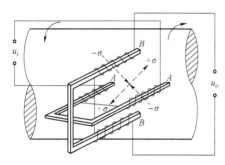

图 3.16　压磁式转矩传感器

与由铁磁材料制作的被测轴保持 $1 \sim 2\ \text{mm}$ 的间隙，从而用导磁的轴将磁路闭合。AA 沿轴向，BB 垂直于轴向。在铁芯 A 的线圈中通以 50 Hz 的交流电流 u_i，形成交变磁场。在转轴未受转矩作用时，其各向磁阻相同，BB 方向正好处于磁力线的等位中心线上，因而铁芯 B 上的绕阻不会产生感应电势。当转轴受转矩作用时，其表面上出现各向异性磁阻特性，沿拉伸应力方向磁阻减小，沿压缩应力方向磁阻增大。磁力线将重新分布，而不再对称，因此在铁芯 B 的线圈上产生感应电势 u_o。转矩越大，感应电势越大，在一定范围内，感应电势与转矩呈线性关系。这样就可通过感应电势来测量转矩。压磁式转矩传感器是非接触测量，基本上不受温度影响和转轴转速限制，使用方便，结构简单可靠。

3. 扭转角式转矩传感器

扭转角式转矩传感器是通过扭转角来测量转矩。当转轴受转矩作用时，其上两截面间的相对扭转角与转矩成比例，因此可以通过扭转角来测量转矩。根据这一原理，可以制成振弦式转矩传感器、光电式转矩传感器和相位差式转矩传感器等。

1）振弦式转矩传感器

振弦式转矩传感器由两个测量环组成，两环相距 L，安装在轴上，如图 3.17 所示。当轴受载时，两测量环朝相反方向发生一微小扭转量，该扭转与施加的扭矩成正比。这样便使一根振弦的机械张力及由此引起的振动频率提高，而另一根的张力及频率减小，因此未受载轴和受载轴之间振弦的频率变化便是所传递的转矩的度量。

这种测量方法主要适用于静态测量，所能获取的动态过程的最大频率为 25 Hz。测量转矩可从 0 ～ 100 N·m 直至 0 ～ 5 MN·m；轴径较小时最大转速可达 1 500 r/min，轴径较大时最大转速可达 150 r/min；测量精度为 0.5%～1.0%。

2）光电式转矩传感器

光电式转矩传感器测量方法是在转轴上固定安装两片圆盘光栅，如图 3.18 所示。在

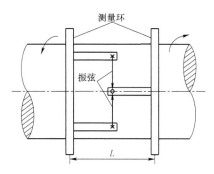

图 3.17　振弦式转矩传感器

无转矩作用时，两片光栅的明暗条纹相互错开，完全遮挡住光路，因此放置于光栅另一侧的光敏元件无光线照射，无电信号输出。当有转矩作用于转轴上时，安装光栅处的两截面产生相对转角，两片光栅的暗条纹逐渐重合，部分光线透过两片光栅而照射到光敏元件上，从而输出电信号。转矩越大，扭转角越大，照射到光敏元件上的光越多，因而输出电信号也越大。

3）相位差式转矩传感器

相位差式转矩传感器是基于磁感应原理，在被测转轴相距 L 的两端处各安装一个齿形转轮，靠近转轮沿径向各放置一个感应式脉冲发生器（在永久磁铁上绕一固定线圈而制成），如图 3.19 所示。当转轮的齿顶对准永久磁铁的磁极时，磁路气隙减小，磁阻减小，磁通增大；当转轮转过半个齿距时，齿谷对准磁极，气隙增大，磁通减小，变化的磁通在感应线圈中产生感应电势。无转矩作用时，转轴上安装转轮的两处无相对角位移，两个脉冲发生器的输出信号相位相同。当有转矩作用时，两转轮之间就产生相对角位移，两个脉冲发生器的输出感应电势不再同步，而出现与转矩成比例的相位差，因而可通过测量相位差来测量转矩。与光电式转矩传感器一样，相位差式转矩传感器也是非接触测量，结构简单，工作可靠，对环境条件要求不高，精度一般可达 0.2%。

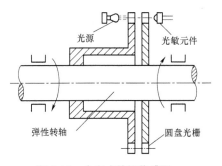

图 3.18　光电式转矩传感器

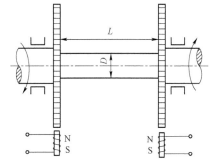

图 3.19　相位差式转矩传感器

|3.3 振动测量|

振动是自然界、工程领域和日常生活中普遍存在的物理现象。随着现代工业技术的发展，对各种机械提出了低振级、低噪声、高抗振性能的要求，因而有必要进行机械结构的振动分析和振动设计。特别是随着机械设备日益高速化、大功率化、结构轻型化及其精密程度的不断提高，对振动控制的要求也就更加迫切。尽管振动的理论研究已经发展到很高的水平，但实践中所遇到的振动问题却远比理论上所设想的和阐述的要复杂得多，系统中的许多参数很难通过理论求解，只能利用试验来确定或检验。因此，振动测试在生产和科研的许多方面都有着广泛的应用，尤其在振动控制和降低噪声研究领域内具有重要的地位。

在振动测量时，可以测量的参数是位移、速度或加速度。如果测得其中一个参数，可通过微积分关系实现参数之间的相互转换。其中，振动位移是研究强度、变形和机械加工精度的重要依据；振动速度决定了噪声的高低，人对机械振动的敏感程度在很大频率范围内是由速度决定的，而振动速度又与能量和功率有关，并决定了力的动量；振动加速度与作用力或载荷成正比，是研究机械损伤和疲劳的重要依据。

3.3.1 电测法测振及其系统组成

机械振动测量的方法有多种，典型的有机械法、光学法和电测法。电测法是将被测的振动量转换成电量的测量方法。与机械法和光学法相比较，电测法能广泛地使用各种不同的测振传感器，且电信号易于记录、处理和传送，具有使用频率范围宽、动态范围广、测量灵敏度高等优点。因此，电测法是使用最为广泛的振动测量方法。

电测法振动测量系统的结构框图如图 3.20 所示。该系统由被测对象、激励装置、传感与测量装置、振动分析仪和显示及记录仪器所组成。

① 被测对象：亦称试验模型，它是承受动载荷和动力的结构或机器。

② 激励装置：对被测对象施加某种形式的激励使之产生振动的装置。人为激励一般由信号源、功率放大器和激振器组成，一般会增加测试成本，使测量装置变得复杂，甚至对场地等条件有较高的要求，但激励方式和参数、测量条件、影响因素容易得到控制。自然激励依靠被测对象所受自然力量或处于工作

状态时直接测量被测对象的振动，这样做符合被测对象的实际工作状态，但测试条件和影响因素不易控制。

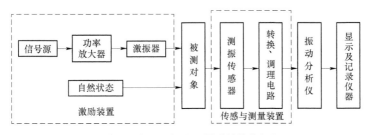

图 3.20 电测法振动测量系统结构框图

③ 传感与测量装置：由测振传感器及其关联的转换、调理电路组成，用于将被测振动信号转换为易于后续处理的电信号。

④ 振动分析仪：对振动信号作进一步的分析与处理以获取所需的测量结果。

⑤ 显示及记录仪器：用于将最终的振动测试结果以数据或图表的形式进行记录或显示。这方面的仪器包括示波器、磁带机、绘图仪、打印机和计算机磁盘等。

随着计算机测试技术的广泛应用，振动信号的记录、显示、分析与处理，以及激振器的控制完全可以由计算机和应用软件来实现。传统振动测试仪器的功能逐步被计算机测试系统所代替。

3.3.2 振动的激励装置

在对机械设备或机构的振动力学参量或动态特性进行测量时，需要对被测对象施加一定的外力，让其做受迫振动或自由振动，以便获得相应的激励及其响应。因此，激振是使被测对象处于受迫振动状态的一种手段。激励方式通常可以分为稳态正弦激振、瞬态激振和随机激振 3 种。

激振器是按一种预定的要求对被测对象施加一定形式激振力的装置。测试中要求激振器在其频率范围内能提供波形良好、强度足够的交变力。在某些情况下，还需提供一稳定力，以便使被激对象受到一定的预加载荷，以消除间隙或模拟某种恒定力。另外，为减小激振器质量对被测对象的影响，激振器的体积应小，质量应轻。

激振器的种类很多，按工作原理可分为机械式、电动式、电磁式和电液式等，此外还有用于小型、薄壁结构的压电晶体激振器、高频激振的磁致伸缩激振器和高声强激振器等。这里介绍几种常用的激振器。

1. 力锤

力锤用来在振动试验中给被测对象施加一局部的冲击激励，实际上是一种手持式冲击激励装置。图 3.21 所示为一种常用的力锤结构示意图。它是由锤头、锤头盖、压电石英片、锤体、附加质量块和锤把组成。锤头和锤头盖用来冲击被测试件。脉冲激振力的形成及有效频率取决于脉冲的持续时间 τ，如图 3.22 所示。τ 则取决于锤头盖的材料，材料越硬，τ 越小，越接近理想的 $\delta(t)$ 函数，而频率范围越大。

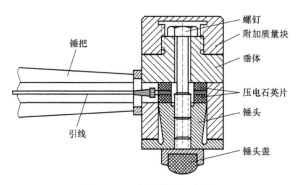

图 3.21　力锤结构示意图

力锤的锤头盖可采用不同的材料以获得具有不同冲击时间的脉冲信号。图 3.23 所示为不同锤头盖材料（橡胶、尼龙、有机玻璃、铜和钢）对应的频谱曲线。可以看出，钢材料的锤头盖所得的带宽最宽，而橡胶材料所得的带宽最窄。另外，附加质量不仅能增加冲击力，也使保持时间略微增长，从而改变了频带宽度。因此，在使用力锤时应根据不同的结构和分析的频带来选择不同的锤头盖材料。

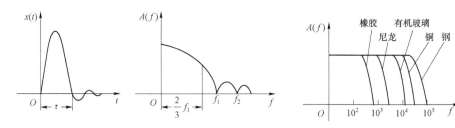

图 3.22　锤击激振力及其频谱　　　图 3.23　不同锤头盖材料的激振力频谱

常用力锤质量小至数克，大至数万克，因此可用于不同的激励对象，现场使用中比较方便。但在着力点位置、力的大小及方向的控制等方面，需要熟练的技巧，否则会产生很大的随机误差。

2. 机械惯性式激振器

图 3.24 所示为一种机械惯性式激振器。它由两个偏心质量反向等速转动的齿轮组成。由于偏心质量的缘故，当两齿轮旋转时会产生周期性的离心力，从而产生激振作用。若 m 为齿轮的偏心质量，e 为偏心距，ω 为旋转角速度，则其激振力的大小为两离心力的合力：

$$x(t) = 2m\omega^2 e \cos(\omega t) \tag{3.2}$$

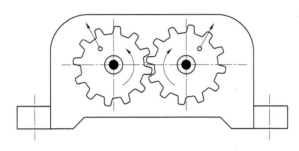

图 3.24　机械惯性式激振器

使用机械惯性式激振器时，将其固定在被试验物体上，由激振力带动物体一起振动。一般用直流电动机来做动力，通过改变电动机的转速来调节激振力的频率。这种激振器的优点是结构简单、激振力范围大；缺点是工作频率范围小，一般为几赫兹到上百赫兹。另外，激振力大小因受转速的影响不能单独控制，且安装起来不太方便。

3. 电动式激振器

电动式激振器又称磁电式激振器，主要是利用带电导体在磁场中受电磁力作用这一物理现象工作的，按其磁场形成方式的不同分为永磁式和励磁式两种。前者多用于小型激振器，后者多用于较大型的振动台。

电动式激振器的结构如图 3.25（a）所示，驱动线圈固装在顶杆上，并由支承弹簧支承在壳体中，驱动线圈正好位于磁极与铁芯的气隙中。当驱动线圈通过经功率放大后的交变电流时，根据磁场中载流体受力的原理，驱动线圈将受到与电流成正比的电动力的作用，此力通过顶杆传到被测对象便是所需的激振力。应该指出，激振器由顶杆施加到被激对象上的激振力实际上不等于驱动线圈受到的电动力，而是电动力和可动系统的惯性力、弹性力、阻尼力之差，并且还是频率的函数。只有在激振器可动部分的质量很小、弹性系数极低且激振器与被激对象的连接刚度好、顶杆系统刚性也很好的情况下，才可以认为电动力等于激振力。

　　电动式激振器主要用于对被激对象做绝对激振，因而在激振时最好让激振器壳体在空间保持基本静止，使激振器的能量尽量全部用于对被激对象的激励上。图 3.25（b）、（c）、（d）所示为几种激振器的安装方式。图 3.25（b）中激振器刚性地安装在地面上或刚性很好的架子上，这种情况下安装体的固有频率要高于激振频率 3 倍以上。图 3.25（c）采用激振器弹性悬挂的方式，通常使用软弹簧来实现，有时加上必要的配重，以降低悬挂系统的固有频率，从而获得较高的激振频率。图 3.25（d）所示为悬挂式水平激振的情形，在这种情况下，为了能对试件产生一定的预压力，悬挂要倾斜一定的角度。激振器对试件的激振点处会产生附加的质量、刚度和阻尼，这些点将对试件的振动特性产生影响，尤其对质量小、刚度低的试件影响尤为显著。

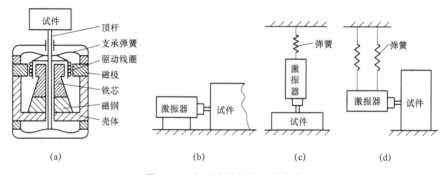

图 3.25　电动式激振器及其安装

　　为了保证测试精度，做到正确施加激振力，必须在激振器与被激对象之间用一根在激励力方向上刚度很大而横向刚度很小的柔性杆连接，以保证激振力的传递，并大大减小对被激对象的附加约束。此外，一般在柔性杆的一端串联着一个力传感器，以便能够同时测量出激振力的幅值和相位角。

4. 电磁式激振器

　　电磁式激振器直接利用电磁力做激振力，常用于非接触激振场合，特别是对回转件的激振，其结构如图 3.26 所示，其主要由铁芯、励磁线圈、力检测线圈和底座等元件组成。电流通过励磁线圈时，便产生相应的磁通，从而在铁芯和衔铁之间产生电磁力。若将铁芯和衔铁分别固定在两个试件上，便可实现两者之间无接触的相对激振。用力检测线圈检测激振力、位移传感器测量激振器与衔铁之间的相对位移。

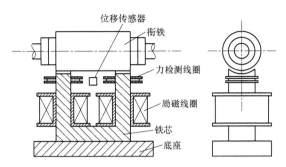

图 3.26　电磁式激振器

电磁式激振器通常作为相对激振，具有体积小、质量轻等优点。由于与被激对象不接触，因此没有附加质量和刚度的影响，其频率上限为 500～800 Hz。

5. 电液式激振器

在激振大型结构时，为得到较大的响应，有时需要很大的激振力，这时可采用电液式激振器，如图 3.27 所示。其激振力可达数千牛以上，有较高的承载能力，主要用在建筑物的抗震试验、飞行器的动力学试验以及汽车的动态模拟试验等方面。

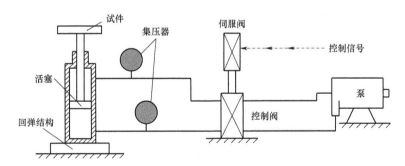

图 3.27　电液式激振器工作原理

信号发生器产生的信号经过放大后，由一个电驱动的伺服阀来操纵一个主控制阀，从而调节流至主驱动器油缸中的油流量，使活塞做往复运动，并以顶杆去激励被激对象。活塞端部输入一定油压的油，形成静压力，可以对被激对象施加预载荷。这种激振器最大承载能力可达 250 t，频率可达 400 Hz，而振动幅度可达 45 cm。

电液式激振器的优点是激振力大，行程亦大，单位力的体积小。但由于油液的可压缩性和调整流动压力油的摩擦，电液式激振器的高频特性变差，一般只适用于较低的频率范围，通常为零点几赫兹到数百赫兹，其波形也比电动式

激振器差。此外，它的结构复杂，制造精度要求也高，并需一套液压系统，成本较高。

3.3.3 常用的测振传感器

拾取振动信息的装置通常称为拾振器，其作用是检测被测对象的振动参数（位移、速度、加速度、频率和相位），并将此机械量转换成电信号输出。在振动测试的工程应用中，最常用的测振传感器主要有电涡流式位移传感器、磁电式速度传感器和压电式加速度传感器。

1. 电涡流式位移传感器

电涡流式位移传感器的基本原理是金属体在交变磁场中的涡电流效应。典型的电涡流式位移传感器主要由探头、延伸电缆和前置放大器组成。其中，探头的基本结构如图 3.28 所示，其通常由线圈、头部、壳体、高频电缆和高频接头等组成。线圈是探头的核心，它是整个传感器的敏感元件，并且决定了传感器头部的大小。电涡流式位移传感器通常用头部直径来分类和表征各探头型号，常用传感器的头部直径有 $\phi 5$ mm、$\phi 8$ mm、$\phi 11$ mm 和 $\phi 25$ mm 几种。传感器的线性范围大致为探头直径的 1/4～1/2。探头壳体用于支撑探头头部，采用不锈钢制成，一般上面加工有螺纹，并配有锁紧螺母作为探头安装的夹紧结构。

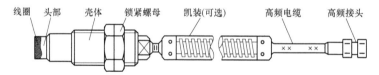

线圈　头部　壳体　锁紧螺母　凯装(可选)　高频电缆　高频接头

图 3.28　电涡流式位移传感器探头基本结构

电涡流式位移传感器可以实现非接触测量，能够直接测量转轴等物体的振动，并且具有灵敏度高、抗干扰能力强、低频特性好、响应速度快、不受油水等介质影响、长期工作稳定可靠等诸多优点，多年来一直是大型旋转机械振动测量、轴向位移测量的首选。随着相关技术的发展，目前电涡流式位移传感器的应用领域已不再局限于振动、位移的测量，在其他行业相关领域的应用也十分广泛。

世界上第一个电涡流式位移传感器由美国人 Donad E. Bently 于 1954 年研制出并应用于工业生产，因此 Bently 公司在电涡流式位移传感器的制造水平上一直处于领先地位。德国申克公司在一体化传感器系统、美国迈确公司在标准信号输出传感器系统方面也有一定优势。近年来国产传感器制造技术水平也迅速提高，广州精信公司、上海瑞视公司、北京测振仪器厂的产品目前也大量投入工程应用，已大批用于替代同类进口产品。

2. 磁电式速度传感器

磁电式速度传感器为惯性式速度传感器，其工作原理为：穿过线圈的磁通发生变化时，会产生感应电动势，电动势的输出与线圈的运动速度成正比。磁电式速度传感器根据运动部件的不同可分为动圈式和动铁（磁）式两种，前者是磁钢与壳体连接，绕组用刚性元件支承；后者是绕组与壳体连接，磁钢用弹性元件支承。动圈式应用较多。

磁电式绝对速度传感器的典型结构如图 3.29 所示。在测振时，传感器固定或紧压于被测系统，磁钢与壳体一起随被测体的振动而振动，装在芯轴上的线圈和阻尼环组成惯性系统的质量块并在磁场中运动。弹簧片的径向刚度很大，轴向刚度很小，使惯性系统既得到可靠的径向支承，又保证有很低的轴向固有频率。阻尼环一方面可增加惯性系统质量，降低固有频率；另一方面可在磁场运动中产生阻尼力，使振动系统具有合理的阻尼。

因为线圈是质量块的组成部分，所以当它在磁场中运动时，其输出电压与线圈切割磁力线的速度成正比。为了扩展速度拾振器的工作频率下限，应采用 $\zeta = 0.5 \sim 0.7$ 的阻尼比。在幅值误差不超过 5% 的情况下，工作下限可扩展到 $\omega / \omega_n = 1.7$。这样的阻尼比也有助于迅速衰减意外瞬态扰动所引起的瞬态振动，但这时的相频特性曲线与频率不成线性关系，因此在低频范围内无法保证相位的精确度。

磁电式速度传感器还可以做成相对式的，如图 3.30 所示，用来测量振动系统中两部件之间的相对振动速度。壳体固定于一部件上，而顶杆与另一部件相连接，从而使传感器内部的线圈与磁钢产生相对运动，产生感应电动势。

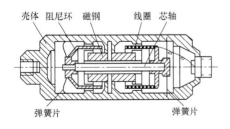

图 3.29　磁电式绝对速度传感器

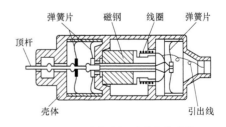

图 3.30　磁电式相对速度传感器

在实际使用中，为了能够测量较低的频率，希望尽量降低绝对式速度传感器的固有频率，但过大的质量块和过低的弹簧刚度使其在重力场中静变形很大。

这不仅引起结构上的困难，而且易受交叉振动的干扰。因此，其固有频率一般取为 10～15 Hz。上限测量频率取决于传感器惯性部分的质量，一般在 1 kHz以下。

磁电式速度传感器的优点是：不需要外加电源，使用方便；输出信号大，可直接用于测量、显示、记录或远距离传输。但由于本身结构特点所限，体积大、质量大，不适用于狭小空间的振动测量和轻小型设备；动态范围有限，低频线性差，弹簧件容易失效；对安装角度要求较高，一般仅适用于垂直安装或水平安装。

磁电式速度传感器的生产厂商较多，国外产品以美国 Bently 公司和德国申克公司的产品在我国使用较多。国产产品因其价格低廉、服务周到，在许多行业也得到广泛应用。

3. 压电式加速度传感器

压电式加速度传感器又称压电加速度计，它是利用某些晶体材料的压电效应制成的。由于压电式加速度传感器具有体积小、质量轻、灵敏度高、工作稳定可靠等优点，一直是振动测量中使用最多的传感器。

常用压电式加速度传感器分为压缩式和剪切式两种，其结构如图 3.31 所示。压缩式以外缘固定型、中心固定型、倒置中心固定型 3 种结构较为常用；剪切式以环状剪切型和三角剪切型较为常用。

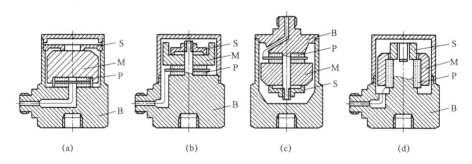

图 3.31 压电式加速度传感器的构造

（a）外缘固定型；（b）中心固定型；（c）倒置中心固定型；（d）环状剪切型

压电式加速度传感器主要由压电晶体片 P、惯性质量块 M、弹簧 S 和附加元件 B 4 部分组成。压缩式加速度传感器的压电晶体片 P 两面蒸镀上银层并在银层上引线，放在一个惯性质量块（高比重合金块）M 下面，并通过弹簧 S 压紧在附加元件（金属基座）B 上，构成一个振动系统。在一定频率范围内，压电晶体片 P 所带电荷量正比于被测物体的振动加速度。剪切型加速度计内部的压电材料受剪切变形而呈现电荷。环状剪切的压电晶体片 P 被制成圆筒状并粘贴在中心架上，在外圆周再粘贴一个圆筒状惯性质量块 M。三角剪切有一个三角形中心杆，杆的每一边有压电晶体片 P 和惯性质量块 M，外面再用一个预紧筒以较大的压力将其夹紧，当传感器沿其中线振动时，压电晶体片剪切变形而产生电荷。

剪切型可以较好地避免外界条件变化的影响，具有较高的灵敏度和共振频率，并有利于结构小型化。三角剪切型的优点是能在较长的时间内保持传感器的特性稳定，较压缩式结构具有更宽的动态范围和更好的线性度，同时对底座弯曲变形不敏感。

压电式传感器的输出信号是很微弱的电荷，而且传感器本身有很大的内阻，故输出能量甚微，这给后接电路带来很大困难。因此，通常把传感器信号先输到高输入阻抗的前置放大器，经过阻抗变换后，方可用一般的放大、检波电路将信号输给指示仪器或记录装置。压电式传感器的放大器有两种形式：一是用电阻反馈的电压放大器，其输出电压与输入电压成正比；另一种是带电容反馈的电荷放大器，其输出电压与输入电荷成正比。

压电式加速度传感器出厂时，会给出相应的灵敏度等技术指标和幅频特性曲线。一般压电式加速度传感器的幅频特性曲线如图 3.32 所示。从不失真测试的角度来看，测试范围应使用幅频特性的直线部分，因此有效工作频率上限远低于其共振频率，一般测量的上限频率取传感器固有频率的 1/3。事实上，传感器的实际有效工作频率范围除了受固有频率的限制外，还与传感器的安装方式有关。

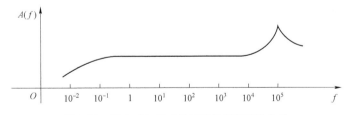

图 3.32　压电式加速度传感器的幅频特性曲线

加速度传感器与被测体安装时，受多种因素的影响，实际使用的固定方法往往难以达到刚性连接，因而共振频率和使用上限频率都会有所下降。目前压电式加速度传感器生产厂商较多，国外品牌以丹麦 B&K 公司最为著名，美国 PCB 公司因其率先制成世界上第一个内置集成电路放大器（ICP，Integrated Circuit Piezoelectric）的压电式加速度传感器而迅速发展。近年来，随着技术的

引进和科研开发力量的投入，国产传感器的质量和稳定性逐步提高。

| 3.4 噪 声 测 量 |

声音是物体的振动在弹性介质中的传播过程。一个正常人的听觉频率范围为 20 Hz～20 kHz。低于 20 Hz 的称为次声波，高于 20 kHz 的称为超声波。

在日常生活中，和谐悦耳的声音是人们所希望的，而另一些声音则是不需要的，统称为噪声。在物理意义上，噪声是指不规则、间歇的或随机振源产生的声音。噪声的起源很多，就工业噪声而言，主要有机械性噪声、空气动力性噪声和电磁性噪声等。

随着现代工业的高速发展，机械所引起的噪声越来越大，成为环境污染的主要公害之一。人体长时期受噪声刺激可导致耳鸣、耳聋，引起心血管系统、神经系统和内分泌系统的疾病。因此，对噪声进行正确的测试与分析，以便采取必要的防治和控制措施，一直是人们所关心的重要问题。

3.4.1 噪声测量的主要参数

在进行噪声测量时，主要物理参数常用声压级、声强级和声功率级表示其强弱，用频率或频谱表示其成分，也可用人的主观感觉进行量度，如响度级等。

1. 声压与声压级

声波是一种纵波，其压力随着弹性介质疏密程度的变化而变化。声波作用在物体上的压力（瞬间压力与大气压力的差值）称为声压 P，其单位为 Pa（帕）。在空气中，正常人耳可以听到的最弱声压为 $2×10^{-5}$ Pa，称为听阈声压，并规定为基准声压，记为 P_0。声压为 20 Pa 时，能使人耳开始产生疼痛，称为痛阈声压。声音的强弱变化和人的听觉范围非常宽广，为了便于表示，常用声压的对数——声压级 L_P 来衡量声音的强弱。L_P 的定义为

$$L_P = 20\lg\frac{P}{P_0} \quad (\text{dB}) \quad\quad (3.3)$$

式中，P 为声压；P_0 为基准声压。

这样，声音变化从听阈声压（$2×10^{-5}$ Pa）到痛阈声压（20 Pa）可用 0～120 dB 的声压级来表示。

2. 声强与声强级

声波作为一种波动形式，具有一定的能量，因此也常用能量的大小来表征其强弱，即用声强和声功率来表示。声强是单位时间内垂直于声波传播方向上单位面积内所通过的能量，以 I 表示，单位为 W/m^2。相应的声强级 L_I 定义为

$$L_I = 10\lg\frac{I}{I_0} \quad (dB) \tag{3.4}$$

式中，I 为声强；I_0 为基准声强，取值为 $I_0 = 10^{-12} \ W/m^2$。

3. 声功率与声功率级

声功率是声源在单位时间内发射出的总能量，用 W 表示，单位为 W（瓦）。声功率可用声强在包围声源的封闭面积上的积分来计算，即

$$W = \int_S I \cdot ds \tag{3.5}$$

式中，I 为声强；S 为包围声源的封闭面积；ds 为面积微元。

相应的声功率级定义为

$$L_W = 10\lg\frac{W}{W_0} \quad (dB) \tag{3.6}$$

式中，W 为声功率；W_0 为基准声功率，取值为 $W_0 = 10^{-12} \ W$。

声功率是反映声源发射总能量的物理量，且与测量位置无关，因此它是声源特性的重要指标之一。声功率一般无法直接测量，只能通过对声压级的测量经过换算而得到。声功率级与声压级的换算关系依声场状况而定。在自由声场中，有

$$L_W = \overline{L}_P + 20\lg R + 11 \quad (dB) \tag{3.7}$$

式中，$\overline{L}_P$ 为在球面半径 R 上所测的多点声压的平均值。

设有 n 个测点，$\overline{L}_P$ 的求法如下：

$$\overline{L}_P = 20\lg\frac{\overline{P}}{P_0} \tag{3.8}$$

式中，

$$\overline{P} = \frac{1}{n}\left(\sum_{i=1}^{n} P_i^2\right)^{1/2} \tag{3.9}$$

若声波仅在半球面方向上传播，那么这种情况就相当于开阔地面上声源的声发射过程。声功率级和声压级之间的换算关系为

$$L_W = \overline{L}_P + 20 \lg R + 8 \ (\text{dB}) \tag{3.10}$$

3.4.2 噪声的评价

声学测量测得的噪声级是各种频率成分叠加而成的总噪声级，是对噪声的一个总体评价。在实际工作中，为了了解噪声频率组成及相应能量的大小，必须对噪声进行频谱分析。噪声的频谱能清楚地表明噪声中含有哪些频率成分，以及各频率成分的强弱，进而从中找出噪声源，为噪声控制提供依据。

对噪声的频谱分析可以采用一般信号的频谱分析方法。噪声频谱中最高声级分布在 350 Hz 以下的称为低频噪声；最高声级分布在 350 Hz～1 kHz 的称为中频噪声；最高声级分布在 1 kHz 以上的称为高频噪声。

人耳对声音所感觉的强度不仅与声压有关，而且与声音的频率特征有关。人耳所能接收到的声音频率范围很宽，一般在 20 Hz～20 kHz，但对 1～4 kHz 的频率反应最灵敏。声音微弱时，人耳对相同声压不同频率的声音会感觉出较大的差别，因此需要引入一个把频率和声压统一起来的、可以反映主观感觉的量——响度或响度级。

1. 响度、响度级及等响度曲线

响度是人耳判别声音强度大小的量，用 S 表示，单位是 sone（宋）。1 sone 的定义是频率为 1 000 Hz、声压级为 40 dB 的平面行波的强度。响度级用 L_S 表示，单位是 phon（方），即选取 1 000 Hz 的纯音作为基准音，若噪声听起来与该纯音一样响，则此噪声的响度级等于该纯音的声压级。例如，某噪声听起来与 1 000 Hz 声压级 80 dB 的基准音一样响，则此噪声的响度级就是 80 phon。根据这个原则，人们通过大量的实验作出了人耳可闻频率域内纯音的响度级曲线，如图 3.33 所示。图中同一条曲线上各点虽代表着不同的频率和声压级，但其响度是一样的，故称等响度曲线。其中，最下面的虚线是听阈曲线（0 phon 响度线），痛阈曲线是 120 phon 响度线，按响度不同又分为 13 个响度级。

由响度和响度级的定义可知，1 sone 的响度相当于 40 phon 的响度级。响度级每增加 10 phon，响度即增加一倍，二者之间的换算关系为

$$S = 2^{(L_S - 40)/10} \quad \text{或} \quad L_S = 40 + 10\log_2 S \tag{3.11}$$

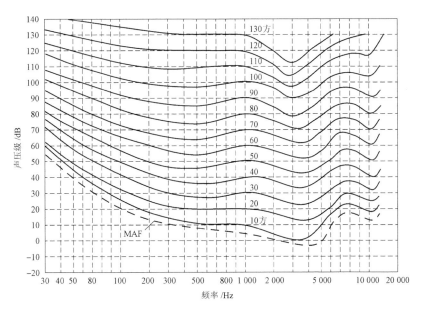

图 3.33　等响度曲线

2. 频率计权网络

从等响度曲线出发，在声测量仪器上通常采用一种特殊的滤波器——频率计权网络，对不同频率的声音实行不同程度的衰减，使仪器的输出能近似地表达人耳对声音响度的感觉。显然，这样的仪器测得的声压级不是原本的声压级，而是人为地表达主观评价的量。就声级计而言，设置了 A、B、C 3 种计权网络。这 3 种计权网络的频率特性实际上分别效仿 40 phon、70 phon、100 phon 3 条等响度曲线而设计的，它们的频率特性如图 3.34 所示。

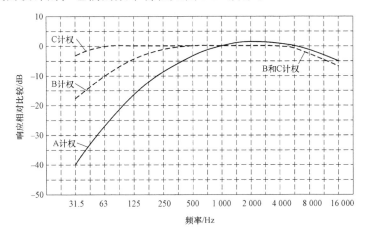

图 3.34　A、B、C 计权网络的频率特性曲线

A 计权较好地模仿了人耳对低频段（500 Hz 以下）不敏感，而对 1 000～5 000 Hz 敏感的特点；B 计权对低频有衰减，已逐渐被淘汰；C 计权在整个可听频率范围内近乎平直，基本上不衰减，因此 C 计权网络表示总声压级。

经过计权网络测得的声压级分别为 A 声级 (L_A)、B 声级 (L_B) 和 C 声级 (L_C)，其分贝数分别标作 dB（A）、dB（B）、dB（C）。若利用 A、B、C 3 种计权网络来表示声级读数，那么从这些读数中可大致知道噪声频谱的分布情况。例如，当 $L_A = L_B = L_C$ 时，噪声的高频成分较突出；当 $L_C = L_B > L_A$ 时，噪声的中频成分较多；当 $L_C > L_B > L_A$ 时，噪声具有低频特性。

3. 等效连续声级

在 A、B、C 3 种计权网络中，使用最广泛的是 A 声级，国际上已把它作为评价噪声的主要指标。考虑噪声对人的危害程度，除了要注意噪声的强度和频率之外，还要注意作用的时间。为此，在我国工业企业噪声检测规范（草案）中规定：对于稳定噪声，测量 A 声级；对于不稳定噪声，测量不同 A 声级下的暴露时间，计算等效连续声级来评定间断的、脉动的或随时变化的不稳定噪声的大小。等效连续声级可表示为

$$L_{eq} = 10 \lg \left[\frac{1}{T} \int_0^T \frac{I(t)}{I_0} \mathrm{d}t \right] = 10 \lg \left[\frac{1}{T} \int_0^T 10^{L/10} \mathrm{d}t \right] \tag{3.12}$$

式中，$I(t)$ 为瞬时声强；I_0 为基准声强；T 为某段统计时间总和，$T = T_1 + T_2 + \cdots + T_n$；$L$ 为某段统计时间内的 A 声级。

由式（3.12）可知，在某一段时间内，如果噪声是稳定的，即 L 不变，则等效连续声级就是该时间段内的 A 声级。为了方便起见，对等效连续声级可以进行近似计算。以每个工作日 8 h 为基础，低于 78 dB 的不予考虑，则一天的等效声级可按下式近似计算：

$$L_{eq} = 80 + 10 \lg \frac{\sum_n 10^{\frac{n-1}{2} T_{n,R}}}{480} \quad (\mathrm{dB}) \tag{3.13}$$

式中，$T_{n,R}$ 为第 n 段声级 L_n 一个工作日的总暴露时间，min。

如果一周工作 6 天，每周的等效连续声级可按下式近似计算：

$$L_{eq} = 80 + 10 \lg \frac{\sum_n 10^{\frac{n-1}{2} T_{n,I}}}{480 \times 6} \quad (\mathrm{dB}) \tag{3.14}$$

式中，$T_{n,I}$ 为第 n 段声级 L_n 一周的总暴露时间，min。

近年来，为了减少噪声的危害，提出了保护听力、保障生活和工作环境安

静的噪声允许标准。国际标准化组织（ISO）于 1971 年提出采用噪声评价曲线来确定噪声容许标准。国际标准化组织建议，每天工作 8 h，允许连续噪声不得超过 90 dB（A）。工作时间每减少一半，容许噪声提高 3 dB（A），最坏不超过 115 dB（A）。住宅区室外噪声允许标准为 35～45 dB（A）；非住宅区内，如办公室、商店的室内允许噪声标准为 35 dB（A）。

3.4.3　噪声测量仪器

噪声测量的常用仪器主要包括传声器、声级计和频率分析仪等。这里重点介绍几种常用的传声器测量原理和声级计的分类和组成。

1. 传声器

由于变换原理或元件的不同，传声器有多种类型，如电容式、动圈式、压电式和永电体（驻极体）式等。

1）电容式传声器

电容式传声器的基本结构是一个电容器，主要由感受声压的振膜和与其平行的后极板（背板）组成，如图 3.35 所示。振膜是一张拉紧的金属薄膜，其厚度为 0.002 5～0.050 0 mm，在声压的作用下因变形会发生位移，起着可变电容器动极板的作用。后极板上有若干个经过特殊设计的阻尼孔，起着可变电容器定极板的作用。振膜运动时所造成的气流将通过这些小孔产生阻尼效应，以抑制振膜的共振振幅。壳体上开有均压孔，用来平衡振膜两侧的静压力，以防止振膜破裂。

与其他类型的传声器相比，电容式传声器具有灵敏度高、频率响应平直部分的频率范围宽（为 10 Hz～20 kHz）、固有噪声低、受电磁场和外界振动影响小等优点，常用来进行精密声学测量。但是在湿度较大情况下，极板间容易放电并产生电噪声，严重时甚至无法使用。另外，电容式传声器需要前置放大器和极化电压，结构复杂，成本较高，膜片又薄又脆容易破损。尽管如此，它仍然是目前性能最好、应用最广的传声器。

2）动圈式传声器

动圈式传声器又称电动式传声器，工作原理比较简单，其结构如图 3.36 所示。在一个轻质量的振膜中部附有一个线圈，线圈放在永久磁场的气隙中，在声压的作用下，线圈随振膜一起振动，切割磁力线后产生感应电动势，电动势的大小同线圈振动速度成正比。

因为动圈式传声器固有噪声低、输出阻抗小等特点，所以连接较长电缆也不影响输出信号的强度，而且受温度和湿度变化的影响小，但其灵敏度低，受

电磁场干扰大，不能在电磁场较强的环境下工作。此外，它的频率响应也较差，一般在精度要求不高的噪声测量中应用。

3）压电式传声器

压电式传声器也称为晶体传声器，工作原理如图3.37所示。膜片与双压电晶体片弯曲梁相连，膜片受到声压作用而振动时，压电元件产生变形，在压电元件梁端面出现电荷，通过转换电路便可以输出电信号。

压电式传声器的膜片较厚，其固有频率较低，灵敏度较高，频响曲线平坦，结构简单，价格便宜，广泛用于普通声级计中。

4）永电体（驻极体）式传感器

永电体式传声器，又称驻极体式传声器，其工作原理与电容式传声器相似，特点是尺寸小、价格便宜，可用于高湿度的测量环境，也可用于精密测量。

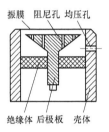
图 3.35　电容式传声器

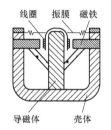
图 3.36　动圈式传声器

图 3.37　压电式传声器

2. 声级计

声级计是噪声测量中测量声压级时使用最广泛的仪器。一般用干电池供电，具有体积小、质量轻、操作简单、携带方便等优点，不仅能测量声压级，还能与其他多种相应的仪器配套使用而进行频谱分析。

1）声级计的分类

声级计的类型很多。IEC651号文件按测量精度和稳定性把声级计分为O、Ⅰ、Ⅱ、Ⅲ 4种类型。O型声级计用作实验室参考标准；Ⅰ型声级计专供实验室外以及符合规定的声学环境或需要严加控制的场合使用；Ⅱ型声级计适合于一般室外使用；Ⅲ型声级计主要用于一般室外噪声调查。习惯上称O型和Ⅰ型声级计为精密声级计，Ⅱ型和Ⅲ型声级计为普通声级计。

声级计按信号的性质可分为一般用途声级计、脉冲声级计、积分精密声级计和频谱声级计等。一般用途声级计测量平稳噪声；脉冲声级计是一种精密声级计，用于测量脉冲噪声，除了具备精密声级计的功能外，还能测定脉冲声压。脉冲声压级可以用有效值声压级、峰值声压级或A计权脉冲声压级表示。对于枪炮声、冲压机械的冲压声和锤打声等应使用脉冲声级计测量。积分声级计可以测量在一定时间内的等效连续声级,时间可以在几秒到 20 几个小时内任意调节。它也可以作为精密声级计和脉冲声级计使用。频谱声级计是将声级计与噪声分析仪器结合在一起,测量噪声的同时又能进行噪声的频谱分析。

声级计按体积大小分为台式声级计、便携式声级计和袖珍式声级计。

2）声级计的组成

声级计主要由传声器、放大器、衰减器、计权网络、均方根检波器、指示电表和电源等部分组成,如图 3.38 所示。其工作原理是:声信号通过传声器转换成电信号,经输入衰减器、输入放大器的适当处理进入计权网络,以模拟人耳对声音的响应,而后进入输出衰减器和输出放大器,最后经均方根检波器检波输出一直流信号驱动指示电表,由此显示出声级的分贝值。

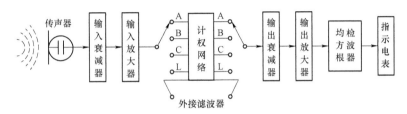

图 3.38　声级计的工作原理框图

传声器的作用是将声信号转换为相应的电信号。衰减器是用来控制量程的,可将过强的输入信号衰减到合适的程度再输入放大器,通常以每衰减 10 dB 为换挡单位。放大器的作用是将弱信号进一步放大以便后续电路处理。计权网络是模拟人耳对不同声音的反应而设计的特殊滤波电路,它可以有 A、B、C 3 种计权。检波器是把来自放大器的交变信号变成与信号幅值保持一定关系的直流信号,以推动指示电表指针偏转。指示电表用来读出有效值。此外,有的声级计还配有外接滤波器插口,用以进行倍频程或 1/3 倍频程频谱分析。

3.4.4　噪声测量的方法

如前所述,噪声测量的物理量有声压或声压级、声功率或声功率级、声强或声强级。长期以来,人们对噪声的测量主要是测量噪声的声压或声压级,但声压或声压级的测量结果受环境的影响和限制。因此,从 20 世纪 80 年代起,国际上倾向于用声功率或声强来描述声源。

1. 声压级的测量

测量噪声压级只需声级计即可。一般规定:声压级小于 55 dB 的噪声用 A

计权网络测量；在 55～85 dB 的噪声用 B 计权网络测量；大于 85 dB 的噪声用 C 计权网络测量。目前在噪声测量中越来越多地使用 A 声级。

声级计的表头阻尼一般有"快""慢"两挡，根据测试声压随时间波动幅度的大小作相应的选择。"快"挡表示指针响应时间为 0.2 s，"慢"挡表示指针响应时间为 0.5～1 s。

2. 声功率的测量

噪声源声功率的测量方法有自由场法、标准声源法。精密的测量要在消声室或混响室内进行，对于工程级测量可以在现场或大房间内进行。

1）自由场法

在（近似）自由声场条件下，将声源置于地面上，测得以声源为中心的测量表面上均匀分布的若干点（至少 9 个）的声压级 A，再换算成声功率级。根据被测声源的大小和形状，常用的测量表面可选为半球面、矩形体面或其他结构表面。声功率级的换算公式为

$$L_W = \overline{L}_P + 10\lg\left(\frac{S}{S_0}\right) \ (\text{dB}) \tag{3.15}$$

式中，S 为测量表面的面积，m²；S_0 为基准面积，取为 1 m²；$\overline{L}_P$ 为 n 个测点的平均声压级，dB（A）。

若声源在消声室或其他较理想的自由场中，声源以球面波辐射，透声面积为 $S = 4\pi r^2$，则式（3.15）可写为

$$L_W = \overline{L}_P + 10\lg(4\pi r^2) = \overline{L}_P + 20\lg r + 11 \ (\text{dB}) \tag{3.16}$$

如果声源放在室外坚硬的地面上，周围无反射，声源以半球面波辐射，透声面积为 $S = 2\pi r^2$，则式（3.16）可写为

$$L_W = \overline{L}_P + 10\lg(2\pi r^2) = \overline{L}_P + 20\lg r + 8 \ (\text{dB}) \tag{3.17}$$

2）标准声源法

在现场条件下（如工厂、车间）测量噪声的声功率，很难满足自由场法所要求的条件，此时可采用标准声源法。该方法是把被测声源和标准声源相比较来确定被测声源的声功率。标准声源是一台在一定频率范围内具有稳定的声功率输出，且无指向性的已校准声源，其声功率级 L_{WS} 预先在声学实验室中测好。测量被测声源的声功率时，在以声源为中心，半径为 r 的半球面上测出噪声的平均声压级 $\overline{L}_P$。关掉该噪声源后，将标准声源置于该噪声源的位置上，在同样的测点上测出标准声源在此位置的平均声压级 $\overline{L}_{PS}$。这样，被测声源的声功率级 L_W 可由下式求得：

$$L_W = L_{WS} + \overline{L}_P - \overline{L}_{PS} \tag{3.18}$$

标准声源法除了上述置换法外，还常使用并摆法和比较法。若待测的噪声源不便移开或关闭，可将参考噪声源置于待测声源上部或旁边，测点相同。用并摆法测量误差大时可用比较法，即将标准声源放在现场的另一点，周围反射的情况与待测声源的周围反射情况相似，然后用式（3.18）计算出待测噪声源的声功率级。

3. 声强测量技术

声强是单位时间内垂直于声波传播方向上单位面积内所通过的能量，在数值上等于单位面积的声功率。声强是个矢量，是反映噪声特性的一个非常重要的物理量，其测量比较困难。近年来由于声强测量分析仪的研究成功，如 B&K 公司的 4433 型声强测量分析仪，声强的测量和运用更加普遍。

根据声强的定义和量纲分析可知，它在数值上等于单位面积的声功率，即等于某一点的瞬时声压 P 和瞬时质点速度 V 的乘积，用矢量表示则有

$$I = P \cdot V \tag{3.19}$$

而在某给定方向上的分量 I_r 为

$$I_r = P \cdot V_r \tag{3.20}$$

式中，V_r 为 r 方向的瞬时质点速度。

根据牛顿第二定律，力等于质量乘以加速度。在这里可以理解为在声波作用下，媒质在 r 方向的加速度即 $\dfrac{\partial V_r}{\partial t}$，质量即媒质的密度 ρ，而力 $-\dfrac{\partial P}{\partial r}$ 也即压力梯度，于是有

$$\rho \frac{\partial V_r}{\partial t} = -\frac{\partial P}{\partial r} \tag{3.21}$$

事实上，由声波引起的压力梯度可用空间两靠近点的声压差除以两点间的距离来近似表示，只要两点间的距离比声场中最短波长小得多，这样处理就不会有太大误差。因此，式（3.21）右端所表示的压力梯度可改写为

$$\frac{\partial P}{\partial r} \approx \frac{\Delta P}{\Delta r} = \frac{P_B - P_A}{\Delta r} \quad (\text{当 } \Delta r \ll \lambda_{\min} \text{ 时}) \tag{3.22}$$

式中，Δr 为 A、B 两点的距离；P_A、P_B 为 A、B 两点处的瞬时声压；ΔP 为 B、A 两点处的声压差；$\lambda_{\min}$ 为声场中声波最小波长。

将式（3.22）代入式（3.21）并将加速度积分变为速度后可得到

$$V_r = -\frac{1}{\rho \Delta r} \int (P_A - P_B) \, \mathrm{d}t \tag{3.23}$$

上式表明，质点速度可通过测量声压解决。

根据上述原理，可用两只性能相同的按面对面、背对背或并排布局的传声器作为声强探测头，取

$$P = \frac{P_A + P_B}{2} \qquad (3.24)$$

将式（3.23）和式（3.22）代入式（3.21），可得出

$$I_r = -\frac{1}{2\rho\Delta r}(P_A + P_B)\int(P_A - P_B)\,\mathrm{d}t \qquad (3.25)$$

式（3.25）为声强测量分析仪的设计提供了依据。声强测量分析仪的工作原理框图如图 3.39 所示，两只传声器获得的信号（P_A、P_B）经过前置放大、A/D 转换和滤波后，一路使之相加得到声压，另一路使之相减后积分得到质点速度，然后两路相乘再经时间平均而得到声强。

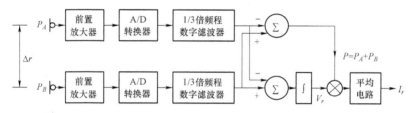

图 3.39 声强测量分析仪的工作原理框图

声强测试具有许多优点：由于声强是一个矢量，因此可以用来鉴别声源；通过判断噪声的方位，可以画出声源附近声能流动的路线；更为重要的是，可利用它在有背景噪声的情况下测量声源的声功率。

|3.5 温 度 测 量|

温度是表征物体冷热程度的物理量。在日常生活、生产实践和科学研究等各个方面，温度测量都非常普遍。由热力学可知，处在同一热平衡状态的所有系统都具有一个共同的宏观特性，这一宏观特性就定义为温度。温度反映了物体内部分子运动平均动能的大小。温度高，表示分子动能大，运动剧烈；温度低，分子动能小，运动缓慢。如果两个冷热程度不同的物体相互接触，那么必然会发生热交换现象，热量将由热程度高的物体向热程度低的物体传递，直至两个物体的冷热程度达到一致，处于热平衡状态，即两个物体的温度相等。温标是温度的数值表示方法，是用来反映物体温度的尺度，它规定了温度读数的起点（零点）和测量温度的单位。常用的温标有摄氏温标、华氏温标、热力学温标和国际实用温标。

3.5.1　测温方法分类

按照所用测温方法的不同，温度测量分为接触式测量和非接触式测量两大类。接触式测温的特点是感温元件直接与被测对象相接触，两者之间需要进行充分的热交换，最后达到热平衡时，感温元件的某一物理参数的量值就代表了被测对象的温度值。接触式测温的主要优点是直观可靠。其缺点包括：温度计的感温元件与被测物体相接触，必然会吸收被测物体的热量，很容易使被测物体的热平衡受到破坏；接触不良或接触时间过短等问题都会带来测量误差；不适于小物体的温度测量；温度太高和腐蚀性介质对感温元件的性能和寿命也会产生不利影响等。非接触式测温的感温元件与被测物体有一定的距离，不直接与被测物体相接触，不会破坏被测物体的热平衡状态；它利用物体的热辐射或电磁原理得到被测物体的温度，故可避免接触式测温法的缺点，热惯性小，具有较宽的测温范围和较好的动态响应，便于测量运动物体的温度和快速变化的温度。

对应于两种测温方法，相应的测温仪器也分为接触式仪器和非接触式仪器两大类。接触式仪器又可分为膨胀式温度计（包括固体和液体膨胀式温度计、压力式温度计）、电阻式温度计（包括金属热电阻温度计、半导体热敏电阻温度计）、热电式温度计，以及其他原理的温度计。非接触式温度计可分为辐射温度计、亮度温度计和比色温度计。由于它们都是以光辐射为基础的，故也被统称为辐射式温度计。

3.5.2　金属膨胀式温度计

金属膨胀式温度计是以两种不同材料的热膨胀差为工作基础的，主要包括常用的金属杆膨胀式温度计和双金属片温度计。

1. 金属杆膨胀式温度计

金属杆膨胀式温度计测量温度的基本原理是利用杆长度伸缩现象，膨胀公式为

$$\Delta l = \alpha l \Delta t \quad \text{或} \quad l_t = l_0(1 + \alpha t) \tag{3.26}$$

式中，l、l_0 和 l_t 为起始状态、0 ℃ 和 t ℃ 时的长度，m；Δl 为杆长度伸缩变化

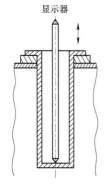

显示器

图 3.40　金属杆膨胀式
温度计的工作原理

量，m；Δt 为温度变化量，℃；α 为线膨胀系数。

金属杆膨胀式温度计的工作原理如图 3.40 所示，敏感元件均采用具有较大膨胀系数的金属管来制造（如黄铜），在其内部为一根用具有很小膨胀系数的材料（如铁镍、合金、陶瓷和石英）制作的杆，两种不同膨胀系数的杆自然会存在膨胀差。考虑到安装因素，杆的长度不可能做得很大，而膨胀差可用的范围又很小，一般采用机械杠杆和传动转换机构来放大这种膨胀差，但放大机构精度不高，会引入误差。这种温度计的测量范围为 0～1 000 ℃，对安装和漏热保护要求较高。

2. 双金属片温度计

双金属片温度计比金属杆膨胀式温度计更为常用。它是利用两种不同材料的伸长差来显示温度变化值。相对于笨重的金属杆膨胀式温度计来说，双金属片温度计运动部分很少，可做成多种形状，易于小型化，且牢固耐用，成本很低。

将两层或多层不同的材料碾平，根据不同的用途将它们制成不同的形状，如图 3.41 所示。图 3.41（a）和图 3.41（b）主要用作温度开关和温度补偿式机械仪器。图 3.41（c）和图 3.41（d）由于具有较大的偏移量，适用于直接显

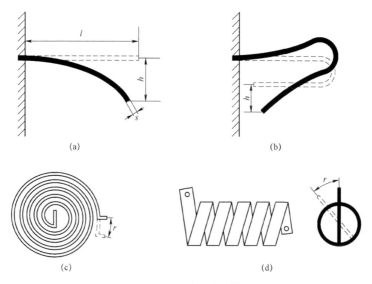

(a)

(b)

(c)

(d)

图 3.41　双金属片弹簧
（a）带弹簧；（b）发针弹簧；（c）平面卷簧；（d）螺旋弹簧

示式温度计。这种温度计的敏感元件一端固定张紧，另一端与传动装置或直接与显示装置相连。与金属杆膨胀式温度计相反，双金属片温度敏感元件的做功能力很小，因而在实际中常用作显示仪器，很少用于远距离显示之用，测量范围为-50～600 ℃。温度过高，且其弯曲常数非线性严重，会带来较大的测量误差。双金属片温度计具有相对较大的表面，尤其是螺旋形弹簧片，相对来说，它对温度的变化反应很快，因此在空调技术方面用得较多。

3.5.3　热电偶

机械接触式温度计尽管造价低，但可靠性差、精度低，机械输出不便于远距离传送，也不便与其他信号相连接进行后续处理，因此在测量温度时大部分采用电气接触式温度计。这类温度计利用了材料在温度变化时电特性发生变化的性质制成。由于要处理电信号，因而这种温度计和机械接触式温度计相比，价格要高，但测量精度、测量范围及测量动态特性都要好得多。在常用的电气接触式温度计中，一种是热电偶，另一种是热电阻。前者将温度的变化转换为热电动势的变化，后者将温度的变化转换为电阻的变化。根据材料性质的不同，热电阻又分为金属热电阻和半导体热电阻（热敏电阻）。

热电偶是基于热电效应原理工作的一种能量转换型传感器，具有结构简单、制造方便、价格便宜、体积小、精度高、测试范围宽、动态响应好等优点，是工业上最常用的测温元件之一。

1. 工作原理

如图 3.42 所示，将两种不同的导体连接成一个闭合回路，两接触点温度不同时，回路中就会产生热电势，这种现象称为热电效应，又叫塞贝克效应。两接触点称为热电极，形成的回路称为热电回路。测量时将接触点 1 置于被测的温度场中，称为工作端或热端；接触点 2 温度保持不变，称为自由端或冷端。热电效应产生的热电势由接触电势和温差电势两部分组成。

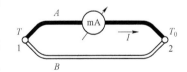

图 3.42　热电效应

1）接触电势

导体由于材料的不同，其内部的电子密度也不相同。A、B 两种不同导体接触在一起时，就会发生电子扩散现象，如图 3.43 所示。若导体 A 的自由电子密度 n_A 大于导体 B 的自由电子密度 n_B，那么在单位时间内，由 A 扩散到 B 中的电子数要多于由 B 扩散到 A 中的电子数，因而密度大的导体因失去电子而带正

电；相反，密度小的导体由于接收到扩散来的多余电子而带负电。这样在接触点处会形成电位差，称为接触电势。该电势将阻碍电子的进一步扩散，当电子的扩散力和电势阻力相等时，扩散达到平衡，A、B 间就建立了一个稳定的接触电势，其大小与导体材料的性质和温度有关，数量级为 $10^{-2} \sim 10^{-3}$ V。

2）温差电势

一个导体若两端温度不等，由于高温端电子的能量大于低温端电子的能量，从高温端向低温端扩散的电子数量要大于从低温端向高温端扩散的电子数量，使高温端失去电子而带正电，低温端得到电子而带负电，这样在导体两端形成的电位差，称为温差电势，如图 3.44 所示。该电势将阻止电子从高温端向低温端扩散，当电子运动达到动平衡时，温差电势达到一个相对稳态值。同接触电势相比，温差电势要小得多，一般约为 10^{-5} V。

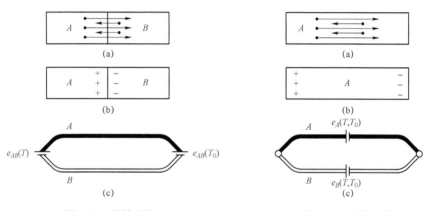

图 3.43 接触电势　　　　　图 3.44 温差电势

3）热电偶回路电势

热电偶是由两种不同导体连接成一闭合回路而制成的测温装置。由以上分析可知，热电偶回路中有两个接触电势和两个温差电势，如图 3.45 所示。只有当热电偶的两个电极材料不同，且两个接触点的温度也不同时，才会产生电动势。当热电偶的两个不同电极材料确定后，热电势便与两端温度 T、T_0 有关，

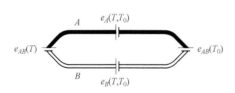

图 3.45 热电偶回路电势

即回路的热电势是两端的温度函数之差，即

$$E_{AB}(T, T_0) = E_{AB}(T) - E_{AB}(T_0) \qquad (3.27)$$

当冷端温度 T_0 固定不变时，$E_{AB}(T_0) = C$（常数），此时

$$E_{AB}(T, T_0) = E_{AB}(T) - C \qquad （3.28）$$

因此，只要冷端温度保持不变，而将另一端放入被测温度场，就可以通过测量热电势来确定温度值，这就是热电偶测温的原理。

2. 热电偶的结构

热电偶在工业生产过程中被广泛应用于温度测量，具有多种结构形式，按用途分为普通型热电偶、铠装热电偶和薄膜热电偶。

1）普通型热电偶

普通型热电偶主要用于测量气体、蒸气和液体等介质的温度。由于使用的条件基本相似，所以这类热电偶已做成标准型，其基本组成大致相同。工程上实际使用的热电偶大多数是由热电极、绝缘管、保护套管和接线盒等部分组成的，如图 3.46 所示。

热端　热电极　绝缘管　保护套管　法兰　接线盒　引出线口

图 3.46　普通型热电偶结构示意

2）铠装热电偶

铠装热电偶是由热电极、绝缘材料和金属套管经拉伸加工而成的组合体，其断面结构如图 3.47 所示，分为单芯和双芯两种。铠装热电偶可以做得很长很细，在使用时可以根据测量需要进行弯曲。套管材料为铜、不锈钢或镍基高温合金等。热电极和套管之间填满了绝缘材料的粉末，如氧化镁、氧化铝等。目前生产的铠装热电偶外径一般为 0.25～4 mm，有多种规格，长短根据需要来定，最长的可达 100 m 以上。铠装热电偶的主要特点是测量端热容量小，动态响应快，机械强度高，挠性好，耐高压，耐强烈振动和冲击，可安装在结构复杂的装置上，因此应用非常广泛。

3）薄膜热电偶

薄膜热电偶是由两种金属薄膜连接而成的一种特殊结构的热电偶。它的测量端小而薄，热容量非常小，可用于微小面积上的温度测量，动态响应很快，可测量快速变化的被测体表面温度。片状薄膜热电偶如图 3.48 所示，采用真空蒸镀法将两种热电极材料蒸镀到绝缘基板上，然后在热电极上面再蒸镀一层二氯化硅薄膜作为绝缘和保护层。测量时用胶黏剂将薄膜热电偶粘贴在被测物体

表面，主要适用于–200～300 ℃范围温度测量。

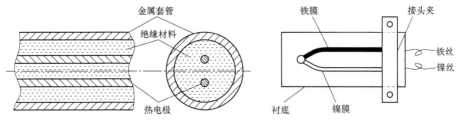

图 3.47 铠装热电偶的典型结构　　　图 3.48 铁–镍薄膜热电偶

3. 常用热电偶

根据用途不同，热电偶可分为标准化热电偶和非标准化热电偶，也可分为常用热电偶和特殊热电偶。适于制作热电偶的材料有 300 多种，国际电工委员会已将其中的 8 种推荐为标准化热电偶。目前，我国热电偶全部按 IEC 国际标准生产，并指定 S、B、E、K、N、R、J、T 8 种标准化热电偶为统一设计型热电偶：铂铑$_{10}$–铂热电偶（分度号为 S）、铂铑$_{30}$–铂铑$_6$热电偶（分度号为 B）、镍铬–康铜热电偶（分度号为 E）、镍铬–镍硅热电偶（分度号为 K）、铂铑$_{13}$–铂热电偶（分度号为 R）、铁–康铜热电偶（分度号为 J）、铜–康铜热电偶（分度号为 T）和镍铬硅–镍硅热电偶（分度号为 N）。

非标准化热电偶复制性差，没有统一的分度表，其应用受到很大的限制。但近年来非标准化热电偶的发展很快，主要用于进一步扩展高温和低温的测量以及某些特殊场合的测量。不同热电偶具有不同的优缺点，因此在选用时应根据测温范围、测温状态和介质情况综合考虑。

3.5.4　热电阻

热电阻是利用导体的电阻随温度变化的特性来实现温度测量的。在工业上被广泛应用于测量–200～500 ℃的温度。目前应用较广泛的热电阻材料是铂、铜、镍和铁等。为了适应低温测量需求，还研制出铟、锰和碳等作为热电阻材料。

1. 主要类型

1）铂热电阻

铂是一种贵重金属，是目前制造热电阻最好的材料。在氧化介质中，甚至在高温下，铂热电阻的物理、化学性能稳定，所以它不仅用作工业测温元件，而且用作复现温标的基准器。按国标温标 ITS-1990 规定：在平衡氢三相点（13.803 3 K）到银凝固点（961.78 ℃）之间，以铂电阻温度计作为基准器。0 ℃时铂电阻电阻值 R_0 十分重要，它与材质的纯度和制造工艺水平有关。对温度有直接作用的因素还有电阻温度系数即温度变化 1 ℃时阻值的相对变化量。为了便于比较，常选用共同的温度范围 0～100 ℃内阻值变化的倍数 $W(100)$ 来表示，即

$$W(100) = \frac{R_{100}}{R_0} \qquad (3.29)$$

式中，R_{100} 为水沸点 100 ℃时铂热电阻的电阻值，Ω；R_0 为水冰点 0 ℃时铂热电阻的电阻值，Ω。

铂的纯度是表征其性能的一个非常重要的指标，$W(100)$ 值越高，表示铂的纯度越高、性能越好。国际实用温标规定：作为基准器的铂热电阻，其纯度 $W(100)$ 的值不得小于 1.392 5。目前技术水平已达到 $W(100)=1.393 0$，与之相应的纯度为 99.999 5%。工程中常用的铂热电阻的纯度 $W(100)$ 一般为 1.387～1.390。

工业用铂热电阻测温范围为 -200～650 ℃。国内统一设计的工业用标准铂热电阻分 100 Ω 和 10 Ω 两种，分度号分别为 Pt100 和 Pt10，最常用的是 Pt100。在实际测量时，只要测得铂热电阻的电阻值 R，便可从分度表中得到其对应的温度值。

2）铜热电阻

铜热电阻和铂热电阻相比，具有温度系数大、线性度好、价格低、易于提纯等优点，但也存在电阻率小、热惯性大、机械强度差、高温易氧化等缺点。在测量精度不高、低温、没有腐蚀性的场合，可用铜热电阻来代替铂热电阻。目前工业上使用的标准化铜热电阻的 R_0 值统一设计取 100 Ω 和 50 Ω 两种，分度号分别为 Cu100 和 Cu50。

3）其他热电阻

铂、铜热电阻用于低温和超低温测量时性能不够理想，为了满足对低温和超低温测量的要求，人们研究出了铟、锰和碳等一些新型热电阻。

2. 基本结构

热电阻的结构比较简单，由电阻体、保护套管和接线盒等部件组成，如图 3.49 所示。电阻体一般用热电阻丝绕在石英、云母、陶瓷或塑料等材料制成的骨架上制成，经过固定，置于保护套管内。为了消除电阻体的电感，热电阻

丝通常采用双线并绕法。

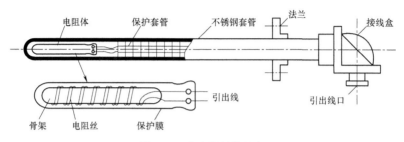

图 3.49　热电阻结构示意

3.5.5　热敏电阻

热敏电阻是利用半导体的电阻值随温度显著变化这一特性制成的热敏元件。它是由某些金属氧化物（主要是钴、锰和镍等的氧化物）采用不同比例配方，经高温烧结而成的。半导体热敏电阻和金属热电阻相比，具有灵敏度高、体积小、热惯性小和响应速度快等优点，主要缺点是互换性和稳定性差、非线性严重，且不能在高温环境下使用。目前热敏电阻的使用上限温度约为 300 ℃。

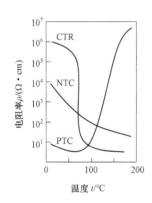

图 3.50　热敏电阻的温度特性

热敏电阻随温度变化的典型特性有 3 种类型，它们的温度特性如图 3.50 所示。

① 负温度系数型热敏电阻（NTC，Negative Temperature Coefficient），主要由锰、钴、镍、铁和铜等过渡金属氧化物烧结而成。改变混合物的成分，就可获得测温范围、阻值及温度系数不同的 NTC 热敏电阻，其电阻值随温度的升高而减小，广泛地应用于自动控制及电子线路的热补偿线路中，使用范围为–50～300 ℃。

② 正温度系数型热敏电阻（PTC，Positive Temperature Coefficient），为用钛酸钡掺和稀土元素烧结而成的半导体陶瓷元件，其电阻值随温度的升高而增大，主要用于彩电消磁、各种电气设备的过热保护和发热源的定温控制等，使用范围为–50～150 ℃。

③ 临界温度系数型热敏电阻（CTR，Critical Temperature Coefficient），为用三氧化二钡、硅等氧化物，在磷、硅氧化物的弱还原气氛中混合烧结而成，呈半玻璃状。通常用树脂包封成珠状或厚模形使用，其电阻值在某个温度值上会急剧变化，主要用于温度监测报警，使用范围为 0～150 ℃。

在温度测量中主要使用负温度系数型热敏电阻。热敏电阻主要由热敏探头、引线和壳体组成，其结构及电路符号如图 3.51 所示。热敏电阻一般做成两端器件，但也有做成三端或四端的。两端和三端器件为直热式，即直接从电路中获得功率，四端器件则是旁热式的。根据使用要求，可制成圆片形、薄膜形、柱形、管形、平板形、珠形和垫圈形、杆形等不同形状的结构，如图 3.52 所示。

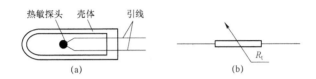

图 3.51　热电阻的结构及符号

（a）结构；（b）符号

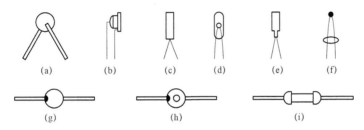

图 3.52　热敏电阻的结构形式

（a）圆片形；（b）薄膜形；（c）柱形；（d）管形；（e）平板形；（f）珠形；

（g）扁形；（h）垫圈形；（i）杆形

由于热敏电阻的阻值随温度改变显著，只要很小的电流流过热敏电阻，就能产生明显的电压变化，而电流对热敏电阻自身有加热作用，所以应注意勿使电流过大，以防止造成测量误差。

3.5.6　辐射式温度计

辐射式温度计是一种非接触式温度计，其所依据的测量原理是物体的热辐射理论，主要应用在高温测量方面。工程中的高温一般指高于 500 ℃的温度。在高温范围中，除了少数的热电偶和电阻式温度计尚可被应用之外，其他的接触式温度计均不适用，因此要用到非接触式的辐射式温度计。但反过来并不等于说，辐射式温度计仅适用于高温测量，同样也可被用于低温测量。

所有高于绝对零度（−273.15 ℃）的物体均辐射能量，且它们也接收和吸收来自其他辐射源的能量。辐射能以电磁波的形式传播出去，覆盖一个很宽的波长或频率范围。例如，一块钢被加热到 500 ℃以上时，就开始发光，此时从钢的表面有可见光被辐射出来。当温度继续上升时，光变得更亮更强。此外，钢

的颜色也发生变化，从暗红到橘红，再到黄色，最后几乎是白光，此时便达到其熔点（1 430~1 540 ℃）。由此可知，在 550~1 540 ℃的温度范围内，能量是以可见光的形式从钢上辐射出来的。当低于 550 ℃时或甚至低至室温时，钢块仍在辐射能量或热，而此时是以红外辐射的形式，人即使不接触它也能感觉到这种热辐射。

物体辐射能量的强度取决于该物体的温度，通过计算这种在已知波长上发射的能量，便可获知物体的温度。辐射式温度计本质上是专用于温度测量的热检测器和光子检测器。热检测器是基于对温度升高的检测，这种温升是由于被测物体所辐射出的能量被聚焦在检测器靶面上而产生的。靶面的温度采用热电偶、热敏电阻和辐射温度检测器来检测。光子检测器本质上为半导体传感器，分为光导型和光电二极管两种，它们直接对辐射的光作出响应，从而改变其阻抗，或其结电流或电压值。

| 3.6　流体参数测量 |

流体是流动的介质，可以是液体、气体、颗粒状固体，或是它们的组合形式。虽说实现流体参数的精确测量较为困难，但在许多工程领域中和日常生活中都具有非常重要的意义，如大型液压工程机械重要部位压力监测指示、家用自来水和天然气用量指示、加油站给车辆加油量指示等。

3.6.1　压力测量

作用在确定面积上的流体压力可以很容易转换成力，因此压力测量和力的测量有许多共同之处。常用的压力测量方法有静重比较法和弹性变形法，前者多用于各种压力测量装置的静态定度，而后者则是构成各种压力计和压力传感器的基础。

1. 弹性压力敏感元件

弹性压力计是利用弹性压力敏感元件受到压力后产生的变形与压力大小有确定关系原理而制成的。这类压力计的特点是把弹性压力敏感元件的一端固定，而另一端为自由端，利用弹性压力敏感元件受压力变形后的自由端位移，通过拉杆、扇形齿轮等传动机构带动指针，便可组成各种规格的压力表。常用的弹性压力敏感元件有波登管、膜片和膜盒及波纹管 3 类，如图 3.53 所示。

1）波登管

波登管是大多数指针式压力计的弹性压力敏感元件，同时也被广泛用于压力变送器中，用于稳态压力测量。图 3.53（a）所示为不同结构形式的波登管，主要有 C 形、螺线形、扭转形和螺旋形，其横截面都是椭圆形或平椭圆形的空心金属管。管的自由端封闭，另一端固定在基座上，当固定端通入一定压力的流体时，其内外侧的压力差（外侧一般为大气压力），迫使管的长轴变短、短轴变长，截面由椭圆形向圆形变化，这种变形导致波登管的自由端产生变位，根据结构形式的不同，可能是线位移，也可能是角位移。不同材料的波登管适用于不同的被测压力和被测介质。当压力低于 20 MPa 时，一般采用磷铜；压力高于 20 MPa 时，则采用不锈钢或其他高强度合金钢。采用波登管作为压力敏感元件，可以得到较高的测量精度，但它由于尺寸较大、固有频率较低以及有较大的滞后而不适合作为动态压力传感器的敏感元件。

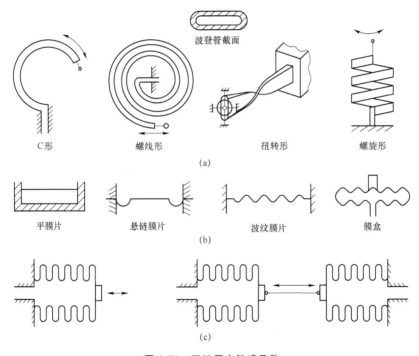

图 3.53 弹性压力敏感元件

（a）波登管；（b）膜片及膜盒；（c）波纹管

2）膜片和膜盒

膜片是用金属或非金属制成的圆形薄片，如图 3.53（b）所示。断面是平的，称为平膜片；断面呈波纹状的，称为波纹膜片。两个膜片边缘对焊起来可构成

膜盒。几个膜盒连接起来可组成膜盒组。平膜片比波纹膜片具有更高的抗震、抗冲击能力，在压力测量中使用得较多。在中、低压压力测量装置中多采用平膜片作为敏感元件，其固定方式有周边机械夹固定式、焊接固定式和整体式 3 种，如图 3.54 所示。周边机械夹固定式的制造比较简便，但由于膜片和夹紧环之间的摩擦会产生滞后等问题，故较少采用。当被测压力较低，平膜片产生的变位过小，不能达到所要求的最小输出时，可采用波纹膜片或膜盒。一般波纹膜片中心的最大变位量约为直径的 2%，它用于稳态低压（低于几个 MPa）测量或作为流体介质的密封元件。

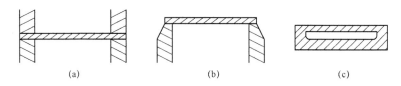

图 3.54　平膜片的固定方式
（a）周边机械夹固定式；（b）焊接固定式；（c）整体式

3）波纹管

波纹管是外沿轴向有深槽形波纹皱褶，可沿轴向伸缩的薄壁管子，一端开口，另一端封闭，将开口端固定，封闭端处于自由状态，如图 3.53（c）所示。在通入一定压力的流体后，波纹管将伸长，在一定压力范围内其伸长量（自由端的位移）与管内压力成正比。波纹管可在较低的压力下得到较大的变位，具有相对较高的灵敏度。对于小直径的黄铜波纹管，最大允许压力约为 1.5 MPa。无缝金属波纹管的刚度与材料的弹性模量成正比，而与波纹管的外径和波纹数成反比，同时刚度与壁厚成近似的三次方关系。

2. 常用压力传感器

按测量原理的不同，压力传感器或变送器可分为应变式、压阻式、压电式、电容式、霍尔式、电感式和精度较高的力平衡式压力变送器等多种类型。

1）应变式压力传感器

目前常用的应变式压力传感器有平膜片式、圆筒式和组合式等，其共同特点是利用粘贴在弹性压力敏感元件上的电阻应变计，通过测量其受压后的局部应变来测得流体的压力。

图 3.55 所示为平膜片式压力传感器的工作原理。对于周边固定，一侧受均匀压力作用的平膜片，若膜片的变形在其弹性变化范围内，则可近似认为膜片的应变或应力与被测压力呈线性关系。这种传感器结构简单、体积小、质量轻、性价比高，但输出信号小，抗干扰能力差，精度受制造工艺水平影响大。

图 3.56 所示为圆柱形应变筒式压力传感器，它一端是封闭的实心端，另一端是有法兰的薄壁圆筒。圆筒的外表面粘贴有 4 个相同的电阻应变计 R_1、R_2、R_3、R_4，组成电桥的 4 个桥臂。4 个桥臂电阻相等时，电桥的输出电压为零。当流体从开口端进入圆筒后，圆筒壁将产生变形，R_1、R_4 的电阻值发生变化，R_2、R_3 的电阻值保持不变，电桥将有电压输出。这种圆柱形应变筒式压力传感器常应用于高压测量。

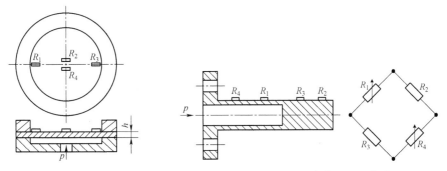

图 3.55　平膜片式压力传感器的工作原理　　图 3.56　圆柱形应变筒式压力传感器

图 3.57 所示为组合式压力传感器。此类传感器的电阻应变计不是直接粘贴在压力敏感元件上，而是采用某种传递机构将压力敏感元件的位移传递到贴有应变计的其他弹性元件上。图 3.57（a）利用平膜片和悬臂梁组合成弹性系统，在压力作用下，膜片产生的位移通过杆件使悬臂梁变形。图 3.57（b）利用悬链膜片和弹性圆筒组成弹性系统，悬链膜片将压力传递给弹性圆筒，使之发生变形。图 3.57（c）使用波登管和悬臂梁组成弹性系统，波登管的自由端给悬臂梁施加力使之产生变形。图 3.57（d）使用波纹管和弹性梁组成弹性系统，波纹管产生的轴向力使弹性梁产生变形。

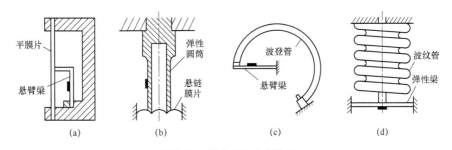

图 3.57　组合式压力传感器

2）压阻式压力传感器

在单晶硅平膜片上，沿一定的晶轴方向扩散上一些长条形半导体应变计。

这种半导体应变计具有压阻效应，在一定方向的力作用下，半导体材料的电阻率发生变化，从而使其阻值变化。硅膜片的加厚边缘烧结在有同样膨胀系数的玻璃基座上，以保证温度变化时硅膜片不受附加应力，如图 3.58 所示。当膜片受到流体压力或压差作用时，膜片内部产生应力，这样使扩散式应变计的阻值发生变化。半导体应变计的灵敏度一般要比金属材料电阻应变计的灵敏度高 70 倍左右。

这种压阻元件一般只在膜片中心变位远小于其厚度的情况下使用，有的传感器使用隔离膜片将被测流体与硅膜片隔开，隔离膜片和硅膜片之间充满硅油，用它来传递被测压力。压阻式压力传感器采用了集成电路的扩散工艺，尺寸可以做得很小。这样就可以用来测量局部区域的压力，并且大大改善了传感器的动态特性，工作频率可从零到几百赫兹。应变计直接扩散到膜片上，没有粘贴层，灵敏度高、重复性好、零漂小，特别适合微弱压力的测量，其精确度为 $\pm 0.2\% \sim \pm 0.02\%$。

3）压电式压力传感器

图 3.59 所示为压电式压力传感器目前广泛采用的一种结构形式。它利用了压电元件的压电效应原理实现压力测量，承压膜片只起到密封、预压和传递压力的作用。由于膜片的质量很小，而压电晶体的刚度又很大，所以传感器有很高的固有频率，可高达 100 kHz 以上，惯性小、滞后小及体积小、结构简单。因此，它是专门用于动态压力测量的一种性能较好的压力传感器。为了提高传感器的灵敏度，可采用多片压电元件层叠结构。

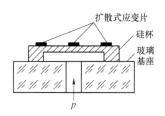

图 3.58　压阻式压力传感器

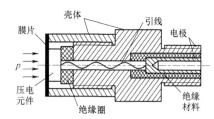

图 3.59　压电式压力传感器

由于压电晶体有一定的质量，所以压电式压力传感器在有振动的条件下工作时，就会产生与振动加速度相对应的输出信号，造成测量误差。特别是在测量较低压力或者要求较高测量精度时，这种影响不能忽视。当然，在设计传感器时，可以在其内部设置一个附加质量和一组极性相反的补偿压电晶体。在振动条件下，附加质量使补偿压电晶体片产生的电荷与测量压电晶体片因振动产生的电荷相互抵消，从而达到补偿的目的。

压电式压力传感器可测量几百帕到几百兆帕的压力。由于压电晶体片本身的内阻很高，所以该传感器需采用极高输入阻抗的电荷放大器或阻抗变换器做前置放大与之相配，其可测频率下限也是由这些放大器决定的。

4）电容式压力传感器

图 3.60 所示为一种电容式压力传感器，其敏感元件是一个全焊接的差动电容膜盒。玻璃绝缘层内侧的凹球面有金属镀膜作为固定极板，中间被夹紧的弹性测量膜片作为动极板，组成一个差动电容。被测压力 p_1、p_2 分别作用在两侧的隔离膜片上，通过硅油将压力传递给测量膜片。在压差的作用下，测量膜片的中心最大位移为 ± 0.1 mm 左右。当两侧压力不相等时，在压差的作用下，测量膜片向一侧鼓起，它与两个固定极板的电容量一个增大一个减小，通过测量这两个电容的变化，便可知道压差的数值。这种传感器结构结实，灵敏度高，过载能力大，精度可达 $\pm 0.25\%$～$\pm 0.05\%$，测量范围为 0～$0.000\,01$ MPa 至 0～70 MPa。

5）霍尔式压力传感器

图 3.61 所示为霍尔式压力传感器。传感器一般由两部分组成：一部分是弹性元件（波登管、膜盒等），用来感受压力并把压力量转换为位移量；另一部分是霍尔元件和磁路系统。通常把霍尔元件固定在弹性元件的自由端上。当弹性元件在压力作用下产生位移时，就带动霍尔元件在磁场中移动，产生霍尔电势。霍尔式压力传感器结构简单，灵敏度较高，可使用通用仪表指示，也可远距离传输和记录。

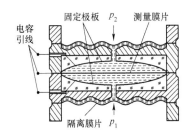

图 3.60　电容式压力传感器

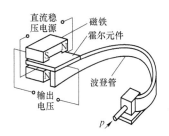

图 3.61　霍尔式压力传感器

6）电感式压力传感器

图 3.62 所示为两种电感式压力传感器。图 3.62（a）是由膜盒和变气隙自感式传感器构成的压力传感器，流体压力使膜盒变形，从而引起固定在膜盒自由端的衔铁产生位移，进而引起线圈自感的变化。图 3.62（b）是膜盒和差动变压器构成的微压力传感器。衔铁固定在膜盒的自由端，无压力时，衔铁位于变压器线圈中部，输出电压为零。当膜盒中流入流体后，流体的压力使膜盒变

形，改变衔铁的位置，从而产生电压输出。

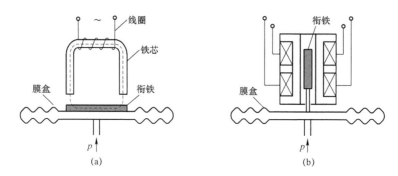

图 3.62 电感式压力传感器
（a）自感式压力传感器；（b）变压器式压力传感器

3.6.2 流量测量

流体的流量是指单位时间内流过管道某一截面处的流体数量。通常表示流量的单位有体积流量和质量流量。体积流量是指单位时间内流过管道某一截面处的流体体积数，单位为 m^3/s。质量流量是指单位时间内流过管道某一截面处的流体质量数，单位为 kg/s。流体总量是指在某一段时间内所流过的流体流量的总和，即各瞬时流量的累计值，其单位常用 t（吨）或 m^3（立方米）表示。目前，工业上所用的流量计大致上可分为下列 3 类：

① 速度式流量计。它是以测量流体在管道内的流速作为测量依据的，如节流式间接测量流速的差压式流量计、转子流量计、靶式流量计，由可动部件直接感受速度的叶轮流量计和涡轮流量计，对流体无阻碍测流速的电磁流量计、超声波流量计和激光流速计等。

② 容积式流量计。它是以单位时间内所排出的流体容积对固定容积（V）的数目作为测量依据的，如椭圆齿轮流量计、腰形转子流量计和螺旋转子流量计等。如果流体的密度为 ρ，单位时间内的排出次数为 n，则体积流量 $q_V = nV$，而质量流量 $q_m = nV\rho$。

③ 质量式流量计。它是测量单位时间内所流过的流体的质量，具有被测流量不受流体的温度、压力、密度和黏度等变化影响等优点，是一种正处在发展中的流量测量仪表。

流量计主要包括节流式流量计、转子流量计、靶式流量计、涡轮流量计、电磁流量计、涡街流量计和超声波流量计等，这里仅介绍常用的几种。

1. 涡轮流量计

涡轮流量计是速度式流量计，其结构如图 3.63 所示。涡轮转轴的轴承由固定在壳体上的导流器所支承，流体顺着导流器流过涡轮时，推动叶片使涡轮转动。流体的流速越高，动能就越大，叶轮转速也就越高。因此，流体的流量与叶轮的转速成一定的函数关系。通过测量涡轮的转速即可确定对应的流量。

由于涡轮是被封闭在管道中的，因此转速测量只能采用非接触式测量方法，如用磁电检测器来测量涡轮的转速。

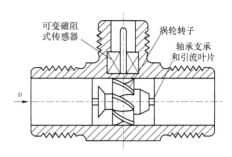

图 3.63　涡轮流量计示意

在管壳外面安装一个套有感应线圈的永久磁铁作为检测器，涡轮的叶片是用导磁材料制成的，当涡轮旋转时高导磁性的涡轮叶片就周期性地经过磁铁，使磁路的磁阻同样产生周期性变化，线圈中的磁通量也跟着发生变化，从而输出相应的电脉冲信号。显然，输出脉冲的频率与转速成正比，也即与流量成正比。这种电信号经前置放大器放大整形成矩形脉冲后，送入电子计数器或电子频率计，累计流体总量或指示流量。

涡轮流量计出厂时是以水定度的。以水作为工作介质时，流量计在规定的测量范围内以一定的精确度保持流量与转速呈线性关系。当被测流体的运动黏度小于 $5\times10^{-6}\,\mathrm{m^2/s}$ 时，在规定的流量范围内，可直接使用厂家给出的仪表常数，不必另行定度。如果被测流体的黏度较大，则通常需要重新标定。使用时一般应加过滤器以减少磨损，防止涡轮被卡死。

涡轮流量计的优点是体积小、精度高，在线性工作范围内测量精度为 0.25%～1.00%，动态响应特性好，可以用来测量瞬变流量和脉动流量，对流体的阻力小，耐压高等；缺点是制造困难，成本高，又因涡轮高速转动，长时间使用轴承易磨损，目前主要用于测量精度要求高、流量变化快的场合。

2. 电磁流量计

电磁流量计是根据电磁感应原理制成的，用来测量导电流体的流量，其工作原理如图 3.64 所示。它由一对磁极 N 和 S 安装于一段用非导磁材料做成的管道外面，用于产生磁场，且磁场方向、管道轴线方向和电极引线方向在空间相互垂直。导电液体流过管道时，就会切割磁力线产生感应电势，其大小与磁感应强度、流体垂直切割磁力线的长度以及液体的流速有关，而与其他因素无关。

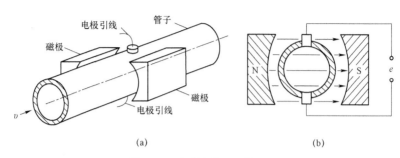

图 3.64　电磁流量计工作原理

（a）电磁流量计结构示意；（b）电磁流量计截面示意

电磁流量计的测量管道内没有任何其他元件，不会对流体产生阻碍作用，反应快、测量范围宽、压力损失小、安装方便，其精度不受压力、温度、黏度等因素的影响，使用范围广，特别是能够测量酸、碱、盐带腐蚀性的溶液流量以及含有固体颗粒或纤维的流体流量。要求流体介质电导率大于 $0.002 \sim 0.005\ \Omega/m$，如果流体介质电导率太低，它的感应电势就会很微弱，需使用高增益的放大器，由此会造成电路复杂、成本提高。

3. 容积式流量计

容积式流量计实际上就是某种形式的容积式液动机。液体从入口进入液动机，经过一定大小的工作容腔，由出口排出，使得液动机轴转动。对于一定规格的流量计来说，输出轴每转一周所通过的液体体积是恒定的，此体积称为流量计的每转排量。测量输出轴的平均转速，即可得到平均流量值，而累计输出轴的转数则可得到通过流体的总体积。容积式流量计有椭圆齿轮流量计、腰形转子流量计和螺旋转子流量计等。

1）椭圆齿轮流量计

椭圆齿轮流量计的工作原理如图 3.65 所示。在金属壳体内，有一对精密啮合的椭圆齿轮，在图 3.65（a）所示位置时，流体自左方流入，在液体压力作用下使椭圆齿轮产生沿箭头方向的转动，经过图 3.65（b）所示位置转动到图 3.65（c）所示位置时，液体会被封闭在椭圆齿轮和金属壳形成的月牙形容积内，再继续转动，该部分流体被排出。这样，在椭圆齿轮转动 1 周期间，共有 4 个月牙形部分体积的流体被形成、隔开、传送，并最终被排出。4 个部分体积流量与椭圆齿轮副转动次数的乘积即流经的流体体积流量。应当指出，当通过流量计的流量为恒定时，椭圆齿轮在一周内的转速是变化的，测量瞬时转速并不能表示瞬时流量，所以只能测量整数圈的平均转速来确定平均流量。

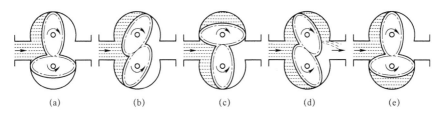

(a)　　　　　(b)　　　　　(c)　　　　　(d)　　　　　(e)

图 3.65　椭圆齿轮流量计工作原理

椭圆齿轮是用流体的输入与输出端间的压力差来驱动的。为降低传输过程中的摩擦力和压力损耗，椭圆齿轮应该加工精确，配合紧密，转动自由，尽可能减少间隙流量产生的测量误差。一般情况下测量精度为 0.5%~1.0%，较好的可达 0.2%。

椭圆齿轮流量计的外伸轴一般带有机械计数器，这种流量计同秒表配合，可测出平均流量。但由于用秒表测量的人为误差大，因此测量精度很低。有些椭圆齿轮流量计的外伸轴带有测速发电机或光电测速孔盘，前者是模拟电量输出，后者是脉冲输出，采用相应的二次仪表可读出平均流量和累计流量。

由于椭圆齿轮流量计是由固定容积来直接计量流量的，故与流体的流态（雷诺数）及黏度无关。该流量计的显著优点是适用于高精度流量的测量，黏度越大，泄漏误差越小。它的缺点是被测介质不能含有固体颗粒，更不能夹杂金属物，否则易引起齿轮磨损而导致损坏，使用时需要在流量计的入口端加装过滤器。

2）腰形转子流量计

腰形转子流量计的工作原理如图 3.66 所示。壳体中装有经过精密加工、表面光滑无齿但能密切配滚的一对腰形转子，每个转子的转轴上都装有一个同步齿轮。这一对处于另外一个腔室中的同步齿轮相互啮合，以保证两个腰形转子的相对运动关系。其工作过程和椭圆齿轮流量计基本相同，但它的转子上没有齿，转子之间以及转子与金属壳体内壁之间可以获得更好的密封性，能够减少

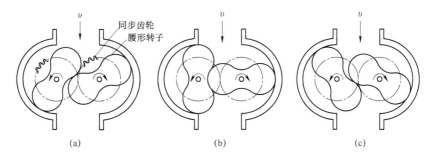

(a)　　　　　　　(b)　　　　　　　(c)

图 3.66　腰形转子流量计工作原理

间隙泄漏，提高测量精度。这种流量计尤其适用于测量天然气或有价值的工业气体。这种流量计尽管价格贵，但由于精度高，而被用于测量压强小但要求测量精度高的工业气体。

3. 叶轮流量计

叶轮流量计分单流束式和多流束式两种类型。单流束式叶轮流量计的工作原理如图 3.67 所示。流体在流束通道内流动，推动叶轮转动，并将流体从入口带至出口。输出的流量正比于叶轮的转速。多流束式叶轮流量计的工作原理如图 3.68 所示。它具有特殊的叶片桶，流束由导向装置散布到桶的周围。叶轮流量计主要用于家庭自来水流量表。

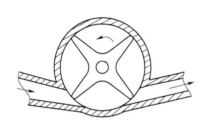 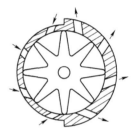

图 3.67　单流束式叶轮流量计的工作原理　　图 3.68　多流束式叶轮流量计的工作原理

第 4 章

相似理论与正交试验设计

通常情况下，采用试验的方法来研究复杂实际工程问题时，受客观环境和条件制约，直接进行试验存在许多困难，甚至不可能实现。特别是对尚处于论证和方案阶段的研究或设计，则更不具备用直接试验的方法进行研究，如两栖装甲车辆的水上性能的研究、车辆的空气动力学特性研究等。这时，另一种试验研究方法——模型试验方法，便应运而生。

模型试验方法是以相似理论为依据建立模型，通过模型试验求出表征现象的量与量之间的关系式，然后再把获得的规律推广到实际对象上。这种方法由于应用相似理论和采用模型，因而试验结果可以推广应用到与之相似的所有对象，并且能够研究直接试验无法进行的对象以及在设备设计制造前要求研究的对象。

大型的科学试验是一项复杂的系统工程，影响试验结果的因素很多。有些因素单独起作用，而有些因素则互相制约联合起作用。对于试验中可能会对试验结果产生影响的原因称为试验因素，每一个因素抽取的状态称为水平。试验中常常遇见多因素、多水平的情况。最简单的试验安排是采用穷尽法对所有的因素和水平都安排试验，这样对 2 个 7 水平的因素，如果将 2 个因素的各个水平都相互搭配做全面试验，要做 $7^2 = 49$ 次试验，而对 3 个 7 水平的因素要做全面试验，需做 $7^3 = 343$ 次试验，以此类推，对 6 个 7 水平的因素进行全面试验需做 $7^6 = 117\,649$ 次试验。显然，做这么多的试验，不但需要大量的人力、物力，而且要花费相当长的时间。不仅经费投入大，有时由于时间过长，试验安排得不好，条件改变，不但得不出所需的结论，还会导致试验失败。

因此，如何合理地安排试验，通过尽可能少的试验获得所需要的信息，得出明确的结论，一直是试验工作者关心的问题。长期的实践表明，要得到理想的试验结果，并不需要进行全面试验，即使在因素个数、水平都不太多的情况下，也不必做全面试验。尤其对那些试验费用很高，或是具有破坏性的试验，更没必要做全面试验，而完全可以依靠合理的试验设计，通过较少的试验，获得理想的试验结果。

试验设计是统计数学的一个重要分支。它指导人们合理地设计试验方案，科学地分析试验数据，以便尽可能地减少试验次数，迅速而圆满地得到所需的结论。试验设计的方法很多，内容也很丰富。

|4.1 相 似 理 论|

相似理论是近百年来科学领域中的一个新分支。以相似理论为基础的模型试验方法，已在固体力学、流体力学、热学以及电磁学等领域得到广泛应用，它是进行复杂物理化学过程内部规律研究的有力手段。近几十年来，这种方法在民用车辆、军用车辆设计中应用越来越多。例如，用来进行车辆空气动力学及轮式、履带式车辆的行走机构与土壤相互作用关系的研究，两栖装甲车辆水上性能的拖模试验等。

4.1.1　物理现象的单值条件

一般来讲，对于所研究的现象可根据自然规律，用数学工具把表征现象的各个参量的关系描述出来，这就是现象的关系方程式。方程可以是一个，也可以是一组；可以从理论分析得出，也可以由试验得出，这就是被研究现象的模型。当然，用数学模型来描写一个现象应当能表现其主要特征和参数，对次要因素允许舍去。方程描述的是一类现象，方程式概括的现象越多，其理论价值就越大。这时方程的解只能是一个适合广泛情况的通解。为了将数学模型用于说明一个特定的、具体的现象，就必须给方程加上附加条件，这些条件称为单值条件，它包括：

① 空间（几何）条件。所有的自然现象都发生在一定的几何空间，因而参与现象的物体的几何形状、大小和位置是单值条件。

② 初始条件。由于现象的演变往往与初始状态有关，所以初始状态也是初始条件。

③ 物理条件。所有的具体现象都由具有一定物理性质的介质参与，因而参与物理现象的介质的物理性质是单值条件，如材料的弹性模量、密度 ρ、流体的黏度 μ 等。

④ 边界条件。任一具体现象都受到与其直接相邻的周围情况的影响，因此边界处的情况也是边界条件。例如，弹性体变形受到周围约束的影响，四周的约束就是边界条件。

4.1.2　相似的概念

相似的概念是从几何学中借用来的。几何学里的相似图形，如图 4.1 所示两个三角形，它们之间如果具有各对应线段成比例、各对应角相等的性质，即

$$\frac{AB}{A'B'} = \frac{AC}{A'C'} = \frac{BC}{B'C'} = C_l \text{（常数）} \tag{4.1}$$

$$\angle CAB = \angle C'A'B'，\quad \angle ABC = \angle A'B'C'，\quad \angle BCA = \angle B'C'A' \tag{4.2}$$

则称两个三角形相似。该性质称为"相似性质"，这是平面相似问题。属于这类问题的，还有各种多边形、圆和椭圆等。

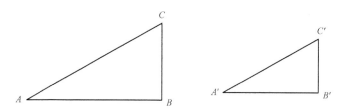

图 4.1　相似三角形

推而广之，复杂图形满足相似条件时，称为几何相似。相似性质是指彼此相似的现象具有什么性质；相似条件是指满足什么条件后，这些现象才是彼此相似的。我们可以将上述几何学相似概念推广到一系列物理现象中，各种物理现象都可以实现相似。

① 空间（几何）相似，指两个几何体的所有对应线段的比值相等、所有对应角相等。例如，图 4.2 所示的两个长方体如果相似，则

$$\frac{BC}{B'C'} = \frac{AB}{A'B'} = \frac{CE}{C'E'} = \frac{AH}{A'H'} = C_l \text{（常数）}$$

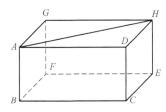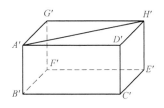

图 4.2　相似长方体

② 时间相似（谐时性），指对应的时间间隔的比值相等。内燃机两个相仿的压力指示如图 4.3 所示，图中有

$$\frac{t_{a1}}{t_{b1}} = \frac{t_{a2}}{t_{b2}} = \frac{t_{a3}}{t_{b3}} = C_t \quad （常数）$$

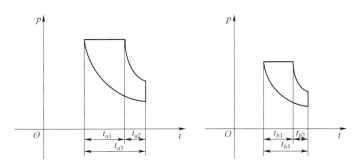

图 4.3　时间相似的压力变化过程

③ 运动相似，指速度场（及加速度场）的几何相似。它表现为在对应瞬时各对应点速度（及加速度）的方向一致，且大小的比值相等。在不同直径的圆管中做层流运动的流体就是一个例子，如图 4.4 所示，即

$$\frac{v_1''}{v_1'} = \frac{v_2''}{v_2'} = \frac{v_i''}{v_i'} = C_v \quad （常数）$$

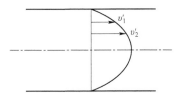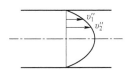

图 4.4　速度场相似

④ 力相似,指力场的几何相似。它表现为各对应点上的作用力的方向一致,且大小的比值相等。索线多边形几何相似的两个承受集中载荷的梁就是一个例子,如图 4.5 所示,即

$$\frac{l_1''}{l_1'} = \frac{l_2''}{l_2'} = \frac{l_3''}{l_3'} = C_l \text{（常数）}$$

$$\frac{q_1''}{q_1'} = \frac{q_2''}{q_2'} = C_q \text{（常数）}$$

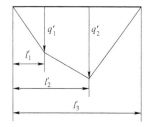
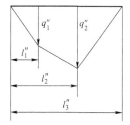

图 4.5　力相似

此外,还有温度场相似、浓度场相似和电磁场相似等。

综上所述,现象相似是指在同一特性现象中,表征现象的所有物理量在空间相对应的各点和时间上相对应的各瞬间,各自互成一定的比例。对于每类物理量,相似倍数有其唯一确定的数值,如果是向量则其方向必须一致,而相应点的坐标与时间无关。

4.1.3　相似定理

1. 相似第一定理

相似现象都属于同类现象,它们有相同的物理本质。因此,它们可用完全相同的方程式或方程组描述。对于相似现象,表征现象的诸参量各有确定不变的比值,而由这些参量所组成的方程式又是相同的,故各参量的相似倍数不能是任意的,而是互相约束的。相似第一定理就阐明了这种约束关系,它说明彼此相似的现象具有什么性质。

相似第一定理:彼此相似的现象,必定具有数值相同的相似准则,其相似指标等于 1。相似第一定理亦称相似正定理。

若两质点系统动力相似,则其运动规律可用牛顿第二定律来描述。设第一个运动现象的参量为:F' 表示力,m' 表示质量,v' 表示速度,t' 表示时间。描述此运动现象的关系方程式为

$$F' = m' \frac{\mathrm{d}\upsilon'}{\mathrm{d}t'} \tag{4.3}$$

若表征第二个运动现象的诸参量用 F''，m''，υ''，t'' 表示，因为相似，则

$$F'' = C_F F', \quad m'' = C_m m', \quad \upsilon'' = C_\upsilon \upsilon', \quad t'' = C_t t' \tag{4.4}$$

描述第二个运动现象的关系方程式相应地为

$$F'' = m'' \frac{\mathrm{d}\upsilon''}{\mathrm{d}t''} \tag{4.5}$$

将式（4.4）的关系代入式（4.5），可得

$$C_F F' = \frac{C_m C_\upsilon}{C_t} m' \frac{\mathrm{d}\upsilon'}{\mathrm{d}t'} \text{ 或 } \frac{C_F C_t}{C_m C_\upsilon} F' = m' \frac{\mathrm{d}\upsilon'}{\mathrm{d}t'} \tag{4.6}$$

由式（4.3）和式（4.6）可知，各参量的相似倍数受下式约束：

$$\frac{C_F C_t}{C_m C_\upsilon} = 1$$

这种约束关系式还可以写作

$$C = \frac{C_F C_t}{C_m C_\upsilon} = 1 \tag{4.7}$$

"C" 称为"相似指标"。式（4.7）就是相似第一定理的数学表达式。将式（4.4）代入式（4.7），可得

$$\frac{F't'}{m'\upsilon'} = \frac{F''t''}{m''\upsilon''} \text{ 或 } \frac{Ft}{m\upsilon} = \pi \quad （常数） \tag{4.8}$$

式（4.8）说明：对于所述的相似现象，存在一个数值相同的无因次的综合量 $\frac{Ft}{m\upsilon}$，这种综合量称为相似准则，通常用符号 π 表示。

这样，相似第一定理也可表述为：彼此相似的现象必定具有数值相同的相似准则。相似第一定理表述了彼此相似现象具有的基本性质。一些有典型意义的相似准则通常用首先提出者的名字命名。例如，上述相似准则称为牛顿准则，并用 N_e 表示，即 $N_e = \frac{Ft}{m\upsilon}$。对于复杂的现象，包含几个相似指标，则对应有几个相似准则。

需要指出，同一现象中不同点或不同截面的相似准则具有不同的数值，但是在对应瞬时整个相似现象群的同一对应点或对应截面的相似准则却具有相同的数值。另外，相似准则一定是由现象的关系方程式所包含的某几个或全部参量按照一定函数关系组成的无因次量。

2. 相似第二定理

相似第二定理亦称相似逆定理。它说明满足什么条件，现象才能相似，即模型试验必须遵守哪些条件，模型中出现的现象才能与原型中的现象相似。

相似第二定理：具有同一特性的现象，当单值条件彼此相似，由单值条件的物理量所组成的相似准则相等时，这些现象必定相似。

这个定理阐明了现象相似的必要且充分条件。因为单值条件是确定具体特定现象的，所以通常称单值条件所包含的物理量为定性量，并把全由单值条件所组成的相似准则称为定性准则。下面以运动相似为例说明这一定理。设现象二的运动方程为

$$v'' = \frac{\mathrm{d}l''}{\mathrm{d}t''} \tag{4.9}$$

当现象二与现象一的相似准则相等，即

$$\frac{v''t''}{l''} = \frac{v't'}{l'}$$

时，则有

$$\frac{v''}{v'} \cdot \frac{t''}{t'} \Big/ \frac{l''}{l'} = 1$$

亦即

$$\frac{C_v C_t}{C_l} = 1 = C \tag{4.10}$$

将对应量 $v'' = C_v v'$，$l'' = C_l l'$，$t'' = C_t t'$ 代入式（4.9），则有

$$C_v v' = \frac{C_l \mathrm{d}l'}{C_t \mathrm{d}t'} \quad \text{或} \quad \frac{C_t C_v}{C_l} v' = \frac{\mathrm{d}l'}{\mathrm{d}t'}$$

又因

$$\frac{C_t C_v}{C_l} = 1 \tag{4.11}$$

所以有

$$v' = \frac{\mathrm{d}l'}{\mathrm{d}t'}$$

因此，当两个现象的相似准则相等，即相似指标 $\frac{C_t C_v}{C_l} = 1$ 时，两个运动能用完全相同的方程来表示，即两个运动现象相似。

若这两个运动的单值条件相同，则得到的解将是一个，即这两个运动是完

全相同的同一运动；若这两个运动的单值条件相似，则得到的解互为相似，即这两个运动是完全相似的运动；若两个单值条件既不相同也不相似，则得到的仅是服从同一数学规律的两个互不相同也不相似的运动。相似第二定理是模型试验必须遵守的条件或法则，也称模型法。

3. 相似第三定理

相似第三定理亦称 π 定理。它说明如何整理试验结果使在模型上得到的结论推广到与之相似的实物上。

相似第三定理：当现象用 n 个物理量的函数关系来表示，这些物理量中含有 m 种基本量纲时，则能得到 $n-m$ 个相似准则，且描述该现象的函数关系式可表示成 $n-m$ 个相似准则间的函数关系式。

设准则关系式为

$$F(\pi_1, \pi_2, \cdots, \pi_n) = 0$$

理论证明，只有 $n-m$ 个相似准则是独立的，即其中任何一个不能由其他相似准则通过代数运算求得，所以叫基本相似准则或定性准则。除 $n-m$ 个定性准则外，还有其他形式的相似准则，它们是不独立的，亦称为非定性准则。非定性准则，可由定性准则经过代数运算而得到。因此，相似准则关系可表示为任一非定性准则与定性准则之间的单值函数关系，即

$$\pi_{\text{非}i} = f_i(\pi_{\text{定}1}, \pi_{\text{定}2}, \cdots, \pi_{\text{定}n-m})$$

式中，$i = n-m+1, n-m+2, \cdots, n$。

由于相似准则关系式是由描述现象的关系方程式转变而来的，而相似现象群是由同一关系式来描述的，且其对应点的相似准则的数值相同，所以，相似现象的准则关系式必定相同。这就说明，应该把模型试验的结果整理成准则关系式，并把这种准则关系式推广运用到原型。

上述 3 个定理是相似理论的主要内容，它们是模型试验研究方法的理论基础。相似第一定理阐明了模型试验时应测量哪些量：诸相似准则所包含的一切量。相似第二定理阐明了模型试验应遵守的条件：必须保证模型和原型的单值条件相似，且诸定性准则对应相等。相似第三定理阐明了如何整理试验结果：必须把试验结果整理成相似准则之间的关系式，这样，就可以用模型的试验研究来揭示原型的内在规律性。

| 4.2　相似准则的求法 |

4.2.1　方程分析法

　　根据关系方程式导出相似准则的方法称为方程分析法。它适用于能给出显函数关系式的现象相似，其中常用的有相似转换法和积分类比法。现以简单的运动相似为例，说明其步骤。

1. 相似转换法

　　① 写出现象的关系方程式和全部单值条件。任何系统运动的瞬时速度由微分方程描述：

$$v = \frac{\mathrm{d}l}{\mathrm{d}t} \tag{4.12}$$

则在原型中方程为

$$v' = \frac{\mathrm{d}l'}{\mathrm{d}t'}$$

在模型中方程为

$$v'' = \frac{\mathrm{d}l''}{\mathrm{d}t''}$$

单值条件为初始条件和几何条件。

　　② 写出相似倍数的表达式。原型与模型方程中对应量之比为

$$\frac{v''}{v'} = C_v , \quad \frac{t''}{t'} = C_t , \quad \frac{l''}{l'} = C_l$$

　　③ 将相似倍数表达式代入关系方程式进行相似转换，从而得出相似指标式

$$C_v v' = \frac{C_l \mathrm{d}l'}{C_t \mathrm{d}t'}$$

即

$$\frac{C_v C_t}{C_l} v' = \frac{\mathrm{d}l'}{\mathrm{d}t'}$$

所以有

$$\frac{C_v C_t}{C_l} = 1 \tag{4.13}$$

④ 把相似倍数表达式代入相似指标中，可获得相似准则

$$\frac{v''}{v'} \cdot \frac{t''}{t'} \bigg/ \frac{l''}{l'} = 1$$

整理后得相似准则

$$\frac{v''t''}{l''} = \frac{v't'}{l'} = \frac{vt}{l} = 常数 \tag{4.14}$$

⑤ 用同样方法从单值条件中获得相似准则。

2. 积分类比法

积分类比法较相似转换法简单，故应用较多。这种方法的原理是：由于相似现象的关系方程式是完全相同的，因此关系方程中任意相对应的两项比值也应该相等。仍以简单运动为例，给出积分类比法的步骤。

① 写出现象的关系方程式和全部单值条件。

$$v' = \frac{\mathrm{d}l'}{\mathrm{d}t'}, \quad v'' = \frac{\mathrm{d}l''}{\mathrm{d}t''}$$

② 用方程中的任一项除以其他各项。由于相似现象用完全相同的方程所描述，所以模型方程中任意两项的比值与原型方程中相对应的两项的比值相等，即

$$v' \bigg/ \frac{\mathrm{d}l'}{\mathrm{d}t'} = 1, \quad v'' \bigg/ \frac{\mathrm{d}l''}{\mathrm{d}t''} = 1$$

则

$$v'' \bigg/ \frac{\mathrm{d}l''}{\mathrm{d}t''} = v' \bigg/ \frac{\mathrm{d}l'}{\mathrm{d}t'} \tag{4.15}$$

③ 所有的导数用相应量的比值代替，即去掉所有的微分符号；各轴向投影分量用量本身代替，坐标用基本量长度代替，便得出相似准则。

对于两相似现象，其中某量 l 的相似倍数表示为

$$\frac{l''}{l'} = C_l = 常数 \tag{4.16}$$

上式也可以写成

$$\frac{l''_1}{l'_1} = \frac{l''_2}{l'_2} = C_l$$

则有

$$\frac{l_2'' - l_1''}{l_2' - l_1'} = \frac{\Delta l''}{\Delta l'} = C_l = 常数$$

由于 C_l 的极限等于它本身，故

$$\lim \left(\frac{\Delta l''}{\Delta l'} \right) = \frac{\mathrm{d}l''}{\mathrm{d}l'} = C_l \tag{4.17}$$

比较式（4.16）和式（4.17）可得

$$\frac{\mathrm{d}l''}{\mathrm{d}l'} = \frac{l''}{l'}$$

同理

$$\frac{\mathrm{d}t''}{\mathrm{d}t'} = \frac{t''}{t'}$$

上两式相除得

$$\frac{\mathrm{d}l''}{\mathrm{d}t''} \bigg/ \frac{\mathrm{d}l'}{\mathrm{d}t'} = \frac{l''}{t''} \bigg/ \frac{l'}{t'} \tag{4.18}$$

式（4.18）表明，导数可以用相应量的比值代替，这就是积分类比法。将式（4.15）中导数用积分类比来代替，即得出相似准则

$$\frac{v't'}{l'} = \frac{v''t''}{l''} = \frac{vt}{l} = 常数$$

与相似转换法获得的结果完全一致。

4.2.2　量纲分析法

量纲分析法又称为因次分析法。当事先无法求得描述现象的关系方程式时，可采用量纲分析法来推导相似准则。

1. 量纲的概念

物理量单位的种类称量纲或因次，如长度单位可用"m""cm"等表示。但是，无论用哪种单位，作为物理量的种类，它们同属于长度，统一用符号[L]表示，称[L]是长度类单位的量纲。

在国际单位制中有 7 个基本物理量，它们是长度、时间、质量、温度、电流、光强和物质的量，如表 4.1 所示，其他物理量都是导出物理量。例如，速度的量为 $[V] = \dfrac{[L]}{[T]}$ 或 $[V] = [LT^{-1}]$；根据 $F = ma = m\dfrac{\mathrm{d}v}{\mathrm{d}t} = m\dfrac{\mathrm{d}^2 l}{\mathrm{d}t^2}$，力的量纲为 $[F] = [M]\dfrac{[L]}{[T]^2}$ 或 $[F] = [MLT^{-2}]$。

表 4.1　国际单位制的基本量和基本单位

量的名称	量纲	SI 单位	
		单位名称	单位符号
长度	L	米	m
质量	M	千克	kg
时间	T	秒	s
电流	I	安［培］	A
热力学温度	Θ	开［尔文］	K
发光强度	N	坎［德拉］	cd
物质的量	J	摩［尔］	mol

在工程中还常以力、长度和时间作为基本量，它们的量纲相应地用 [F]、[M]、[T] 表示。这种量纲系称为力系统。在取用绝对单位制的情况下，力学基本单位一经取定，则从原则上说，任何力学物理量可统一地由下式表示：

$$A = l^\alpha m^\beta t^\gamma = B\,[\mathrm{L}]^\alpha [\mathrm{M}]^\beta [\mathrm{T}]^\gamma$$

式中，l、m、t 分别为基本量长度、质量和时间的大小；α、β、γ 为确定的常数；B 为物理量 A 的大小；[T]、[M]、[L] 分别为基本量时间、质量和长度的单位。

在描述现象的完善且正确的关系方程式中各项的量纲必定相同，因为同类量才能相加减，只有量纲相同才属同类量。这种量纲一致性，称为量纲齐次原则。下面以物体受力运动为例，给出量纲分析的一般步骤。

2. 量纲分析法的一般步骤

① 考察物理对象，决定表征该现象的所有物理量，写出一般函数关系式。表征受力运动这一现象的物理量有力 f、质量 m、时间 t 和速度 v。一般函数形式为

$$\phi(f, m, t, v) = 0$$

② 写出一般 π 项的式子。相似准则是由表征现象的参量所组成的，且是这些参量的幂函数，故可表示为

$$\pi = f^\alpha t^\beta m^\gamma v^\delta \tag{4.19}$$

③ 写出 π 项中各物理量的量纲。以 [M]、[L]、[T] 作为基本量纲，有

$$[f] = [\mathrm{MLT}^{-2}]; \quad [t] = [\mathrm{T}]; \quad [m] = [\mathrm{M}]; \quad [v] = [\mathrm{LT}^{-1}]$$

④ 把各物理量的量纲代入式（4.19）中，有

$$\pi = [MLT^{-2}]^{\alpha}[T]^{\beta}[M]^{\gamma}[LT^{-1}]^{\delta} = [M]^{\alpha+\gamma}[L]^{\alpha+\delta}[T]^{\beta-\delta-2\alpha}$$

⑤ 根据 π 项无量纲性，列出物理量指数间的联立方程组

$$\begin{cases} \alpha + \gamma = 0 \\ \alpha + \delta = 0 \\ \beta - \delta - 2\alpha = 0 \end{cases}$$

⑥ 解出 $n-m$ 个解，获得 $n-m$ 个独立的 π 项。

上式中物理量数 $n=4$，基本量纲 $m=3$，根据相似第三定理，独立项为 $4-3=1$。令 $\alpha=1\alpha=1$，则解出 $\gamma=-1$，$\delta=-1$，$\beta=1$，代入式（4.19），便获得相似准则

$$\pi = \frac{ft}{mv} = N_e$$

这便是牛顿准则。

3. 矩阵法的一般步骤

为使量纲分析方法有条理，常用规格化的矩阵法。以黏性不可压缩液体稳定流动为例，说明矩阵法的步骤。

① 表征黏性不可压缩流体稳定流动的参量有流速 v、管道尺寸 l、压力 Δp、介质密度 ρ、动力黏度 μ 和重力加速度 g，其一般函数关系式为

$$f(\Delta p, g, \mu, v, l, \rho) = 0$$

② 写出相似准则一般式

$$\pi = \Delta p^{\alpha_1} g^{\alpha_2} \mu^{\alpha_3} v^{\alpha_4} l^{\alpha_5} \rho^{\alpha_6}$$

③ 根据每个物理量的量纲，列出量纲矩阵。其中，矩阵中每一列的数字为对应物理量所具有的基本量纲的幂次，如 Δp 的量纲是 $[LT^{-1}T^{-2}]$。

	α_1	α_2	α_3	α_4	α_5	α_6
	Δp	g	μ	v	l	ρ
[M]	1	0	1	0	0	1
[L]	−1	1	−1	1	1	−3
[T]	−2	−2	−1	−1	0	0

④ 用量纲矩阵便可一目了然地根据量纲齐次原则，写出指数间的联立方程组

$$\begin{cases} \alpha_1 + \alpha_3 + \alpha_6 = 0 \\ -\alpha_1 + \alpha_2 - \alpha_3 + \alpha_4 + \alpha_5 - 3\alpha_6 = 0 \\ -2\alpha_1 - 2\alpha_2 - \alpha_3 - \alpha_4 = 0 \end{cases}$$

⑤ 列出 π 矩阵。

上述方程中未知数的数目，代表描述现象的物理量的数目；方程的个数，代表基本量纲的数目。根据相似第三定理，定性相似准则的个数为 $6-3=3$。

上述方程的系数矩阵的秩为 3。根据线性代数理论，其基础解的数目等于变量数目减去秩的数目。为此，上述方程可表示为

$$\begin{cases} \alpha_4 = -2\alpha_1 - 2\alpha_2 - \alpha_3 \\ \alpha_5 = \alpha_2 - \alpha_3 \\ \alpha_6 = -\alpha_1 - \alpha_3 \end{cases}$$

求出方程的基础解，并列成矩阵形式如下：

	α_1	α_2	α_3	α_4	α_5	α_6
	Δp	g	μ	υ	l	ρ
π_1	1	0	0	−2	0	−1
π_2	0	1	0	−2	1	0
π_3	0	0	1	−1	−1	−1

这就是 π 矩阵，其中的数字为各 π 项中所含的物理量方次。

⑥ 根据 π 矩阵列出相似准则的全部集合。

显然，π 矩阵的每一行就是组成相似准则的参量的一组指数。对黏性不可压缩流体的稳定流动，相似准则的完全集合为

$$\pi_1 = \Delta p \upsilon^{-2} \rho^{-1} = \Delta p / \upsilon^2 \rho \quad \text{（称为欧拉准则）}$$

$$\pi_2 = g \upsilon^{-2} l = gl / \upsilon^2 \quad\quad \text{（称为傅鲁德准则）}$$

$$\pi_3 = \mu \upsilon^{-1} l^{-1} \rho^{-1} = \mu / \upsilon l \rho \quad \text{（称为雷诺准则）}$$

式中，π_1 表示压力能和动能的比；π_2 表示势能和动能的比；π_3 表示动力黏性与速度的比，它是著名的雷诺数的倒数。

在矩阵法中，由于排列在虚线左边的物理量不同，获得的相似准则的形式就不同。因此，对物理量的排列有如下法则：首先，在量纲矩阵中，应把被研究的物理量排列在第一个位置，将要和被研究的物理量建立函数关系的物理量排列在第二、第三、……；其次，从倒数次序开始，首先排列几何线性长度 l，

然后是表征材料性质的物理量，……。

这样排列的优点：一是求得的每个相似准则，一定由材料、长度和欲用的物理量构成，这些量在试验中一般是确定不变的；二是第一个相似准则一定包含被研究的物理量，并在其他相似准则中包含要建立函数关系的物理量。这样在试验和数据综合时，能方便地建立相似准则之间的关系曲线。

当研究对象过于复杂，不能列出微分方程时，量纲分析法往往为获得相似准则的唯一方法。量纲分析法获得的相似准则，有一定的普遍性。当不易显出它的物理意义时，要将它转化为熟悉的或标准的形式。特别需要指出的是，利用量纲分析之前，要弄清楚所研究的现象究竟包括哪些物理量。如果表征现象的物理量决定得不正确或者不完全，就会使经过量纲分析建立起的相似关系不正确，得出错误的试验结果。

| 4.3 相似准则形式的转换和数据处理 |

4.3.1 相似准则形式的转换

探求相似准则的目的是以此为依据设计和组织模型试验，最终导出描述原型现象的关系式。因此，相似准则形式的确定必须有利于这一目的的实现。而由上述相似准则导出法可知，求得的相似准则形式有一定的不确定性，为此常需要对相似准则形式进行相应的转换。

1. 相似准则形式转换的出发点

① 相似准则应具有明显的物理意义，并使其物理意义与所研究的现象密切相关。

② 转换成常用的相似准则的形式，如雷诺准则 Re、傅鲁德准则 Fr 等，因为它们均具有明显的物理意义。前者表示惯性力与黏滞力的比值，后者表示惯性力与重力的比值。

③ 使准则关系式的形式最简单。

④ 使相似准则的组成中不包含在进行模型试验时难以控制和测量的参量。

⑤ 使易于控制且是表征现象的主要参量只出现在相似准则完整集合中的某一个相似准则中，这样在模型试验时就能实现最方便的控制。

2. 相似准则形式转换的原则和性质

相似准则形式转换的原则是不破坏相似准则为无量纲的不变量的属性。相似准则形式转换的性质：

① 相似准则任意次幂，即 π_i^n，$i = 1, 2, \cdots, k$，仍是相似准则。

② 相似准则的和（或差），即 $\pi_1^{n_1} \pm \pi_2^{n_2} \pm \cdots \pm \pi_k^{n_k}$，$n_1, n_2, \cdots, n_k$ 为常数，仍是相似准则。

③ 相似准则与任意常数的和差，即 $\pi \pm a$ 仍是相似准则。

4.3.2　模型试验数据的处理

为使模型试验的结果能推广到与模型相似的原型上，根据相似第三定理，应将模型试验结果整理成相似准则之间的关系式，即

$$\pi_{a_i} = f_i(\pi_{b_1} \pi_{b_2} \cdots \pi_{b_{n-m}})，\quad i = n - m + 1, n - m + 2, \cdots, n$$

式中，π_{b_j} 为由单值条件包含的物理量组成的定性准则，$j = 1, 2, \cdots, n - m$；π_{a_i} 为非定性准则。

由试验分别建立上式中各函数 f_i 的具体形式，这一试验结果便可直接推广到实物中去，并可以将上式各具体函数展开为便于应用的公式。此式就是所有与模型相似的现象群均适用的关系方程式。

需要指出的是，通过试验建起的对一切彼此相似现象都适用的准则关系式，只有在试验所确认的各物理量变化范围内才可以应用，不允许任意推广这种关系式。另外，只有在定性准则的数量 $j \leqslant 3$ 时，才便于试验得出准则关系式。数量增加将显著增加工作量，这时往往要忽略一些次要物理量，只保留主要物理量的相似。

| 4.4　相似理论应用 |

4.4.1　车辆模型风洞试验

车辆模型风洞试验是以相似理论为依据，在模拟空气流动的风洞设施中利用车辆模型做试验，是进行车辆空气动力学性能研究的重要方法之一。

图 4.6 所示为一种直流式风洞的结构示意图。由动力装置驱动的轴流式鼓风机用来产生沿箭头方向流动的空气流，空气流的流速靠改变鼓风机的转速来

实现。风洞的前部做成逐渐收缩状构成一个收缩段,在此气流被平稳地加速后流向试验段。蜂窝器的作用是减小气流的紊流,使流向试验段的气流均匀。在试验段中放置试验用的车辆模型,并设有相应的测量装置。

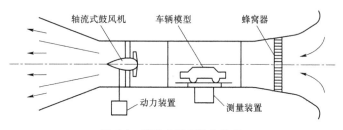

图 4.6 直流式风洞结构示意

试验时,以不动的车辆模型经受做强迫流动的空气流的作用来模拟车辆在道路上行驶时所受到的空气流的作用。根据相似第二定理,当模型和原型成几何相似、雷诺准则相等以及实现边界条件相似时,车辆模型在风洞中所受到的空气流的作用将相似于车辆在道路上行驶时所受到的空气流的作用。这样,按相似准则整理的风洞试验数据也将适用于车辆的实际使用情况。

试验段空气流的流速应根据雷诺准则数值相等的原则来选取,即车辆模型风洞试验的雷诺准则与车辆在道路上行驶时相同。

$$\frac{\rho' \upsilon' l'}{\eta'} = \frac{\rho'' \upsilon'' l''}{\eta''}$$

式中,标有上标"′"表示车辆原型的参量,标有上标"″"表示车辆模型的参量。

由于风洞中的气压也是标准大气压,空气流的性质与大气中的相同,所以 $\eta' = \eta''$,$\rho' = \rho''$。这样,当车辆模型较之原型缩小某一倍数时,则风洞中的气流流速就应比车辆的行驶速度大同样的倍数。一般车辆模型多采用 1/4、1/5、1/10 等几种比例。模型设计越大,同样风速下模拟的车速就越高,模型试验的准确度也越高。

车辆在道路上行驶时,除其轮子与路面接触外,其余部分均处于自由大气中。在车辆模型风洞中,上述边界条件只能做到近似的相似。在风洞中,气流被风洞的四壁所包围,洞壁的存在将使空气绕流模型的状态产生畸变,在大多数情况下,由此会产生附加作用力,使试验的准确度降低。为保证试验有足够的准确度,车辆模型的迎风面积不应大于风洞试验段截面积的10%。另外,车辆在道路上行驶时,空气相对于路面是静止的,因此在路面上不存在附面层。在风洞中,如把车辆模型放在支承板上,因空气相对于支承面上有运动,因而会产生附面层,车轮就会部分地沉没在附面层中。目前尚无一种切实可行的实现地面边界条件相似的方法。一种较简单并具有足够近似程度的方法是使车辆模型离开支承板面适当的距离，这是目前较多采用的方法。

现以车辆空气阻力系数的测定来说明上述试验原理。由空气动力学得知，车辆所受的空气阻力可用下式表示：

$$P_w = c \times \rho \times F \times v^2$$

式中，c 为车辆流线型系数；ρ 为空气的密度；F 为车辆的迎面面积；v 为车辆与空气的相对速度。

地面上空气密度 ρ 因为变化甚小，所以可被视为常数，对某一具体的车辆来说，$c \times \rho$ 也可被视为一个常数，用 K 表示，称为空气阻力系数。车辆的空气阻力系数可用车辆模型由风洞试验测得。在做风洞试验时，利用风洞设施中的测力装置测得模型在气流速度为 v'' 时的空气阻力 P_w'' 后，就可用上式算出流线型系数 c。由于 c 是一个无因次量，所以对模型和原型来说其数值相等。因为 $\rho'' = \rho'$，所以车辆模型在气流速度为 v'' 时的空气阻力系数 K'' 也就是车辆原型在行驶速度为 $C_l v''$（ C_l 为车辆模型的相似倍数）时的空气阻力系数。为设计空气阻力小的车身，有人曾利用如图 4.7 所示的积木式汽车模型进行风洞试验。图中的字母表示各种形状的积木模型。例如，将模型的头部和尾部采用不同的组合后进行风洞试验，就可测得各种形状的车身在相应的行驶速度下的空气阻力系数，如表 4.2 所示。

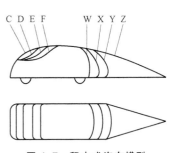

图 4-7　积木式汽车模型

表 4.2　各种形状的车身在相应的行驶速度下的空气阻力系数

模型形状	空气阻力系数			
前部　　　后部	F	E	D	C
W	0.021 60	0.019 50	0.018 5	0.018 60
X	0.021 45	0.016 10	0.014 1	0.014 70
Y	0.020 10	0.015 60	0.013 1	0.012 25
Z	0.015 00	0.010 75	0.007 5	0.007 80

用车辆模型风洞试验技术可以缩短车辆改型和新设计车型的周期并能节省大量的费用。但值得指出，首先，制作与实物准确相似的模型是困难的，而且在模型上模拟车身内部和发动机内部空间的气流和压力分布也不可能完全办到；其次，准确地实现空气流的动力相似也是不可能的，因此模型试验结果总

会有误差，这种误差有时甚至可达 40%。通常，模型风洞试验数据需对实测的经验数据进行修正后才能用于原型。要想取得较准确的试验数据，最好用原型进行风洞试验。因此，目前供车辆原型试验用的各种风洞（又称整车风洞）得到越来越多的应用。

4.4.2　地面车辆牵引性能的相似理论评价

从理论计算或试验台上做出的履带式车辆牵引特性曲线是发动机工作在外特性情况下做出的。它只反映了车辆的结构、动力等参数的情况。实际上在具体道路条件下，在发动机具体负荷情况下，车辆的牵引性能是不能只从理论牵引特性评价的。具体的路面土壤条件和发动机工况给定后，车辆的牵引力和运动速度的关系怎样，显然是一个土壤–机械系统的问题，但由于土壤的情况复杂，难以通过计算给出准确结果。如果研究的土壤–机械系统是相似系统，那么就可以运用相似理论来解决这个问题。苏联沙洛夫等人对某型履带式车辆做了上述评价。他们提出旱地土壤的物理机械性能可用下面两个参数来表示：

① 表示土壤抗静载挤压性能的参数 p_0（N/m²）。

② 表示土壤抗动载挤压性能的参数 μ（N·m/s²），即与应变速率有关的土壤抗挤压性能。

同时，设计了相应的测量仪器，规定了计算公式。某些土壤的 p_0 和 μ 的实测值如表 4.3 所示。

该车辆的牵引力是一系列参量的函数，有

$$P_T = f(G, a, P_q, L_0, L, t, A, b, p_0, \mu, v, h_T) \qquad (4.20)$$

式中，G 为车辆重力（N）；a 为车辆重心纵向坐标（m）；P_q 为车辆驱动力（N）；L_0 为履带接地长度（m）；L 为两边缘支重轮的中心距（m）；t 为履带节距（m）；A 为履带高度（m）；b 为履带宽度（m）；v 为车辆行驶速度（m/s）；h_T 为牵引点高度（m）。

表 4.3　某些土壤的 p_0 和 μ

土壤类型	$p_0/(\times 10^4 \text{ N·m}^{-2})$	$\mu/(\text{N·m·s}^{-2})$
麦茬地	215.6	1 274
霜降后麦茬地	186.2	1 078
向日葵茬子地	107.8	450.8
耙后地	137.2	872.2
已耕地	55.86	73.5
豌豆燕麦混茬地	84.28	294

对于确定的车辆来说，a、L_0、L、t、A 和 h_T 等都是常量，不列入研究变量之中，选 P_T、G、P_q、υ、p_0、μ 和 b 7 个待研究量，运用量纲分析法，求出 4 个相似准则，这样把式（4.20）转换成如下准则关系式：

$$F\left(\frac{P_T}{p_0 b^2}, \frac{P_q}{p_0 b^2}, \frac{\mu\upsilon}{p_0 b}, \frac{G}{P_q}\right) = 0$$

式中，$\dfrac{P_T}{p_0 b^2} = \pi_1$ 为牵引力和土壤抗静挤压力的比；$\dfrac{P_q}{p_0 b^2} = \pi_2$ 为驱动力和土壤抗静挤压力的比；$\dfrac{\mu\upsilon}{p_0 b} = \pi_3$ 为土壤抗动挤压力和抗静挤压力的比；$\dfrac{G}{P_q} = \pi_4$ 为驱动力因数的倒数。

对确定的车辆来说，工作制度一定时，π_4 是一个固定值，可由计算而得。经过试验可建立 $\pi_1 = f_2(\pi_2)$，$\pi_2 = f_3(\pi_3)$ 的关系。从使用条件出发，选择表 4.3 的 6 种土壤条件，在每种土壤条件下进行牵引试验，控制 P_q，测得 P_T 和对应的 υ 值，即可求得 π_1、π_2 和 π_3，得到图 4.8 所示的曲线，它表示了这 3 个相似准则之间的关系。图中曲线上各点虽是由个别试验得到的，但由于这是相似准则关系曲线，所以它将适用于整个相似现象群，图 4.8 综合地反映了该车辆–土壤相似

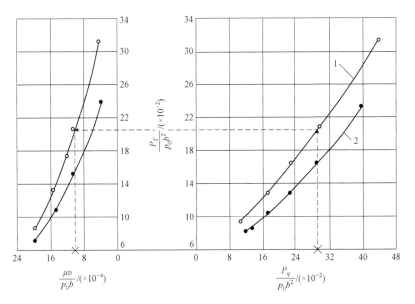

图 4.8　某型车辆 I 挡基本牵引特性

1—发动机载荷系统 $\xi = 1.07$　$G_s / P_q = 1.7$；

2—发动机载荷系统 $\xi = 0.66$　$G_s / P_q = 1.93$

系统的特性，只要车辆工作制度一定，土壤的 p_0 和 μ 值被测出并在上述试验范围之内，就不必再做牵引试验，可以从给定 P_q 算出 $\pi_2 = \dfrac{P_q}{p_0 b^2}$，再从图 4.8 中对应的关系曲线，找出对应的 $\pi_1 = \dfrac{P_T}{p_0 b^2}$ 和 $\pi_3 = \dfrac{\mu \upsilon}{p_0 b}$，就知道该车在该种地面上的牵引力 P_T 和对应的速度 υ 值。

|4.5　正交试验设计法 |

正交试验设计法，又称正交试验法或正交设计法，是一种解决多因素试验问题的有效数学方法。它应用正交表设计试验方案，应用数理统计方法分析试验数据。尤其是对于因素多、周期长的各种试验问题，它是一种行之有效的方法。例如，一个 4 因素 3 水平的试验，采用穷尽法需要做 81 次试验，而采用正交试验设计法，只需做 9 次试验，就可得出同样的结论。显然，正交试验设计法大大提高了试验效率，节省了时间，能有效减少各项经费的投入。因此，在实践中得到了广泛应用。

4.5.1　正交试验表

一般形式的正交试验表（简称正交表）可记为 $L_n(m_1^{k_1} \times m_2^{k_2} \times \cdots \times m_p^{k_p})$，它表示要做 n 次试验，可容纳水平数为 m_1 的 k_1 个因子，水平数为 m_2 的 k_2 个因子，…，以及水平数为 m_p 的 k_p 个因子。下面以 $L_9(3^4)$ 为例来进行具体说明，$L_9(3^4)$ 正交表如表 4.4 所示。

$L_9(3^4)$ 中的字母 L 表示正交表；数字 9 表示这张表一共有 9 行，说明用这张表来安排试验要做 9 次试验；数字 4 表示这张表共有 4 列，说明这张表最多可以安排 4 个因素；数字 3 表示表中主体部分只出现 1、2、3 三个数字，它们分别代表因素的 3 个水平，说明各因素都是 3 个水平。

常见的正交表中，2 水平的有 $L_4(2^3)$、$L_8(2^7)$、$L_{12}(2^{11})$ 和 $L_{16}(2^{15})$ 等，这几张表中的数字 2 表示各因素都是 2 水平的；试验要做的次数分别为 4、8、12 和 16；最多可安排的因素分别是 3、7、11 和 15。3 水平的正交表有 $L_9(3^4)$ 和 $L_{27}(3^{13})$，这两张表中的数字 3 表示各因素都是 3 水平的，要做的试验次数分别为 9 和 27；最多可以安排的因素分别是 4 和 13。还有 4 水平的正交表如 $L_{15}(4^5)$，5 水平的正交表如 $L_{25}(5^6)$，等等。

表 4.4 正交表 $L_9(3^4)$

列号 试验号	1	2	3	4
1	1	1	2	3
2	2	1	1	1
3	3	1	3	2
4	1	2	1	2
5	2	2	3	3
6	3	2	2	1
7	1	3	3	1
8	2	3	2	2
9	3	3	1	3

正交表有下面两种重要性质：

① 每列中不同数字出现的次数是相等的，如 $L_9(3^4)$，每列数字中不同的数字是 1、2、3，它们各出现 3 次。

② 在任意两列中，将同一行的两个数字看成有序数对时，每种数对出现的次数是相等的，如 $L_9(3^4)$，有序数对共有 9 个：（1，1），（1，2），（1，3），（2，1），（2，2），（2，3），（3，1），（3，2），（3，3），它们各出现一次。

由于正交表有这两种性质，用它来安排试验时，各因素的各种水平的搭配是均衡的，这是正交表的优点。例如，按 $L_9(3^4)$ 正交表所做的 9 个试验点，反映在图上，就是图 4.9（a）所示的长方体的 9 个点。全面试验的 27 个点的分布情况如图 4.9（b）所示。比较图 4.9 的两图可以看出，正交试验设计法的 9 个试验点在长方体的每个面上都恰有 3 个试验点，而且长方体的每条棱线上都恰有一个点，9 个试验点均匀地分布于整个长方体内，每个试验点都有很强的代表性，能够比较全面地反映试验域内的大致情况。因此，试验中的好点，即使不是全面试验中的最好点，也往往是相当好的点。通过对试验结果的分析得到的较优生产条件自然应是全面试验中较优的生产条件。

4.5.2 用正交表安排试验

现以履带式车辆在沼泽地中的通过性试验为例，介绍如何使用正交表进行试验设计。根据实践经验和专业知识，履带式车辆的通过性能主要取决于履带接地压力、履带板的型式、履带车辆的重心位置 3 个因素，每个因素都考虑 3

个水平，具体如表 4.5 所示。这是一个 3 因素 3 水平的试验，可用 $L_9(3^4)$ 安排试验，其中有一因素无内容，可以让第 4 列空白，这样只需要做 9 次试验。

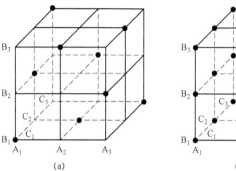
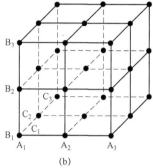

图 4.9　正交表试验点均衡分散示意

表 4.5　通过性试验因素水平

水平＼因素	A 接地压力/kPa	B 履带板型式	C 重心位置/mm
1 水平	A_1 0.18	B_1 无间隔	C_1 中点
2 水平	A_2 0.21	B_2 间隔大	C_2 中点前 120
3 水平	A_3 0.23	B_3 间隔小	C_3 中点后 120

1. 随机区组试验设计

试验中要变化的因素只有 3 个，因此希望除此 3 个因素之外的所有试验条件均不变化。事实上，在 9 次试验中除变化的 3 个因素外，其他条件都不变化是做不到的。例如，通过性试验要在沼泽中进行，但是很难将 9 次试验的沼泽地状态控制得完全一致。这样地面状态的变化会影响试验结果。例如，沼泽地下层硬度会从试验地一端向另一端逐渐变化。为了消除这种变化对试验结果的影响，可使用随机区组试验设计方法。

由于地表下层硬度不同，我们将地面分成区组，每个区组再划分小区。图 4.10 所示为分区组的两种方法，效果是一样的，要根据地形的情况而定。因为重心位置 C 有 3 个水平，每区组划 3 个小区，把 C_1、C_2、C_3 的 3 种水平分别随机化地排在每个区组的小区中。虽然区组间地下层硬度差别大，但是各区组内，小区之间的差异不大。每一种地下层硬度都有 3 种重心位置做了试验，而每一种重心也在 3 种地下层硬度上做了试验。这样地下层硬度不均匀的问题就会在结果的处理中消除。可是试验是 3 个因素，再把 A 和 B 两因素考虑进去，分别随机化地排在各小区中，就比较麻烦。如果将 $L_9(3^4)$ 正交表空着的第 4 列给区组，具体试验安排如表 4.6 所示。然后根据正交表，按照区组安排试验场地，如图 4.11 所示，问题就解决了。

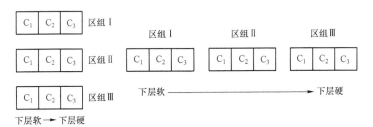

图 4.10 随机区组试验设计

表 4.6 通过性试验方案

试验号	试验水平			
	（A 接地压力）/kPa	（B 履带板型式）	（C 重心位置）	区组
1	1（0.18）	1（无）	2（前）	3
2	2（0.21）	1（无）	1（中）	1
3	3（0.23）	1（无）	3（后）	2
4	1（0.18）	2（大）	1（中）	2
5	2（0.21）	2（大）	3（后）	3
6	3（0.23）	2（大）	2（前）	1
7	1（0.18）	3（小）	3（后）	1
8	2（0.21）	3（小）	2（前）	2
9	3（0.23）	3（小）	1（中）	3

2号试验	6号试验	7号试验
$A_2B_1C_1$	$A_3B_2C_2$	$A_1B_3C_3$

区组 I

3号试验	4号试验	8号试验
$A_3B_1C_3$	$A_1B_2C_1$	$A_2B_3C_2$

区组 II

1号试验	5号试验	9号试验
$A_1B_1C_2$	$A_2B_2C_3$	$A_3B_3C_1$

区组 III

图 4.11 现场方案排列

2. 裂区试验设计

在试验中还会遇到改变因素水平的难易问题。如上例中的 B 因素，改变一次就要拆装一次履带，9 次试验就要拆除 9 次履带，工作量很大。为了解决因素水平改变的具体技术问题，有裂区试验设计方法。它把改变因素水平的难易程度依次分成 3 组，如：

组 1 为改变因素水平最难的因素，如上例中更换履带板型式的 B。

组 2 为改变因素水平较难的因素，如上例中改变接地压力的 A。

组 3 为改变因素水平容易的因素，如上例中改变重心位置的 C。

这样，从 $L_9(3^4)$ 中看出 1、2、3 号试验 B 列中的因素水平不变，为 1 水平，4、5、6 号为 B 的 2 水平，7、8、9 号为 B 的 3 水平。我们把第 2 列 B 称为整区，在整区中相同水平为一个裂区，再将次难调整的因素放在裂区中，一般正交表裂区数比因素少，不再分裂时，只好统一安排了。若裂区法在上例中得到应用，则只要更换 3 次履带就可以完成试验。

4.5.3　试验结果的直观分析法

下面通过具体实例来介绍如何分析正交试验的结果。仍以履带式车辆沼泽地的通过性试验为例来分析履带式车辆的通过性能影响因素。履带式车辆通过性的评价指标有行驶阻力、滑转率和下陷量 3 项。在本例中，仅将行驶阻力作为评价指标，做单指标的试验结果分析。以行驶阻力作评价指标的分析结果如表 4.7 所示。

表 4.7　行驶阻力单指标试验结果

试验号		试验水平			
	（A 接地压力）/kPa	（B 履带板型式）	（C 重心位置）	区组	行驶阻力/kgf[①]
1	1（0.18）	1（无）	2（前）	3	638
2	2（0.21）	1（无）	1（中）	1	632
3	3（0.23）	1（无）	3（后）	2	816
4	1（0.18）	2（大）	1（中）	2	681
5	2（0.21）	2（大）	3（后）	3	838
6	3（0.23）	2（大）	2（前）	1	773
7	1（0.18）	3（小）	3（后）	1	627
8	2（0.21）	3（小）	2（前）	2	645
9	3（0.23）	3（小）	1（中）	3	632
行驶阻力/kgf	K_1	1 946	2 086	1 945	2 032	
	K_2	2 085	2 292	2 026	2 112	
	K_3	2 221	1 874	2 281	2 108	
	k_1	648.7	695.3	648.3	677.3	
	k_2	695	764	675.3	704	
	k_3	740.3	624.7	760.3	702.7	
极差		91.6	149.3	112	26.7	
优化方案		A_1	B_3	C_1		

① 1 kgf=9.8 N。

K_1 这一行的 4 个数，分别是因素 A、B、C、区组的第 1 水平所在试验中对应的行驶阻力之和。例如，对因素 A：第 1 水平安排在第 1、4、7 号试验中，对应的行驶阻力分别为 638 kgf、681 kgf、627 kgf，其和为 1 946 kgf，记在 K_1 这一行的第 1 列中；对于因素 B：它的第一水平安排在第 1、2、3 号试验中，对应的行驶阻力分别为 638 kgf、632 kgf、816 kgf，其和为 2 086 kgf，记在 K_1 这一行的第 2 列中；对于因素 C：它的第一水平安排在第 2、4、9 号试验中，对应的行驶阻力分别为 632 kgf、681 kgf、632 kgf，其和为 1 945 kgf，记在 K_1 这一行的第 3 列中；对于因素区组：它的第一水平安排在第 2、6、7 号试验中，对应的行驶阻力分别为 632 kgf、773 kgf、627 kgf，其和为 2 032 kgf，记在 K_1 这一行的第 4 列中。类似地，K_2 这一行的 4 个数，分别是因素 A、B、C、区组的第 2 水平所在的试验中对应的行驶阻力之和；K_3 这一行的 4 个数，分别是因素 A、B、C、区组的第 3 水平所在的试验中对应的行驶阻力之和。

k_1、k_2、k_3 这 3 行的 4 个数，分别是 K_1、K_2、K_3 这 3 行中的 4 个数除以水平数 3 所得的结果，也就是各水平所对应的平均值。

同一列中 k_1、k_2、k_3 这 3 个数中最大者减去最小者所得的差叫极差。一般来说，各列的极差是不同的，这说明各因素的水平数改变时对试验指标的影响是不同的。极差越大，就说明各因素的水平改变时对试验指标的影响越大。极差最大的那一列，就是那个因素水平改变时对试验指标的影响最大，那个因素就是我们要考虑的主要因素。

从表 4.7 可以看出，履带板型式影响最大，然后是重心位置，接地压力影响为第三，区组影响最小。这证明了由于区组设计，虽然地面条件不太一致，但对试验指标的影响较弱。优选各因素的水平：优选的标准是指标的极值，有时是最大，有时是最小，这要看问题的性质，在本例中是阻力最小者，要从 k_1、k_2 和 k_3 的表中选，每因素中 k_1、k_2 和 k_3 中最小者对应的那个水平，为本因素的优选水平，在本例中是 A$_1$、B$_3$ 和 C$_1$。

最佳组合方案的选择：对于因素互相不影响的试验过程，只要将各因素最好水平组合起来，就是最佳组合方案。在实际选用时可能有的条件不易实现，可以稍有变动，但是主要因素一定要选因素的最优水平。

建立指标各因素水平变化的规律：将各因素的 k_1、k_2、k_3 水平分别作出图表，如图 4.12 所示。从图中可知，接地压力 A 从 0.23 kPa 减到 0.18 kPa 时，行驶阻力减小。履带板型式 B 从无间隔到小间隔增至大间隔，行驶阻力是从大到小又增大的。重心位置是从前到中至后时，行驶阻力也是从大到小又增大。因此，要寻找最佳参数还可以再做一些试验，其方向是接地压力 A 应在 0.18 kPa 以下，在履带小隔中再细分间隔值，重心位置在中间附近的小范围内，再继续做试验设计，可以找到更好的方案。

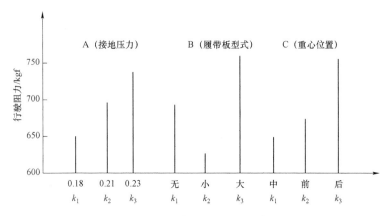

图 4.12 指标–水平变化规律

现将利用正交表安排试验并分析试验结果的步骤归纳如下：

① 明确试验目的，确定要考核的试验指标。

② 根据试验目的，确定要考核的因素和各因素的水平；要通过对实际问题的具体分析选出主要因素，略去次要因素，这样可以使因素的个数少些。如果对问题不太了解，那么因素的个数可以适当地多取一些，经过对试验结果的初步分析，再选出主要因素。因素被确定后，随之确定各因素的水平数。

以上两条主要靠实践来决定，不是数学方法所能解决的。

③ 选用合适的正交表，安排试验计划；根据各因素的水平选择相应水平的正交表。同水平的正交表有好几个，究竟要选哪一个要看因素的个数。一般只要正交表中因素的个数比试验要考察的因素个数稍大或相等就行了。这样能保证达到试验的目的，而且试验的次数又不至于太多，省工省时。

④ 根据安排的计划进行试验，测定各试验指标。

⑤ 对试验结果进行计算分析，得出合理的结论。

以上这种方法一般称为直观分析法。这种方法比较简单，计算量不大，是一种很实用的分析方法。

|4.6 多指标分析方法|

当试验指标只有一个时，考察起来比较方便。但在实际问题中，需要考察的指标往往不止一个，有时两个、三个甚至更多，这都是多指标的问题。下面介绍多指标试验的方法：综合平衡法和综合评分法。利用这两种方法能找出使每个指标都尽可能好的试验方案。

4.6.1　综合平衡法

在 4.5 节履带式车辆沼泽地通过性试验中，仅对行驶阻力作了单指标的分析，下面采用综合平衡法对行驶阻力、滑转率、下陷量 3 项指标进行多指标分析，3 项指标的数值均是越小越好。各因素、各水平如表 4.8 所示，用 $L_9(3^4)$ 正交表安排试验，A、B、C 3 个因素分别安排在 1、2、3 列，共做 9 次试验。

表 4.8　通过性多项指标试验结果

试验号	试验水平			试验指标		
	（A 接地压力）/kPa	（B 履带板型式）	（C 重心位置）	行驶阻力/kgf	滑转率/%	下陷量/mm
1	1（0.18）	1（无）	2（前）	638	4.1	8.0
2	2（0.21）	1（无）	1（中）	632	3.3	10.7
3	3（0.23）	1（无）	3（后）	816	9.1	10.6
4	1（0.18）	2（大）	1（中）	681	5.5	10.3
5	2（0.21）	2（大）	3（后）	838	9.4	15.5
6	3（0.23）	2（大）	2（前）	773	6.5	14.0
7	1（0.18）	3（小）	3（后）	627	2.3	10.6
8	2（0.21）	3（小）	2（前）	615	4.4	11.8
9	3（0.23）	3（小）	1（中）	632	5.8	12.5

行驶阻力/kgf：

	A 接地压力	B 履带板型式	C 重心位置
K_1	1 946	2 086	1 945
K_2	2 085	2 292	2 026
K_3	2 221	1 874	2 281
k_1	648.7	695.3	648.3
k_2	695	764	675.3
k_3	740.3	624.7	760.3
极差	91.6	149.3	112
优化方案	A_1	B_3	C_1

滑转率/%：

	A	B	C
K_1	11.9	16.5	14.6
K_2	17.1	21.4	15
K_3	21.4	12.5	20.8

下陷量/mm：

项目	列号		
	A 接地压力	B 履带板型式	C 重心位置
K_1	28.9	29.3	33.5
K_2	38	39.8	33.8
K_3	37.1	34.9	36.7

续表

试验号		试验水平			项目		列号		
		（A接地压力）/kPa	（B履带板型式）	（C重心位置）			A接地压力	B履带板型式	C重心位置
滑转率/%	k_1	3.97	5.5	4.87	下陷量/mm	k_1	9.63	9.77	11.17
	k_2	5.70	7.13	5.00		k_2	12.67	13.27	11.27
	k_3	7.13	4.17	6.93		k_3	12.37	11.63	12.23
极差		3.16	2.96	2.06	极差		3.04	3.5	1.06
优化方案		A_1	B_3	C_1	优化方案		A_1	B_1	C_1

　　按 4.5 节中介绍的直观分析法，对 3 个指标分别进行计算分析，分析结果见表 4.8。从表 4.8 中可以看出，对行驶阻力和滑转率来说，最好的方案是 $A_1B_3C_1$，而对下陷量来说却是 $A_1B_1C_1$，并不完全相同。

　　为了便于综合分析，将各指标随因素的水平变化的情况用图形表示出来，如图 4.13 所示（为了看得清楚，将各点用直线连起来，实际上并不是直线）。把图 4.13 和表 4.8 结合起来分析可知每个因素对各指标的影响。

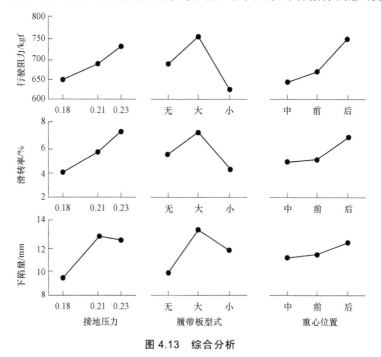

图 4.13　综合分析

　　① 接地压力 A 对各指标的影响。从表 4.8 看出，对滑转率来讲，接地压力

的极差最大，即接地压力是影响最大的因素；从图 4.13 看出，对 3 个指标来说，接地压力取 0.18 最好，可使 3 个指标同时达到最优。

② 履带板型式 B 对各指标的影响。从表 4.8 看出，对行驶阻力和下陷量来讲，履带板型式的极差都是最大的，即履带板型式是影响最大的因素；从图 4.13 看出，对行驶阻力和滑转率取小间隔的最好，但对于下陷量来讲，履带板型式采用大间隔的最好，但采用小间隔也不是太差。对 3 个指标综合考虑，履带板型式采用小间隔为好。

③ 重心位置 C 对各指标的影响。从表 4.8 看出，对 3 个指标来说，重心位置的极差都不是最大，也就是说，重心位置不是影响最大的因素，是较次要的因素；从图 4.13 看出，对 3 个指标来说，重心位置取中间最好，可使 3 个指标同时达到最优。

通过对各因素对各指标影响的综合分析可得出下列较好的试验方案：

A_1：接地压力，第 1 水平，0.18kPa；

B_3：履带板型式，第 3 水平，小间隔；

C_1：重心位置，第 1 水平，中间。

由此可见，分析多指标的方法是先分别考虑每个因素对各指标的影响，然后进行分析比较，确定出最好的水平，从而得出最好的试验方案，这种方法就是综合平衡法。

4.6.2　综合评分法

对于多指标问题，要做到真正好的综合平衡，有时是很困难的，这是综合平衡法的缺点。而综合评分法在一定意义上来讲，可以克服综合平衡法的这个缺点。综合评分法是根据各个指标重要性的不同，按照得出的试验结果综合分析，给每个试验评出一个分数，作为这个试验的总指标，根据这个总指标（分数），利用 4.5 节的直观分析法作进一步分析，从而选出较好的试验方案。下面仍以履带式车辆在沼泽地中的通过性试验为例来介绍综合评分法。

表 4.9　通过性综合指标评定表

试验号	A 接地压力	B 履带板型式	C 重心位置	试验指标			
				行驶阻力/kgf	滑转率/%	下陷量/mm	综合评分
1	1（0.18）	1	2	638	4.1	8.0	12.8
2	2（0.21）	1	1	632	3.3	10.7	15.2
3	3（0.23）	1	3	816	9.1	10.6	80.7
4	1（0.18）	2	1	681	5.5	10.3	34.5

续表

试验号		A 接地压力	B 履带板型式	C 重心位置	试验指标			
					行驶阻力/kgf	滑转率/%	下陷量/mm	综合评分
5		2（0.21）	2	3	838	9.4	15.5	100
6		3（0.23）	2	2	773	6.5	14.0	69.2
7		1（0.18）	3	3	627	2.3	10.6	9.6
8		2（0.21）	3	2	615	4.4	11.8	19.0
9		3（0.23）	3	1	632	5.8	12.5	30.6
行驶阻力/kgf	K_1	56.9	108.7	80.3				371.6
	K_2	134.2	203.7	101				
	K_3	180.5	59.2	190.3				
	k_1	19.0	36.2	26.8				
	k_2	44.7	67.9	33.7				
	k_3	60.2	19.7	63.4				
极差		41.2	48.2	36.6				
优化方案		A_1	B_3	C_1				

在这个试验中，3 个指标的重要性是不同的。根据实践经验，行驶阻力的重要性最大，滑转率的重要性次之，下陷量的最小。如果化成数量来看，从实际分析，行驶阻力的权重 $b_1 = 0.5$，滑转率的权重 $b_2 = 0.3$，下陷量的权重 $b_3 = 0.2$，按这个权重，每次试验的总分 y_i 为

$$y_i = 100 \times [b_1 \times (y_{i1} - c_1)/R_1 + b_2 \times (y_{i2} - c_2)/R_2 + b_3 \times (y_{i3} - c_3)/R_3] \quad （4.21）$$

式中，y_{i1}、y_{i2}、y_{i3} 分别为行驶阻力、滑转率和下陷量的试验结果；c_1、c_2、c_3 分别为行驶阻力、滑转率和下陷量的试验结果的最小值；R_1、R_2、R_3 分别为行驶阻力、滑转率和下陷量的极差。

根据综合评分的结果，从直观上看，第 7 号试验的分数是最低的，那么能不能肯定它就是最好的试验方案呢？还要做进一步的分析。

从表 4.9 看出，因素 B 的极差最大，是对试验影响最大的因素，取第 3 水平最好；A 因素的极差次之，取第 1 水平最好；因素 C 的极差最小，对试验影响最小，取第 1 水平最好。综合考虑，最好的试验方案应当是 $A_1B_3C_1$，按影响大小的次序列出应当是：

B_3：履带板型式，第 3 水平，小间隔；

A_1：接地压力，第 1 水平，0.18 kPa；

C_1：重心位置，第 1 水平，中间。

可以看出，这里分析出来的最好方案，在已经做过的 9 个试验中是没有的。可以按这个方案再试验一次，看能不能得出比第 7 号试验更好的结果，从而确定出真正最好的试验方案。

总的来说，综合评分法是将多指标的问题，通过加权计算总分的方法化成一个指标的问题，这样对结果的分析计算都比较方便、简单。但是，如何合理地评分，也就是如何合理确定各个指标的权重是最关键的问题，也是最困难的问题。这一点只能依据实际经验来解决。

| 4.7　考虑交互作用的试验设计 |

在多因素试验中，各因素不仅各自独立地在起作用，而且各因素还经常联合起来起作用，也就是说，不仅各因素的水平改变时对试验指标有影响，而且各因素的联合搭配对试验指标也有影响。后一种影响就叫作因素的交互作用。因素 A 和因素 B 的交互作用记为 A×B，下面举一个简单的例子。

4 块试验田，土质情况基本一样，种植同样的作物。现将氮肥、磷肥采用不同的方式分别加在 4 块地里，收获后算出的平均亩产如表 4.10 所示。

表 4.10　因素水平表　　　　　　　　　　　　　　kg

磷肥 氮肥 N	$P_1=0$	$P_2=2$
$N_1 = 0$	200	225
$N_2 = 3$	215	280

从表 4.10 看出，不加化肥时，平均亩产值有 200 kg；只加磷肥 2 kg 时，平均亩产 225 kg，每亩增产 25 kg；只加氮肥 3 kg 时，平均亩产 215 kg，每亩增产 15 kg；这两种情况下的总增产值合计 40 kg。但是，同时加 2 kg 磷肥和 3 kg 氮肥时，平均亩产 280 kg，每亩增产 80 kg，比前两种情况的总增产量又增加 40 kg，显然这后一个 40 kg 就是 2 kg 磷肥和 3 kg 氮肥联合起来所起的作用，叫作氮肥、磷肥这两个因素的联合作用。由上面的情况可知：

氮肥、磷肥交互作用的效果=

氮肥、磷肥的总效果−（只加氮肥的效果+只加磷肥的效果）

交互作用是多因素试验中经常遇到的问题，是客观存在的现象。前面的几节没有提到它是出于两方面考虑：一是使问题单纯简化，让读者尽快掌握正交设计的最基本方法；二是在许多试验中，交互作用的影响有时很小，可以忽略不计。在多因素试验中，交互作用影响的大小主要参照实际经验，如果确有把握认定交互作用的影响很小，就可以忽略不计；如果不能确认交互作用的影响很小，就应该通过试验分析交互作用的大小。

4.7.1　交互作用表

交互作用表用来安排交互作用试验，把交互作用看成一个因素，让它也占表中的一列，叫交互作用列。交互作用的安排可以查交互作用表。下面以正交表 $L_8(2^7)$ 所对应的交互作用表为例进行具体介绍，如表 4.11 所示。

表 4.11　$L_8(2^7)$ 的交互作用

列号（ ）＼列号	1	2	3	4	5	6	7
	（1）	3	2	5	4	7	6
		（2）	1	6	7	4	5
			（3）	7	6	5	4
				（4）	1	2	3
					（5）	3	2
						（6）	1
							（7）

表 4.11 是正交表 $L_8(2^7)$ 的交互作用表，从中可以查出任何两列的交互作用列。查法如下：表 4.11 中有两种列号，第 1 个列号是带（　）的从左往右看，第 2 个列号是不带括号的，从上往下看，表中交叉处的数字就是两列的交互作用列的列号。例如，要查第 3 列和第 5 列的交互作用列，先找到（3），从左往右查，再从表的最上端的列号中找到 5，从上往下查，两者交叉处的数字是 6。它表示第 3 列和第 5 列的交互作用列就是第 6 列。类似地，可查出第 1 列和第 2 列的交互作用列是第 3 列，这表示用 $L_8(2^7)$ 表安排试验时，如果因素 A 放在第 1 列，因素 B 放在第 2 列，则 A×B 就占第 3 列。从表 4.11 还可以看出下面情况：第 1 列和第 2 列的交互作用列是第 3 列，第 4 列和第 7 列的交互作用列

也是第 3 列，第 5 列和第 6 列的交互作用列还是第 3 列。这说明不同列的交互作用列有可能在同一列。表 4.11 中还有不少类似的情况，这是没有关系的。其他正交表的交互作用表的查法与表 4.11 一样。

4.7.2　正交表列的自由度

①　正交表每列的自由度 $f_{列}$ 等于各列的水平数减 1。由于因素和列是等同的，所以每个因素的自由度等于该因素的水平数减 1。

②　两因素交互作用的自由度等于两因素的自由度的乘积，即

$$f_{A\times B} = f_A \times f_B \tag{4.22}$$

因此，两个 n 水平的因素，由于每个因素的自由度为 $n-1$，两因素的交互作用的自由度就是 $(n-1)(n-1)$，此时交互作用也是 n 水平的，故交互作用列就要占 $n-1$ 列。例如，2 水平正交表，每列的自由度为 1，而两列的交互作用的自由度等于两列自由度的乘积，即 $1\times1=1$，交互作用列也是 2 水平的，故交互作用列只有一个；对于两个 3 水平的因素，每个因素的自由度为 2，交互作用的自由度是 $2\times2=4$，交互作用也是 3 水平的，所以交互作用列就要占两列。

4.7.3　应用实例

某产品的产量取决于 3 个因素 A、B、C，每个因素都有 2 个水平，具体数值如表 4.12 所示。

表 4.12　某产品产量的因素水平

水平	因素 A	因素 B	因素 C/%
1	60	1.2	20
2	80	1.5	30

每两个因素之间都有交互作用，必须考虑。试验指标为产量，越高越好。这是 3 因素 2 水平的试验。3 个因素 A、B、C 要占 3 列，它们之间有交互作用 A×B，B×C，A×C，又占 3 列，共占 6 列，可以用正交表 $L_8(2^7)$ 来安排试验。若将 A、B 分别放在 1、2 列，从表 4.11 查出 A×B 应在第 3 列，因此 C 就不能放在第 3 列，否则就要和 A×B 混杂。现将 C 放在第 4 列，由表 4.11 查出 A×C 应在第 5 列，B×C 应在第 6 列。按这种安排进行试验，测出结果，用直观分析法进行分析，把交互作用当成新的因素看待，具体分析如表 4.13 所示。

表 4.13   试验结果

试验号 \ 因素		1 A	2 B	3 A×B	4 C	5 A×C	6 B×C	7	产量
1		1	1	1	1	1	1		65
2		1	1	1	2	2	2		73
3		1	2	2	1	1	2		72
4		1	2	2	2	2	1		75
5		2	1	2	1	2	1		70
6		2	1	2	2	1	2		74
7		2	2	1	1	2	2		60
8		2	2	1	2	1	1		71
行驶阻力 /kgf	K_1	285	282	269	267	282	281		560
	K_2	275	278	291	293	278	279		
	k_1	142.5	141.0	134.5	133.5	141.0	140.5		
	k_2	137.5	139.5	145.5	146.5	139.0	139.5		
极差		5	2	11	13	2	1		
优化方案		A_1	B_1	2 水平	C_2	1 水平	1 水平		

从极差大小看出，影响最大的因素是 C，以 2 水平为好；其次是 A×B，以 2 水平为好；第 3 是因素 A，以 1 水平为好；第 4 是因素 B，以 1 水平为好。由于因素 B 影响较小，1 水平和 2 水平差别不大，但考虑 A×B 是 2 水平好，它的影响比 B 大，所以因素 B 取 2 水平为好。（A×C），（B×C）的极差很小，对试验的影响很小，忽略不计。综合考虑，最好的方案应当是 $A_1B_2C_2$。从试验结果来看，这个方案确实是 8 个试验中最好的一个试验。

需要说明一点，在这里只考虑两列间的交互作用 A×B，A×C，B×C，3 个因素的交互作用 A×B×C 一般很小，这里没有考虑它。

| 4.8   正交试验设计的方差分析 |

直观分析法简单、易做，计算量少，但没有把试验过程中试验条件变化引起的指标变化与试验误差造成的指标变化分离开来，没有提供一种客观标准来判断该因素是否作用显著，没有充分利用试验结果中的信息。方差分析法采用统计分析方法解决了上述问题。

4.8.1　方差分析的基本步骤

设用正交表安排 m 个因素的试验，试验总次数为 n，试验结果为 x_1，x_2，…，x_n，假定每个因素有 n_a 个水平，每个水平做 a 次试验，则 $n = a \times n_a$，具体分析步骤如下。

1. 计算离差平方和

1）总离差平方和 S_T

$$S_T = \sum_{k=1}^{n}(x_k - \overline{x})^2 = \sum_{k=1}^{n} x_k^2 - \frac{1}{n}\left(\sum_{k=1}^{n} x_k\right)^2 = Q_T - P \tag{4.23}$$

式中，$\overline{x} = \frac{1}{n}\sum_{k=1}^{n} x_k$；$Q_T = \sum_{k=1}^{n} x_k^2$；$P = \frac{1}{n}\left(\sum_{k=1}^{n} x_k\right)^2$。

S_T 反映了试验结果的总差异。它越大，说明各次试验结果之间的差异越大。试验结果的差异主要由两方面组成：一是由因素的水平变化引起的差异；二是试验误差。

2）各因素离差平方和

设因素 A 安排在正交表的某列，可看作单因素试验，用 x_{ij} 表示因素 A 的第 i 个水平的第 j 个试验的结果（$i = 1, 2, \cdots, n_a$；$j = 1, 2, \cdots, a$），则有

$$\sum_{i=1}^{n_a}\sum_{j=1}^{a} x_{ij} = \sum_{k=1}^{n} x_k \tag{4.24}$$

$$S_A = \frac{1}{a}\sum_{i=1}^{n_a}\left(\sum_{j=1}^{a} x_{ij}\right)^2 - \frac{1}{n}\left(\sum_{i=1}^{n_a}\sum_{j=1}^{a} x_{ij}\right)^2 = \frac{1}{a}\sum_{i=1}^{n_a} K_i^2 - \frac{1}{n}\left(\sum_{k=1}^{n} x_k\right)^2 = Q_A - P \tag{4.25}$$

式中，$Q_A = \frac{1}{a}\sum_{i=1}^{n_a} K_i^2$；$K_i = \sum_{j=1}^{a} x_{ij}$；$K_i$ 表示因素的第 i 个水平 a 次试验结果的和。

S_A 反映了因素 A 的水平变化时引起的试验结果的差异，即因素 A 对试验结果的影响。用同样的方法可以计算其他因素的离差平方和。需要指出的是，对于两因素的交互作用，我们把它当成一个新的因素看待。如果交互作用占两列，则交互作用的离差的平方和等于这两列的离差平方和之和，比如

$$S_{A \times B} = S_{(A \times B)_1} + S_{(A \times B)_2} \tag{4.26}$$

3）试验误差的离差平方和 S_E

设 $S_{因+交}$ 为所有因素以及要考虑的交互作用的离差的平方和，因为

$$S_T = S_{因+交} + S_E \qquad (4.27)$$

所以

$$S_E = S_T - S_{因+交} \qquad (4.28)$$

2. 计算自由度

试验的总自由度

$$f_总 = 试验总次数 - 1 = n - 1 \qquad (4.29)$$

各因素的自由度

$$f_因 = 因素的水平数 - 1 = n_a - 1 \qquad (4.30)$$

两因素交互作用的自由度

$$f_{A×B} = f_A × f_B \qquad (4.31)$$

记 f_E 为试验误差的自由度，因为

$$f_总 = f_{因+交} + f_E \qquad (4.32)$$

所以

$$f_E = f_总 - f_{因+交} \qquad (4.33)$$

3. 计算平均离差平方和

在计算各因素的离差平方和时，由于它们都是若干项平方的和，且它们的大小与项数有关，因此不能确切地反映各因素的情况。为了消除项数的影响，可以采用它们的平均离差的平方和。平均离差的平方和定义为

$$S_{因素平均离差} = \frac{S_因}{f_因} \qquad (4.34)$$

式中，$S_{因素平均离差}$ 为因素平均离差平方和。

$$S_{误差平均离差} = \frac{S_E}{f_E} \qquad (4.35)$$

式中，$S_{误差平均离差}$ 为试验误差的平均离差平方和。

4. *F* 值的计算

$$F = \frac{S_{因素平均离差}}{S_{误差平均离差}} \sim F(f_因, f_E) \qquad (4.36)$$

F 值反映了各因素对试验结果影响程度的大小。如果 $F > F_\alpha(f_因, f_E)$，则认为该

因素对试验结果的影响显著。

5. 计算实例

仍以履带式车辆沼泽地通过性为例，在表 4.9 的基础上，以综合评价指标来对接地压力、履带板型式、重心位置进行方差分析，并对最优试验方案进行预测。

1）方差分析

计算结果如下：

$$P = \frac{1}{9}(371.6)^2 = 15\,343$$

$$Q_A = \frac{1}{3}(56.9^2 + 134.2^2 + 180.5^2) = 17\,943$$

$$Q_B = \frac{1}{3}(108.7^2 + 203.7^2 + 59.2^2) = 18\,938$$

$$Q_C = \frac{1}{3}(80.3^2 + 101.2^2 + 190.3^2) = 17\,621$$

$$S_A = Q_A - P = 2\,600$$

$$S_B = Q_B - P = 3\,595$$

$$S_C = Q_C - P = 2\,278$$

$$Q_T = \sum_{k=1}^{9} x_k^2 = 24\,275.78$$

$$S_T = Q_T - P = 8\,932.78$$

$$S_E = S_T - S_{因+交} = 8\,932.78 - (2\,600 + 3\,595 + 2\,278) = 495.78$$

$$f_A = f_B = f_C = 3 - 1 = 2$$

$$f_总 = n - 1 = 9 - 1 = 8$$

$$f_E = f_总 - f_{因+交} = 8 - 6 = 2$$

用式（4.34）和式（4.35））计算平均离差平方和，然后计算 F 值，再与从 F 分布表中查出的相应的临界值 $F_\alpha(f_因, f_E)$ 比较，判断各因素显著性的大小。

将上述分析计算概括地列成方差分析表，如表 4.14 所示。从计算结果看，因素 A、B、C 在显著性水平为 0.25 的条件下，对履带式车辆的通过性能均有显著影响，其中 B 履带板型式影响最大，A 接地压力次之，C 重心位置影响最小。

表 4.14　综合指标方差分析

项目		离差平方和	自由度	平均离差平方和	F 值	临界值	优方案
方差来源	A	2 600	2	1 300	5.24	$F_{0.05}(2, 2) = 19.00$	A_1
	B	3 595	2	1 797.5	7.25	$F_{0.1}(2, 2) = 9.00$	B_3
	C	2 278	2	1 139	4.59	$F_{0.25}(2, 2) = 3.00$	C_1
误差		495.78	2	247.89			
总和		8 932.78					

通过分析得到最优方案 $A_1B_3C_1$，这个方案虽然没有经过试验，但通过方差分析可以预测 $A_1B_3C_1$ 的各项指标值。

2）最优试验方案的预测

估计行驶阻力，行驶阻力的总平均为

$$\bar{R} = \frac{\sum_{i=1}^{9} R_i}{9} = 6\,950 \text{ N}$$

A 的第一种水平行驶阻力平均为

$$\bar{R}_{A_1} - k_{A_1} = 6\,490 \text{ N} , \quad \bar{R}_{A_1} - \bar{R} = -460 \text{ N}$$

同理，B_3 水平有

$$\bar{R}_{B_3} = k_{B_3} = 6\,246 \text{ N} , \quad \bar{R}_{B_3} - \bar{R} = -700 \text{ N}$$

C_1 水平有

$$\bar{R}_{C_1} = k_{C_1} = 6\,483 \text{ N} , \quad \bar{R}_{C_1} - \bar{R} = -470 \text{ N}$$

式中，$\bar{R}_{A_1}$ 表示 A 因素 1 水平的阻力平均值；k_{A_1} 是以行驶阻力计算出 A 因素的 k_1 值；其他含义同前。

$A_1B_3C_1$ 的行驶阻力的预测值为

$$R = \bar{R} + (\bar{R}_{A_1} - \bar{R}) + (\bar{R}_{B_3} - \bar{R}) + (\bar{R}_{C_1} - \bar{R}) = 5\,320 \text{ N}$$

同理，可预测下陷量 $h = 9.3 \text{ mm}$，滑转率 $\delta = 1.8\%$。$A_1B_3C_1$ 的各项指标较好，可以组织试验予以验证。

4.8.2　重复试验的方差分析

重复试验就是对每个试验号重复多次，这样能很好地估计试验误差。它的方差分析与无重复试验基本相同，但要注意几点：

① 计算 K_1，K_2，… 时，要用各号试验重复 n 次的数据之和。

② 计算离差平方和时，公式中的"水平重复数"要改为"水平重复数与重复试验数之积"。

③ 总体误差的离差平方和 S_E 由两部分构成：第一类误差即空列误差 S_{E_1}；第二类误差即重复试验误差 S_{E_2}。因而，

$$S_E = S_{E_1} + S_{E_2} \tag{4.37}$$

自由度

$$f_E = f_{E_1} + f_{E_2} \tag{4.38}$$

S_{E_2} 的计算公式为

$$S_{E_2} = \sum_{i=1}^{n} \sum_{j=1}^{r} x_{ij}^2 - \frac{1}{r} \sum_{i=1}^{n} \left(\sum_{j=1}^{r} x_{ij} \right)^2 \tag{4.39}$$

式中，r 为各号试验的重复次数；n 为试验号总数。

$$f_{E_2} = n(r-1) \tag{4.40}$$

下面以硅钢带取消空气退火工艺试验为例。空气退火能脱除一部分碳，但钢带表面会生成一层很厚的氧化皮，增加酸洗的困难。欲取消空气退火这道工序，则需要做试验。试验指标是钢带的磁性，考察取消空气退火工艺后钢带磁性有没有大的变化。本试验考虑 2 个因素，每个因素 2 个水平，退火工艺 A 中，A_1 为进行空气退火，A_2 为取消空气退火；成品厚度 B 中，B_1 为 0.20 mm，B_2 为 0.35 mm。选用正交表安排试验，每个试验号重复 5 次，试验结果如表 4.15 所示。计算结果如下：

$$S_{E_2} = \sum_{i=1}^{4} \sum_{j=1}^{5} x_{ij}^2 - \frac{1}{5} \sum_{i=1}^{4} \left(\sum_{j=1}^{5} x_{ij} \right)^2 = (2.5^2 + 5.0^2 + \cdots + 4.0^2 + 1.5^2) - \frac{1}{5} \times 1\,888.5 = 90.3$$

$$f_{E_2} = 4 \times (5-1) = 16$$

$$S_E = S_{E_1} + S_{E_2} = 6.05 + 90.3 = 96.35$$

$$f_E = f_{E_1} + f_{E_2} = 1 + 16 = 17$$

$$F_{0.10}(1, 17) = 3.02$$

$$F_{0.25}(1, 17) = 1.42$$

表 4.15　试验结果

因素 试验号	A 1	B 2	 3	x_{ij}=(原数×0.01-184) i=1,2,3,4，j=1,2,3,4,5					合计 x_i	x_i^2
1	1	1	1	2.5	5.0	1.2	2.0	1.0	11.5	132.25
2	1	2	2	8.0	5.0	3.0	7.0	2.0	25.0	625.00
3	2	1	2	4.0	7.0	0	5.0	6.5	22.5	506.25
4	2	2	1	7.5	7.0	5.0	4.0	1.5	25.0	625.00
K_1	36.5	34.0	36.5						84.0	1 888.5
K_2	47.5	50.0	47.5							
$(K_1-K_2)^2$	121	256	121							
$S=\dfrac{(K_1-K_2)^2}{4\times5}$	6.05	12.8	6.05							
$S_{E_1}=S_{空列}=S_{3列}=6.05$								$f_{E_1}=2-1=1$		

　　方差分析结果如表 4.16 所示，从中可以看出，取消空气退火工序对钢带的磁性无显著影响。

表 4.16　方差分析

方差来源	离差平方和 S	自由度 f	均方 s/f	F 值	显著性
A	6.05	1	6.05	1.07	
B	12.8	1	12.8	2.26	
误差 E	96.35	17	5.67		
总和 T		19			

第 5 章

装甲车辆室内台架试验

台架试验是在实验室条件下构建模拟工作环境，对真实的被试设备或装置所进行的试验。台架试验主要针对整车的结构和特征参数、典型分系统以及设备或元器件等进行，目的是验证被试件的关键技术，具有实验条件可复现、控制及测试精度高、试验效率高等优点。在装备研制的初样和正样阶段要分别进行各分系统和部件的台架性能测试、寿命考核试验和系统匹配试验，为整车定型试验与系统分析提供验证评定依据。本章重点介绍台架试验的动力与测试设备、整车结构和特征参数的测定方法、动力传动系统台架试验方法、振动疲劳实验方法以及消音室噪声测试方法。

| 5.1 概　　述 |

　　室内台架试验是装甲车辆试验的重要组成部分。它不仅可以对装甲车辆零部件、总成进行性能、强度、寿命试验，也可以对整车进行参数测定，模拟道路行驶的各种试验。

5.1.1　室内试验的特点

　　室内试验大部分是工况模拟试验，一般在试验台架上进行，具有如下特点。

1. 容易控制

　　室内台架试验可以比较严格地控制被试件的工作状况和试验条件，人为地将被试对象稳定于某种状态下，这样可以消除某些不需要研究的因素，减少因素的种类，突出某些特性因素加以研究，控制研究因素的关系，但这在野外实车试验中是难以实现的。

2. 易于观察

　　室内台架试验作业空间大，易于接近被试对象，容易安排试验项目和安装传感元件，给试验的测量和观察带来便利。

3. 精度较高

室内台架试验的环境条件稳定，而且其试验装置、仪器又可以经过仔细校准，精度比较高。经过专门设计的试验装置，可以排除一些对试验结果有干扰的因素，进一步提高试验的精度。

4. 试验效率高

室内台架试验不受气候的影响，可以全日展开，利于采用强化试验技术，有效缩短试验时间。特别是采用计算机为核心的自动测控技术后，可减少试验人员，提高试验效率，而野外实车试验需要较多的准备辅助时间，试验的有效时间较少。

5.1.2　室内试验项目

室内试验项目主要包括装甲车辆参数测定、行驶动力性能试验、刚度和强度试验、振动和疲劳寿命试验、冲击安全试验和环境试验等。各试验项目包括的具体内容如下。

1. 装甲车辆参数测定

① 装甲车辆和车体外形尺寸参数及可动部分的间隙和干扰的测量。

② 装甲车辆内部空间尺寸、内部总体布局尺寸、显示尺寸、照明尺寸、操纵件尺寸、座椅尺寸、乘员人体尺寸等人机界面的测量。

③ 前轮定位测定、转向机构几何尺寸及齿轮比。

④ 装甲车辆质量、重心和转动惯量的测量。

⑤ 装甲车辆的最大稳定倾斜角的测定。

⑥ 视野参数的测定，包括直接视野（前方、刮水器）、间接视野（后视镜看后方）、目视野等的测定。

⑦ 前灯配光特性、牌照灯配光和车号牌照明等照明配光试验。

2. 行驶动力性能试验

① 模拟试验最大车速、加速性等动力性能试验。

② 四轮的制动力差值的动态制动试验，用于评价高速下的实车的四轮制动性能。

③ 滚子驱动式制动试验，测定各轮的主制动及手制动力。

④ 装甲车辆噪声试验，包括车内噪声试验和车外噪声试验。

⑤ 离合器、变速同步器、自动变速器等部件的性能试验。

⑥ 制动器的台架性能试验。

⑦ 用于测量装甲车辆空气动力学特性的风洞，包括实车风洞试验和模型风洞试验。

3. 刚度和强度试验

1）刚度试验

① 车体和车架的扭转刚度。

② 车体和车架的弯曲刚度。

③ 悬架侧摆刚度。

④ 悬架的前后刚度。

⑤ 后轿刚度和转向系统刚度。

2）强度试验

① 车体和车架扭转强度。

② 悬架强度。

③ 传动系统强度。

④ 车顶强度。

4. 振动和疲劳寿命试验

1）振动试验

① 装甲车辆振动特性测定，包括悬架、发动机支架、车体连接件等频率特性的测定。

② 车体、车架振动特性测定，包括车身扭转、弯曲频率响应、固有振型和结构衰减等的测定。

③ 用于评价装甲车辆振动特性、辐射声、透过声等的车体、外板的振动特性测定。

④ 传动系统的振动特性试验，主要是扭转振动振型、频率特性的测定以及振动噪声的测试分析。

⑤ 传动轴的振动试验，测试传动轴危险速度、合成弯曲共振速度和不平衡振动的振幅和频率。

⑥ 座椅吸振试验，测定人体加速，评价座椅的动态特性和吸振性。

⑦ 仪表、电气零部件共振试验，检查车上仪表、电气零部件有无共振，评价安装刚度。

2）疲劳寿命试验

① 装甲车辆实值寿命试验。

② 悬架寿命试验。

③ 传动系统性能寿命试验。

④ 桥壳疲劳寿命试验。

试验方法是用液压振动机合成前后及上下载荷，或换一部分静载荷加振，测得疲劳次数。

5. 冲击安全试验和环境试验

1）冲击安全试验

① 安全性冲击的全面试验，主要采用冲击载荷、冲撞和试验假人等试验法，测定频率特性。

② 转向系统能量吸收试验。

③ 仪表板能量吸收试验，模拟乘车人员的二次冲撞，测定加速度和持续时间。

④ 评价对乘员的头部靠头枕约束性能的头枕耐冲击性试验。

⑤ 座椅安装耐冲击强度试验。

2）环境试验

① 装甲车辆零件高温、低温试验。

② 装甲车辆零件的电镀、镀层试验，包括耐蚀、耐湿、耐油、耐汽油、耐酸、耐碱等特性的试验。

｜5.2　室内试验的动力设备和测功设备｜

5.2.1　室内试验的动力设备

室内试验的许多试验项目需要动力设备，常用的动力设备有电动机、内燃机和液压马达等。

直流电动机作为动力元件，可以采用调压和调磁的方法控制。其特点是调速范围宽、起动性能好、速度稳定、精度高、使用方便、可远距离操作，是传动试验广泛采用的动力之一，但其调速系统复杂，转速可精确调节，价格较贵。

近年来伴随着电力电子技术、计算机技术和自动控制技术的快速发展，变频调速技术已获得广泛应用。变频调速电动机具有优异的调速、启制动性能以及高效率、高功率因数等优越性能，在许多场合交流调速电动机已取代直流调速电动机。值得注意的是，两种电动机均需要消耗较大的电能，对供电要求较高。

用内燃机做动力设备，一般选配套使用的内燃机为好。例如，做传动系统试验，可选与该系统配套使用的内燃机，其优点是被试件的试验情况和实车使用状况最接近，试验系统符合实际动力情况，而且内燃机价格较低，但缺点是内燃机需要的辅助元件较多，既有油路，又有水路，试验台布置较麻烦，并且噪声较大。

液压马达调速范围较宽，速度稳定，易于实现高精度控制，也可实现远距离操作，因此也是试验台比较理想的动力设备。选择液压马达作为试验台的动力设备，同时会选择液压泵作为加载元件，通过液压回路将二者耦合起来构成液压动力加载系统。

上述动力设备在试验台上都有应用，选用何种动力设备一般根据试验台的具体要求而定。在要求高稳定性、低噪声的试验条件下，可采用直流电动机或交流电动机，也可考虑选用液压马达，但液压马达需要相应的液压回路，而且液压回路的压力受到限制，因此在大功率试验台上较少使用。随着对试验环境要求的提高，内燃机作为动力设备除了在专门进行传动系统扭振的试验台上不可替代和价格上的优势外，其他方面并不占优势。

5.2.2 室内试验的测功设备

在室内台架试验中，常需要吸收动力装置发出的能量，这种装置叫测功机。它能在各种工况下吸收发动机功率，同时测量转速和扭矩值。例如，测定履带式装甲车辆的牵引特性曲线，履带式装甲车辆发动机发出的功率，除动力和传动的内部消耗外，都从主动轮处输出，因此必须在主动轮轴处将功率吸收，才能测出牵引特性。实际上是在主动轮轴处提供一个阻力矩，有了这个阻力矩，发动机才能在外特性上工作。因此，测功机实质上是为被试元件提供所需的负载，同时它应满足被试元件所需的加载范围，并能平稳、精确地调节负载。另外，如液力变矩器特性试验、液压马达的试验、变速箱等传动部件的试验都离不开测功机。

1. 测功机的性能要求

发动机和装甲车辆试验用测功机要求的性能如下：

① 具有良好的扭矩-转速特性，能在动力装置全部工作转速和负荷范围内

建立稳定的制动力矩。

　　② 动态反应迅速，能连续精细地调节制动扭矩。

　　③ 测量扭矩、转速值，具有足够的精度。

　　④ 测功机转动惯量应尽可能小，在动态测量下要求更小。

　　⑤ 结构不太复杂，使用可靠，维修方便。

　　在选择测功机时，要注意各种测功机的特点和测试条件，应根据具体情况加以选择。首先应考虑原动机和测功机共同工作的稳定性。这不仅与测功机特性有关，而且与原动机特性有关，二者共同工作（即测功）的稳定条件是

$$\frac{\mathrm{d}M_2}{\mathrm{d}n} > \frac{\mathrm{d}M_1}{\mathrm{d}n} \tag{5.1}$$

式中，M_1 为原动机扭矩；M_2 为测功机制动扭矩；n 为共同工作时的转速。

　　上式表明，在共同工作点测功机特性的斜率应大于原动机，如图 5.1 所示。图 5.1（a）所示的能稳定工作，图 5.1（b）所示的不能稳定工作。因此，为判别测功机能否稳定工作，除了需知其特性外，还应了解原动机特性。常用的原动机特性如图 5.2 所示。图 5.2（a）所示为内燃机特性，图 5.2（b）所示为交流异步电动机特性，图 5.2（c）所示为燃气轮、透平机特性。首先现代测功机都带有自动调节特性系统，在使用时应根据所测机器特性来选择调节方案。其次，选择测功机应考虑的是测功范围，即应使原动机特性在测功机制动特性范围内。最后，还应考虑允许测功机转动惯量的大小和测量精度要求。

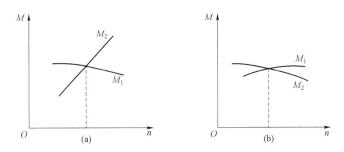

图 5.1　测功机稳定工作条件

（a）能稳定工作；（b）不能稳定工作

2. 常用的测功机

　　常用的测功机有 4 类，即机械测功机、水力测功机、电涡流测功机和平衡式直流电机测功机。此外，还有用油泵加载的静压测功机，以及近年来出现的液体黏液测功机等。

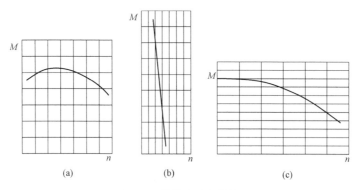

图 5.2　常用原动机特性

（a）内燃机特性；（b）交流异步电动机特性；（c）燃气轮、透平机特性

1）机械测功机

机械测功机是利用机械摩擦来吸收功率。常用的机械测功机有鼓式和片式两种。图 5.3（a）所示为鼓式测功机的结构原理。它是由制动鼓和制动蹄（或带、绳等）构成的。原动机带动制动鼓旋转，制动蹄与杠杆做成一体，杠杆臂长 L，调节制动蹄的压紧力就可获得不同的制动扭矩。制动鼓内有冷却水，用来将摩擦所产生的热散发掉。为保持加载的稳定，在摩擦表面加有润滑油，以稳定摩擦系数。扭矩值的获得是通过测量杠杆臂端的力乘力臂长度得到的。其制动扭矩表达式如下：

$$M_z = \frac{1}{2}\mu qSD \qquad (5.2)$$

式中，μ 为摩擦系数；S 为摩擦表面积；D 为制动鼓的直径。

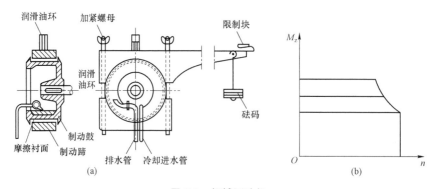

图 5.3　机械测功机

（a）鼓式测功机的结构原理；（b）机械测功机的特性

由式（5.2）可以看出，机械式测功机的制动扭矩仅与摩擦表面的单位面积压力 q 成正比，而与转速无关。片式测功机是一个多片式制动器，其主动片与原动机相连，被动片与测力臂相连，用油压活塞加压，调节油压就可调节制动扭矩。

机械测功机的特性如图 5.3（b）所示。由式（5.2）和图 5.3 可知，即使在转速极低甚至转速为零的情况下，机械测功机也可获得较大的制动扭矩，因而可用于低转速、大扭矩（如用在液力变矩器试验中）工况下的测量，这是机械测功机的突出优点。它的缺点是摩擦系数受温度和润滑条件影响，使得制动力测力计读数不稳定，因此难以保证稳定的制动力矩。

2）水力测功机

水力测功机的基本原理是利用在水中运动的物体和水的摩擦阻力来吸收功率。由摩擦阻力产生阻力矩，吸收的功率变成热量由水带走。图 5.4 所示为其原理。轴上安装的圆盘可以在外壳中旋转，水从水管经调节阀流向圆盘。当轴随被测机械旋转时，水就从圆盘抛向外壳再绕回，形成水环，水对圆盘的摩擦力矩就是向被测件提供的阻力矩。功率从被测机件传给测功机，转变成热量，被水吸收，水沿下水分管经水管流出。分管可以由传动机构控制绕水管的轴线转动。改变分管的位置，就可以改变外壳中水层的厚度，减少圆盘在水中的浸湿面积，从而控制它吸收的功率。

水力测功机提供的阻力矩依靠的是水和圆盘的摩擦。设圆盘外半径为 R_a，水能达到的最小半径为 R_b，在距离圆心 R 处取 dR 长度，形成一个环形面积，$dA = 2R\pi dR$，如图 5.5 所示。该圆环产生的阻力为：

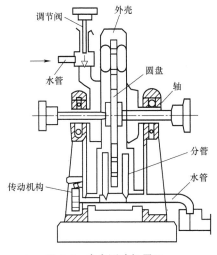

图 5.4　水力测功机原理

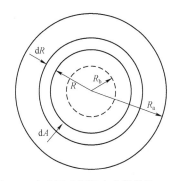

图 5.5　水力测功机圆盘力学单元

$$df_m = 2\varphi\gamma\left(\frac{\upsilon}{k}\right)^2 dA \qquad (5.3)$$

式中，γ 为水的相对密度；υ/k 为圆环和水的相对速度；φ 为摩擦系数，与流体的黏性、运动速度和圆环表面状况有关。

摩擦阻力产生的相应阻力矩为

$$dm_m = 2\varphi\gamma\left(\frac{\upsilon}{k}\right)^2 RdA \qquad (5.4)$$

则整个圆盘产生的阻力矩为

$$M_m = \int_{R_b}^{R_a} dM_m = \psi n^2 (R_a^5 - R_b^5) \qquad (5.5)$$

式中，$\psi = \dfrac{3.2\pi^3\varphi}{3\,600k^2}$，$k$ 为大于 1 的系数；n 为转速，r/min。

由式（5.5）可知，制动力矩和 ψ 成正比，和转速 n 的平方及 $(R_a^5 - R_b^5)$ 成正比。

水力测功机有 3 种结构形式：圆盘式、搅棒式和旋涡式，其结构简图如图 5.6 所示。为了增大圆盘式测功机的制动力矩，除在圆盘上开很多孔外，还增加了圆盘的数目。阻力矩的反力矩由壳体承受，通过杠杆机构和摆锤相连，利用摆锤的偏转提供平衡力矩，而偏转角即可作为力矩的指示。这种测功机可以正反转，结构简单，性能稳定。

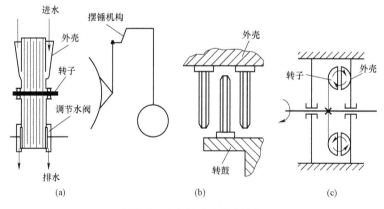

图 5.6　水力测功机基本结构
（a）圆盘式；（b）搅棒式；（c）旋涡式

搅棒式水力测功机是用方断面的搅棒代替圆盘，从而增加了对水的搅动。在转子的转鼓和外壳上都装有搅棒。这种结构体积小，吸收功率大，也可以正反转使用。

旋涡式测功机的转子和外壳上都有半椭圆形小室。转子转动时，水在离心力的作用下沿着转子中心向外部运动，从转子上的椭圆形小室抛向外壳小室，再回到转子中心，水从转子得到能量，在运动中和抛向外壳时变热。

　　水力测功机制动力矩和转速平方成正比，当转速低时，力矩很小，因此低速特性不好。水是水力测功机的工作介质，又是带走热量的物质，因此对供水要求较高：一是供水压力要稳定；二是要有足够的循环水，不致使水温过高。

　　图 5.7 所示为水力测功机的特性曲线。它表示了其正常工作范围，其中：

　　OA 段为立方抛物线，表示水层厚度最大时测功机吸收功率和转速的关系。

　　AB 段为直线，表示扭矩最大时吸收功率和转速的关系。

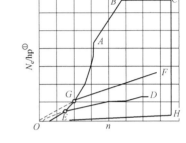

图 5.7　水力测功机特性曲线

　　BC 段为排水温度达到最大时的限制功率线。一般出水温度限制在 50～70 ℃，从 *B* 到 *C* 水层厚度应减少，制动力矩下降。

　　CH 为测功机最高转速限，由测功机结构决定。

　　OH 为空载线，表示测功机中没有水时所能吸收的最小功率，阻力成分为由空气阻力和转子轴承摩擦提供的阻力。

　　OABCHO 为测功机的工作范围，在此面积内测功机的吸收功率可以任意调节。只要被测机械的功率输出特性落在此曲线所包围的范围内，测功机和该机械就是匹配的。*OF*、*OD* 为两台发动机的特性，*OF* 只能测出 *GF* 段，*OD* 只能测出 *ED* 段，主要因为水力测功机的低速特性不够理想。

　　3）电涡流测功机

　　电涡流测功机是一种精度高、振动小、结构简单的测功机。调制范围宽和低速特性较好，但只能测功，不能作为动力。

　　电涡流测功机是利用涡流损耗的原理来吸收功率的，其工作原理如图 5.8 所示。转子用高磁导率钢制成，圆周上开有矩形齿，它与原动机相连；定子中间装有环形线圈，线圈通直流电，使转子磁化建立磁场。当转子旋转时，定子内环的磁通量不断变化，因而内环上产生电涡流，该涡流与产生它的磁场相互作用形成与旋转转子反向的制动力矩，吸收原动机的功率，被吸收的功率经涡流变成热量，热量由定子内腔的冷却水带走，调节定子线圈的电流，控制制动扭矩的大小。

---

　　① 1 hp（英制）≈ 745.7W。

区分电涡流测功机的类型（图 5.9）有两种方法：一是按其转子结构形式分；二是按冷却方式分。电涡流测功机可归为三大类六种型。

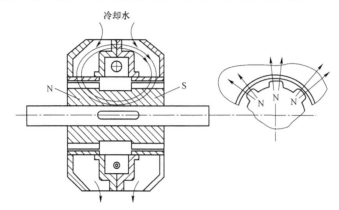

图 5.8　电涡流测功机工作原理

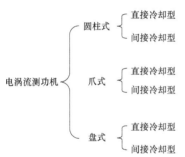

图 5.9　电涡流测功机的类型

电涡流测功机按其转子结构不同，可分为盘式、爪式和圆柱式 3 种。在功率等级相同的情况下，盘式转子的转动惯量最小，圆柱式（又称为鼓式）转子的转动惯量最大，爪式（又称为双盘式）转子的转动惯量则介于两者之间。

按冷却方式分，电涡流测功机可分为直接冷却型和间接冷却型两种。直接冷却型冷却条件好，效率高，冷却水用量小，分解清洗水腔的时间间隔长，较易于保养。间接冷却型的定子水腔拆开清洗的时间间隔较短，保养量大。在低转速时，由于直接冷却型兼有水力测功机的作用，因此制动容量大。

图 5.10 所示为某盘式间接冷却电涡流测功机的原理结构。图中 1 为圆盘转子，圆周上开矩形齿，2 为主轴，5 为感应线圈，7 为涡流冷却盘，盘上开有螺旋形冷却槽，冷却水从进水管进入冷却盘，沿螺旋冷却槽由出水管路 4 排出，8 为磁路空气隙，9 为磁电式测速器。

电涡流测功机的特性（图 5.11）：

① 1 段扭矩与转速成正比。

② 2 段为恒扭矩段，扭矩不随转速变化。

③ 3 段为恒功率段，扭矩与转速的乘积为定值。

④ 4 段为转速限制线。

电涡流测功机有激磁电流正比转速的控制、恒速控制、恒激励电流控制等

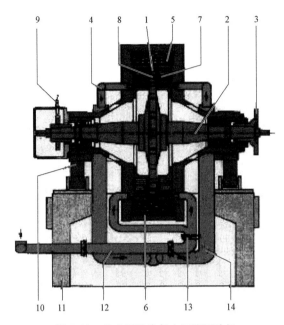

图 5.10 盘式间接冷却电涡流测功机

1—圆盘转子；2—主轴；3—联轴器；4—出水管路；5—感应线圈；6—主机外壳；7—涡流冷却盘；
8—磁路空气隙；9—磁电式测速器；10—主轴支承；11—底板；12,14—进水管路；13—进水过滤器

多种自动控制装置，以适应测试的要求。在测试动力装置或动力传动系统特性时，必须加调节系统特性系统，并根据需要在测功机前加装相应的变速机构，以适应测功机的特性范围。

4）平衡式直流电机测功机

（1）基本工作原理。

平衡式直流电机测功机由测功电机、直流电源和磁电源等组成。测功电机本身是一台直流电机（图 5.12），它的定子外壳

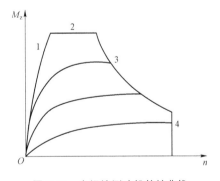

图 5.11 电涡流测功机特性曲线

4 通过轴承 2 和 6 架于底座 7 上。这样外壳便可以摆动，可以测出反力矩。其他部分如电枢 1 通过轴承 3 和 5 装在外壳 4 上。和一般电机的原理相同，该测功机可以做发电机用，也可以当电动机用。外壳承受的反力矩和轴承 2 和 6 的摩擦力矩由测力机构测量。传统的测力机构有磅秤式和电子秤式等，随着现代测试技术的发展，现在基本上采用电测技术。

（2）平衡式直流电机测功机的特性。

平衡式直流电机测功机的特性如图 5.13 所示。类似于水力测功机，其特性曲线也由 5 部分组成：

0～1 段为最大激磁电流和最小负荷电阻下吸收功率和转速的关系曲线。

1～2 段为电枢最大电流限制线，也是测功枢最大扭矩限制线，此时吸收功率和转速成正比。

2～3 段是受电机散热条件限制的最大吸收功率线。

3～4 段是测功机最大转速限制线，由绕组的离心力负荷限制。

0～5 段是测功机最小的吸收功率线，此时电枢电流为零，激磁也为零。

功率的测量通过电机外壳的不平衡力矩测定。

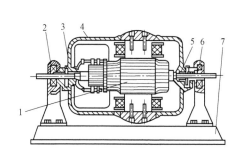

图 5.12　直流电机测功机结构
1—电枢；2，3，5，6—轴承；4—外壳；7—底座

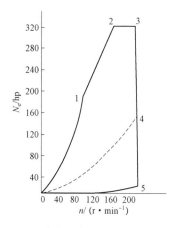

图 5.13　平衡式直流电机测功机的特性

5）粘液测功机

（1）基本工作原理。

它是利用液粘传动技术发展起来的一种新型测功装置，目前国内已有高校成功地将其应用于室内动力传动的台架试验。粘液测功机的结构类似于普通的湿式多片离合器，测功机的主动摩擦片与主动轴相连，被动摩擦片与壳体相连，壳体通过传感器固定于底座上，用于测量扭矩。在主被动摩擦片的缝隙之间有润滑油由内向外流出，并在缝隙之间形成油膜，主动摩擦片由被试件带动，相对于被动摩擦片做油膜剪切运动，从而产生制动扭矩。通过控制摩擦片的压紧力来控制摩擦片间的油膜厚度，最终实现控制制动扭矩的目的。这个过程吸收的功率完全转换成热量被循环冷却油带走。

（2）粘液测功机的特性。

图 5.14 所示为粘液测功机的特性曲线。1 段为恒扭矩段，制动功率与转速

成正比；2 段为恒功率段，扭矩与转速的乘积为定值；3 段为转速限制线；4 段为受内摩擦阻力等限制的不同转速下的最小扭矩段。低速性能好、动态响应快是粘液测功机的突出优点。

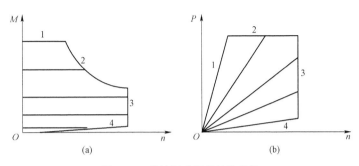

图 5.14　粘液测功机的特性曲线

| 5.3　车辆重心和转动惯量的测定 |

装甲车辆重心和转动惯量是装甲车辆基本的性能参数，本节对其测量方法作简要介绍。

5.3.1　车辆重心的测定

装甲车辆的重力及重心的位置一般用悬置法测定。图 5.15 所示是其测量原理。将装甲车辆以三点水平吊起，保持吊绳的垂直状态。$F_i(x_i, y_i)$ 表示各吊绳承受的拉力及吊点的平面坐标，则由力和力矩平衡原理有

$$G = \sum_{i=1}^{3} F_i$$

$$x_G = \frac{\sum_{i=1}^{3} F_i x_i}{G} \qquad (5.6)$$

$$y_w = \frac{\sum_{i=1}^{3} F_i y_i}{G}$$

重心在铅垂方向的坐标，可用图 5.16 所示的方法测定。在装甲车辆一端的下方产生一个旋转轴线。当转角 $\theta = 0°$ 但脱离地面时有

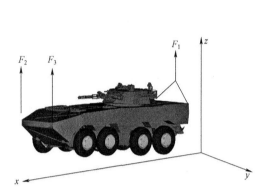

图 5.15 装甲车辆重力和重心水平坐标测量原理

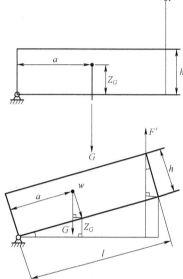

图 5.16 车辆重心 Z 坐标的测定

$$Fl = Ga$$

当装甲车辆转过 θ 角时，有

$$F'(l\cos\theta - h\sin\theta) = G(a\cos\theta - Z\sin\theta)$$

由以上两式可求得

$$Z_G = \frac{\Delta Fl}{G\tan\theta} - \frac{F'h}{w}$$　　　　（5.7）

$$\Delta F = F - F'$$

5.3.2　车辆绕三轴转动惯量的测定

装甲车辆绕 x 轴和 y 轴的转动惯量 I_x、I_y，可通过复摆法测定摆动周期而间接求得，其原理如图 5.17 所示。根据转动惯量的平行轴定理可得

$$I_x + mh^2 = I_{0x}$$

式中，I_{0x} 为复摆对悬吊线的转动惯量；m 为装甲车辆的质量；h 为悬吊线长。

对于小角度的摆动，可列出振动微分方程

$$I_{0x}\ddot{\varphi} + mgh\sin\varphi = 0$$　　　　（5.8）

当 φ 很小时

$$\ddot{\varphi} + \frac{mgh}{I_{0x}}\varphi = 0$$

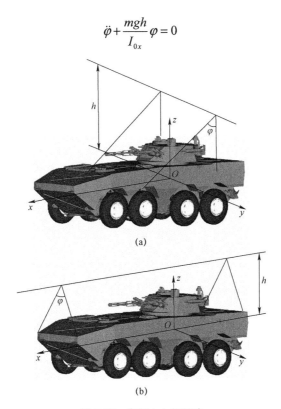

图 5.17　车辆 I_x, I_y 的测定

测出摆动周期 T，则可求得

$$I_{0x} = \frac{T^2}{4\pi^2}mgh$$

$$I_x = I_{0x} - mh^2 = \left(\frac{T^2}{4\pi^2} - \frac{h}{g}\right)mgh$$

（5.9）

同理可得

$$I_y = \left(\frac{T^2}{4\pi^2} - \frac{h}{g}\right)mgh$$

（5.10）

I_z 为绕垂直轴的转动惯量，可用扭摆的方式测定，测量原理如图 5.18 所示。图中，r_1、r_2 为两吊绳到重心的水平距离，h 为重心到悬吊线的垂直距离，φ 为扭转角，有扭振微分方程

$$I_z\ddot{\varphi} + G_1\sin\frac{r_1\varphi}{h} \cdot r_1 + G_2\sin\frac{r_2\varphi}{h} \cdot r_2 = 0$$

（5.11）

当角度很小时

$$I_z \ddot{\varphi} + (G_1 r_1^2 + G_2 r_2^2) \frac{\varphi}{h} = 0$$

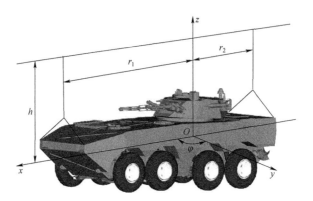

图 5.18　车辆 I_z 的测定

测出扭振周期 T，则可求得

$$I_z = \frac{T^2}{4\pi^2 h}(G_1 r_1^2 + G_2 r_2^2) \tag{5.12}$$

式中，G_1 和 G_2 为两吊绳的拉力。

| 5.4　传动系统部件的室内台架试验 |

5.4.1　试验目的与分类

1. 试验目的

　　装甲车辆传动系统的部件构成一般有传动箱、离合器、液力变矩器、变速箱、传动轴、前后桥、制动器以及履带式装甲车辆的转向机构。装甲车辆类型不同，具体部件构成有所区别，如履带式装甲车辆有将变速与转向机构置于一起的综合传动装置。这些部件不仅传递动力，而且具有各自的功能，以满足装甲车辆各种使用性能的需要。装甲车辆传动试验是模拟装甲车辆行驶过程中载荷传递和各部件的性能，其目的有以下几点：

　　① 测试传动部件性能及其参数，如摩擦系数、传动效率和空载损失等。

　　② 测试传动部件承载能力、强度变形和疲劳寿命，如齿轮寿命和传动轴

载荷等。

　　③ 测试传动部件噪声、振动和热负荷等。

　　④ 综合检查传动部件装配质量，作为部件出厂产品最后检验。

　　⑤ 测试操纵系统的性能。

2. 分类

传动系统部件试验的分类方法主要有两种：

一是按试验的目的分，可分为性能试验和寿命试验两类。性能试验主要是测试部件的性能参数，试验的时间较短，主要用于研究、设计阶段，也适用于验收阶段。寿命试验是在规定条件下进行长时间的试验，直到部件失效为止，主要用于工艺、生产阶段。

二是按试验的技术和方法分，可分为开式功率流试验和闭式功率流试验。开式功率流试验多应用于性能试验；闭式功率流试验适用于机械式传动部件的疲劳强度和耐久性试验。

5.4.2　开式传动部件试验

开式功率流试验方法是动力设备的功率经传动部件传递后，由测功机吸收。试验条件与实际情况相同，适合做各种型式的传动系统性能试验，也可进行寿命试验。

试验系统的构成主要包括动力设备、被试部件、测功机、测试用的各类传感器（扭矩、转速、温度、压力等传感器）和数据采集系统以及辅助件等。动力设备和测功机的选取，根据具体试验对象、功率大小和试验精度要求等进行，灵活配置。因此，开式功率流试验系统的通用性强，既可以对液力传动和机械传动进行试验，也可将试验设备组合做各种传动部件试验。

开式功率流试验的不足：一是在实际试验时需要大功率的动力设备或测功机，试验功率消耗大；二是测定效率时，精度不高。开式试验时，传动效率 η_{r} 由下式计算：

$$\eta_{\mathrm{r}} = \frac{M_2 n_2}{M_1 n_1} = \frac{M_2}{M_1 \cdot i}$$

式中，M_1，M_2 为输入、输出扭矩；n_1，n_2 为输入、输出转速；i 为传动比（n_1/n_2）。

当扭矩测量误差很小时，会引起运算误差积累。例如，扭矩测量误差为 1%，则引起的效率误差为 2%，这就会影响效率测量的精确度。

下面介绍两种典型的部件试验装置。

1. 动力–传动装置试验

为了对新研制或改进的动力–传动装置系统进行试验，常采用原车发动机、离合器、变速箱和后桥等组成试验系统。由发动机输入功率、测功机吸收功率，通过试验，测得发动机输出功率（扭矩、转速）、传动效率、各挡动力特性、换挡特性、振动噪声和油温等，用以评价传动系统的性能。

图 5.19 所示为军用履带式装甲车辆的动力–传动装置试验系统。动力设备为发动机，测功设备通常采用涡流测功机。发动机的动力经离合器、扭矩仪向变速箱传递，扭矩仪测得变速箱输出扭矩。为了匹配测功机特性，设有两个专门的匹配变速箱。为了模拟起步加速情况，配有惯性飞轮。若要模拟起步加速等动态工况，或进行效率试验时需要获得较高试验精度，可采用电力测功机代替电涡流测功机，采用电力测功机后可取消匹配用的变速箱。

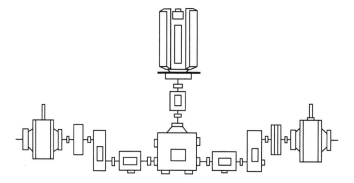

图 5.19　军用履带式装甲车辆动力-传动装置试验系统

匹配变速箱的变速比 i_t 选择，应保证装甲车辆各挡动力特性均在扩大后测功机特性范围内，图 5.20 所示的匹配变速箱具有 3 个挡，变速比为 i_{t1}、i_{t2} 和 i_{t3}。

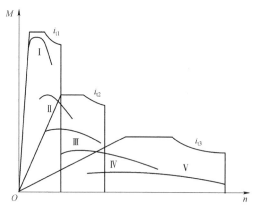

图 5.20　用变速箱扩大测功机范围

它是按被试变速箱试验挡位匹配计算得到的，试验时应根据被试变速箱的挡位选择匹配变速箱的挡位。

惯性飞轮根据不同装甲车辆选配，依据动能守恒的原则计算。飞轮的转动惯量 I 和角速度 ω 产生的动能应等于直线运动动能和变速后旋转零件的转动动能，有

$$\frac{I\omega^2}{2} = \frac{Gv^2}{2g} + \sum \frac{I_i\omega_i^2}{2}$$

式中，G 为装甲车辆总重力；v 为车速；I_i 为诸旋转零部件的转动惯量；ω_i 为旋转零件角速度。

将上式中旋转能量折合为直线行驶动能，用一个旋转质量增加系数 δ 来估计，有

$$I\omega^2 = \delta \frac{Gv^2}{g}$$

2. 离合器试验

进行离合器台架试验的主要目的是对离合器进行性能参数测试和寿命考核，测试的参数有摩擦副的静、动摩擦系数，摩擦力矩，滑摩功，温升，接合、分离时力矩特性等。

离合器试验台原理简图如图 5.21 所示。动力设备 1 为电动机。为了减小电动机功率，防止超载，减小接合时的冲击负荷，采用液力变矩器 2 做缓冲环节。

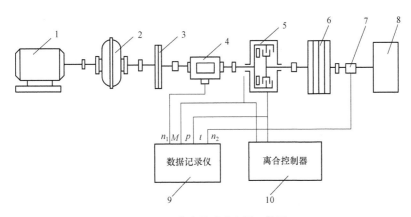

图 5.21　离合器试验台原理简图

1—动力设备；2—液力变矩器；3—惯性飞轮；4—扭矩仪；5—被试离合器；
6—模拟被动部分旋转体的惯性飞轮；7—转速计；8—制动器；
9—数据记录仪；10—离合控制器

惯性飞轮 3 模拟离合器前部旋转件的转动惯量，扭矩仪 4 测量记录输入扭矩和转速。5 为被试离合器，6 为模拟被动部分旋转体的惯性飞轮，7 为输出部分转速计，8 为制动器。10 是离合控制器，可以在一定的时间范围内调整离合器的工作周期，设定时间间隔，控制离合器接合、分离。数据记录仪 9 记录接合、分离过程中的转速参数（n_1、n_2）、扭矩、接合压力和接合的时间历程，如图 5.22 所示。可通过在离合器被动部分安装测力杠杆或后部安装扭矩传感器，测出打滑力矩，求得储备系数。

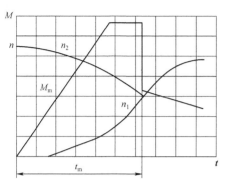

图 5.22　离合器打滑时间历程

n_1—主动部分转速；n_2—被动部分转速；
t_m—打滑时间；M_m—摩擦力矩

若采用原配发动机做动力，则可以不用液力变矩器，并且可以较精确地模拟离合器接合、分离过程。

5.4.3　闭式传动部件试验

1. 闭式功率流试验方法的适用范围和特点

闭式功率流试验方法是利用机械系统功率循环的原理进行试验的。它是一种在室内评定机械传动元件及其系统性能的试验，主要用来：

① 进行耐久性试验和研究各种因素（如设计因素、制造工艺、材料和润滑条件等）对耐久性的影响。

② 进行传动效率试验和研究各种因素（如负荷、转速和润滑条件等）对传动效率的影响。

该种试验台的特点是消耗能量少，使用经济，效率测量精度高，因此在装甲车辆试验中得到广泛的应用。

闭式功率流试验方法适合于机械传动的齿轮、轴承效率测定和耐久寿命试验。闭式功率流试验方法分为机械功率流封闭和电功率流封闭两种。

2. 机械式闭式试验台

现以图 5.23（a）所示单对齿轮闭式试验台为例说明该种试验台的工作原理。该试验台系统构成为：1 和 2 是被试齿轮对，3 和 4 为陪试齿轮对；8 为刚性轴，把齿轮 2 和 3 连接起来；加载盘 6 通过轴 5、7 分别和齿轮 1、4 连接；9 为动力装置——电动机。

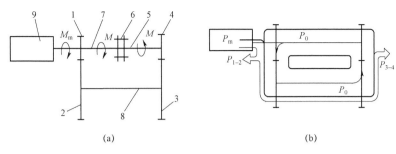

（a）　　　　　　　　　　　（b）

图 5.23　单对齿轮闭式试验台结构组成和工作原理

（a）结构组成；（b）工作原理

1，2—被试齿轮对；3，4—陪试齿轮对；5，7—轴；6—加载盘；8—刚性轴；9—电动机；P_{1-2}—齿轮 1 和 2 的啮合、搅油等功率损失；P_{3-4}—齿轮 3 和 4 的啮合、搅油等功率损失

显然，这个封闭系统正常运转的条件是

$$\frac{z_2}{z_1} = \frac{z_3}{z_4}$$

式中，z_1、z_2、z_3、z_4 分别为齿轮 1、2、3、4 的齿数。

在上述封闭试验台中，系统传递的载荷由加载盘 6 提供，转速由动力装置——电动机提供。加了载荷的封闭系统的运转必然伴随着功率的传递，同时也不可避免地会由于摩擦和搅油等而产生功率损失。这些损失也就是动力装置需要提供的功率。闭式试验台中功率传递的功率流如图 5.23（b）所示。其中，通过被试齿轮对传递的功率是封闭功率流 P_0 和动力装置输出的功率 P_m 两部分的和，而封闭功率流是主要成分。其中

$$P_0 = M\omega_7 = M\omega_8 \frac{z_2}{z_1}$$

$$P_m = M_m\omega_7 = P_{1-2} + P_{3-4}$$

式中，ω_7 为轴 7 的旋转角速度；ω_8 为轴 8 的旋转角速度；M_m 为动力装置输出扭矩。

由此可见，在闭式试验台中，被试齿轮对传递的功率主要取决于加载盘所施加的扭矩和动力装置的转速（即封闭功率流的大小），可以是较大的，而动力装置所提供的功率只需要满足封闭系统运转中的功率损失即可。因此，在上述闭式试验台中可以用功率较小的动力装置来试验传递功率的较大部件及其系统。试验的功率消耗大为降低。

由于被试元件及其传动系统的结构不同，因此供它们试验用的闭式试验台的组成可能各不相同，但是它们都是根据上述原理设计和工作的。图 5.24（a）所示为某变速箱试验原理。图中 1 为电动机，2、4 为封闭齿轮箱，由一对或两

对啮合齿轮组成，5 为陪试变速箱，6 为被试变速箱，7 为测扭传感器，3 为扭矩加载器。试验前用扭矩加载器预先加载，在一定转速下做试验。由传感器 7 测得 M_x，电动机测得所需扭矩为 M_1，为求得两齿轮箱的功率损失，将两齿轮箱换成一根轴，在相同转速、相同扭矩 M_x 情况下，测出电动机输入力矩为 M_0。设两变速箱效率相等，测变速箱效率 η_r 可由下式求得：

$$\eta_r = \sqrt{\frac{M_x - (M_1 - M_0)}{M_x}}$$

电动机消耗功率为

$$P_1 = P_x(1 - \eta_r^2) + P_0$$

功率流如图 5.24（b）所示。

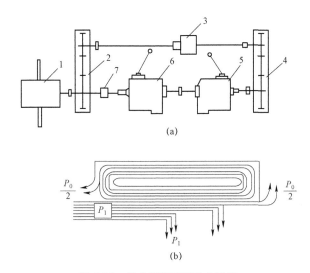

图 5.24　闭式变速箱试验台简图

（a）原理；（b）功率流

1—电动机；2，4—封闭齿轮箱；3—扭矩加载器；5—陪试变速箱；6—被试变速箱；7—测扭传感器

扭矩加载器有机械式与液压式两种。机械式为预扭联轴器，在扭转 θ 角后（一定扭矩），固定连接盘，这种方法在试验中不能调节，齿轮磨损后，扭矩相应减小。液压式是一种旋转加载油缸，如图 5.25 所示。图中 3 为转子，在其上装有 3 个叶片 2。1 为油缸，其内部有 3 个凸块将油缸分成 3 个油腔。当油由进出集油环 4 进入油缸后就会产生扭矩，使传动系统加载，试验中整个油缸一起旋转，并可调节油压以改变载荷，齿轮磨损后不会造成扭矩负载减小。

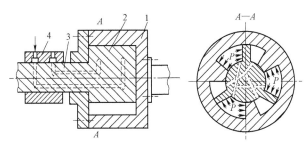

图 5.25　旋转加载油缸

1—油缸；2—叶片；3—转子；4—集油环

　　需要注意的是，为使试验台的试验结果能更好地符合实际情况，被试件在试验台上的工况应与它们的实际工况尽可能相符。被试件和动力装置的布置，要考虑到加载和旋转方向。

　　被试件传递扭矩的方向与其旋转方向无关，只取决于扭矩加载的方向。因此，扭矩加载方向应与被试件传递扭矩的方向相适应。

　　功率流向取决于扭矩和转动方向。如果轴传递给被试件的扭矩方向和被试件的转动方向一致，那么功率是轴传递给被试件；如果方向不一致，功率就是被试件传给轴。

　　因此，利用两个相同的被试件组成封闭式试验系统，其中一个符合实际情况，另一个就不符合实际情况；另外，由于在功率传递过程中存在损失，而试验系统中各点功率损失大小不同，所以必须把被试件置于功率最大处，以保证被试件能较早出现损坏，而试验台的零部件由于传递较小的功率而具有较长的使用寿命。

3. 电功率封闭试验

　　机械式闭式试验台结构简单，设备投资少，但通用性差，不易实现试验工况的自动控制和调节，而且每一种被试件要配一套封闭齿轮箱，只能进行某种稳定工况试验，不能模拟装甲车辆行驶、加速、起步工况，这与装甲车辆零部件及其系统的实际使用工况差别很大。因此，难以用试验结果直接确定被试件的实际使用寿命。为了克服机械功率流封闭试验方法的不足，使室内试验能模拟实际使用工况，发展了电功率流封闭试验方法，可以大大改进试验效果。

　　电功率流封闭试验原理如图 5.26 所示。图中 1、4 为电力测功机，分别做电动机和发电机用，通过被试变速箱 2、陪试变速箱 3 连接为一体。试验时，两变速箱挂相同挡位，使两测功机在相同转速下工作，电动机 1 发出功率带动系统运转，由发电机 4 吸收被试件传来的机械功率后，发出电功率，经可控硅

逆变器 5 变为三相交流电反馈给电网,由控制柜 6 调节,然后回输给电动机 1。这样被试变速箱就在一定负荷下运转。这里,两台电机互为能源又互为负载,形成了功率封闭系统。直流电源可由可控硅整流器 8 供给,电源电压由控制柜 7 调节。电动机转速的调节,可用调节端电压和励磁电流来实现。

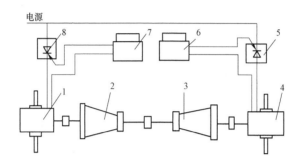

图 5.26   变速箱电功率流封闭试验

1—电动机;2—被试变速箱;3—陪试变速箱;4—发电机;5—可控硅逆变器;

6,7—控制柜;8—可控硅整流器

这种试验台,其机械部分实际上是开式的,组成简单;通用性好,被试件可以是同心轴、平行轴及角传动系统等;它实际上是回收了测功机的电功率,形成了电功率封闭。由于发电机效率损失和可控硅逆变损失,可回收电功率约50%,所以可认为电功率流封闭试验方法是开式功率流试验方法的节能方案。这对于时间较长的疲劳寿命试验是有意义的,能进行程序加载疲劳寿命试验。但电功率流封闭试验台动力装置和负荷装置均处于试验台的封闭功率流中,这与机械式闭式试验台是不一样的,其动力装置的功率容量必须与被试件实际功率相当。

|5.5   车辆动力性室内台架试验|

5.5.1   轮式车辆底盘测功机试验

1. 试验内容

轮式装甲车辆的使用性能,既可以通过道路试验测定,也可以在室内条件下通过底盘测功机试验台测定。装甲车辆底盘测功机又称为转鼓试验台,是整车的室内道路模拟试验设备。它以转鼓的表面代替路面，转鼓的表面相对于静止的装甲车辆做旋转运动。试验时，通过加载装置给转鼓轴施加负荷以模拟装甲车辆实际行驶时的阻力，并在尽可能接近实际行驶的工况下进行各项测量。

根据使用目的和任务，底盘测功机可进行下列试验，或为试验提供加载荷的条件。

① 装甲车辆一般性能测试试验（动力性、经济性）。

② 可靠性、耐久性试验。

③ 制动器试验。

④ 操纵稳定性试验。

⑤ 噪声试验。

⑥ 气候环境试验。

2. 底盘测功机的类型

转鼓试验台按照转鼓的数量可分为单转鼓试验台和双转鼓试验台。

图 5.27 所示为单转鼓试验台，车轮支承在单转鼓上转动时接近于在平路上的滚动，且其转鼓直径越大，对车轮的滚动模拟越接近于实际情况，但转鼓直径加大，受制造和安装等费用的制约，因此鼓径一般在 1 500～2 500 mm。单转鼓试验台对试验装甲车辆的安装要求较严，车轮与转鼓的对中比较困难，但其试验精确度高，试验台价格高，主要用于科学实验。

图 5.28 所示为双转鼓试验台，其转鼓直径比单转鼓试验台的转鼓直径要小，直径一般为 185～500 mm，随试验的车速而定。转鼓的半径小，轮胎与转鼓的接触情况和在道路上的受压情况不一样，故试验精度低。但该试验台安装要求不高，使用方便，价格也低，仅为单转鼓的几十分之一。轮式装甲车辆检测维修作业主要用双转鼓底盘测功机。下面只阐述双转鼓底盘测功机。

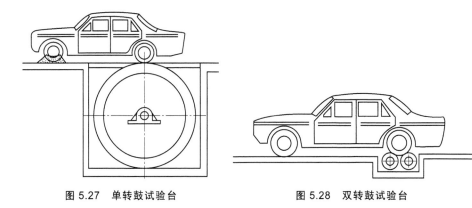

图 5.27　单转鼓试验台　　　　　　图 5.28　双转鼓试验台

3. 底盘测功机的结构

底盘测功机一般由转鼓、飞轮组件、加载装置、测量装置、控制装置和其他装置组成。

1) 转鼓

转鼓是测功机的基本组件，其结构和性能的好坏，将直接影响测功机的测试精度。转鼓一般是钢制空心结构，转鼓直径、表面状况、两转鼓的中心（轴）距是影响测功机性能的主要结构参数。

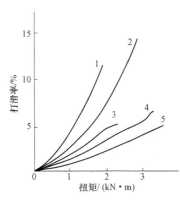

图 5.29　不同转鼓直径的打滑率与变速箱输出扭矩的关系

转鼓直径决定了车轮与转鼓的接触状况。转鼓直径大，车轮在转鼓上运转接近在道路上行驶的状况，轮胎滑转率越小，滚动阻力小，测试精度就越高。图 5.29 所示为不同转鼓直径的打滑率与变速箱输出扭矩的关系曲线。图中 1 为双转鼓 ϕ200 mm，2 为双转鼓 ϕ354 mm，3 为单转鼓 ϕ795 mm，4 为单转鼓 ϕ1 061 mm，5 为单转鼓 ϕ1 591.5 mm。转鼓直径超过 1 m，打滑率效果不显著。转鼓直径小时，由于接触比压大，滑转率大，滚动阻力大，在高速下会使传递功率损失 7%～20%。同时，车轮在小直径转鼓上滚动时会增加轮胎的摩擦功，长时间的高速运转会使胎面温度升高到临界值，导致轮胎早期损坏。因此，试验车速达 200 km/h 的转鼓直径不应小于 350 mm，速度达 160 km/h 的转鼓直径不应小于 300 mm。显然，大直径转鼓优于小直径转鼓。

转鼓表面状况应该是越接近路面状况越好，但实际上很难做到与路面一致。转鼓按表面状况不同，可分为光转鼓、滚花转鼓、带槽转鼓和喷涂转鼓。由于滚花转鼓、带槽转鼓在试验时使轮胎磨损严重，所以目前已很少采用。喷涂转鼓能提供较高的附着系数，但喷涂层易脱落，使用期限短，且价格高。实际使用表明，光转鼓能够使车轮产生足够的牵引力以测定轮式装甲车辆的动力性并检测其技术状况。因此，检测用测功机多采用光转鼓。

对于双转鼓底盘测功机来说，其转鼓轴距（中心距）也会对测功机性能产生影响。底盘测功机两转鼓轴距应保证轮式装甲车辆试验时，车轮在转鼓上具有最佳安置角（车轮与转鼓接触点切线方向与水平方向的夹角），而不会发生向前（或向后）越出转鼓的现象。转鼓轴距通常是根据所能测试的车型轮胎直径确定的，是不可调的。当转鼓轴距一定时，若轮式装甲车辆轮直径过大，安置角过小，试验时就很不安全；车轮直径过小，则无法使用。因此，一定规格的底盘测功机只适用于一定范围内的车型，当前尚无既适用于重型车和中型车，又适用于轻型车的底盘测功机。

2）飞轮组件

轮式装甲车辆在道路上行驶时，其本身具有一定的惯性，即装甲车辆的动能。装甲车辆在底盘测功机转鼓上则是相对静止的，不具有平动（移）动能。由于底盘测功机系统转动惯量小，不足以模拟装甲车辆加速和减速等动态工况的负荷变化，因此，为模拟装甲车辆在动态工况时的负荷，进行如加速性能、滑行性能等动态工况的性能测试，底盘测功机一般配置有飞轮组件，利用飞轮的转动惯量调节、补偿测功机转鼓等旋转件惯量的动能，模拟装甲车辆在道路上行驶的动态工况的负荷。

底盘测功机若要检测不同车型的装甲车辆，就必须按车型配备飞轮，这在机械上显然难以做到，也不可取。为简化结构，底盘测功机配置飞轮的基本原则是根据底盘测功机需要检测的各车型系列轮式装甲车辆的质量范围及保证确定的检测精度所允许的最大模拟质量误差，配置尽可能少的飞轮。根据质量范围，确定不同转动惯量的飞轮数，并使各个飞轮能组合成若干个惯量级，以模拟给定的轮式装甲车辆质量范围内的各种车型轮式装甲车辆的质量。如图 5.30 所示的飞轮组配有 5 个飞轮。

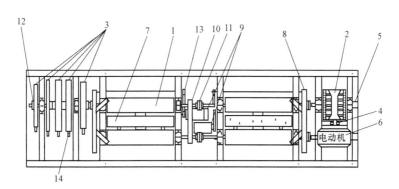

图 5.30　底盘测功机主要构成系统

1—转鼓；2—加载装置；3—飞轮装置；4—测力传感器；5—速度传感器；6—反拖装置；
7—举升锁定装置；8—车轮抑制装置；9—车轮抑制驱动电机；10—可离合连接带；
11—离合器；12—飞轮离合器；13—车轮抑制装置的传动带；14—飞轮旋转传感器和制动器

3）加载装置

底盘测功机的加载装置通常采用的类型有水力测功机、电力测功机和电涡流测功机等，它们的特点参见 5.2 节。

4）测量装置

测量装置是转鼓试验台的一个重要组成部分，不仅可靠而且精确，即测量误差要，指示读数稳定，同时能很快地适应被测值的变化。

测量装置包括测力装置和测速装置两部分。

测力装置所测的是转鼓轴上的扭矩，经变换后即得作用在驱动轮上的切向力。在测功机的定子对其转子施加制动作用的同时，定子本身便受到大小相等、方向相反的反作用力矩。由于定子是可摆动的，故该力矩便由定子经一定长度的杆臂传给测力装置。测力装置有液压测力、机械测力和电测力等几种型式。此外，还可在转鼓轴和测功机轴之间安装扭矩传感器以直接测量转鼓轴上的扭矩。

装甲车辆发动机的功率是不能由测功机直接测出的，而是由测得的扭矩和相应的转速经计算求出的。此外，装甲车辆的速度也要根据转速进行换算求出。因此，转鼓试验台上的测速装置，一般以转速传感器为核心构成，应用较多的是测速发电机。

采用以计算机为核心的测量装置能直接显示扭矩、速度和功率等参数。

5）控制装置

控制装置是底盘测功机的关键组件，其技术水平的高低、性能好坏直接影响到整机性能。

装甲车辆底盘测功机的控制装置分为全自动控制和半自动控制两种。全自动控制方式的所有测试项目都是自动控制完成的。以功率测试为例，它能够自动连续测试装甲车辆任一运行速度的功率，整个测试过程由计算机控制，不用人工操作。此外，全自动控制方式可以自动模拟运行工况。

半自动控制方式与全自动控制方式的区别在于测量点不是任意的而是规定好的几个点，并且测量点不连续。半自动控制通常采用单片机控制。

采集的速度信号经计算机软件处理成实时速度值。采集的力（转矩）信号经电涡流机控制器的功能模块（信号放大、处理）转换后送入计算机。同时，速度信号和力（转矩）信号经模拟开关送至速度、力（转矩）调节器，模拟开关的通断由计算机输出的开关信号（J_A、J_B）控制，而由键盘设定的速度信号和力（转矩）信号经计算机 D/A 转换后也输送给速度、力（转矩）调节器。速度、力（转矩）调节器将收到的信号进行比例、积分处理成可控直流信号输出，经脉冲移相器将可控直流信号转换成可控脉冲信号，以控制可控硅的导通时间，从而调节控制可控硅输给电涡流机励磁线圈的电流、电压，进而控制电涡流机的载荷（加载或减载）。

当用手工控制时，设定的电流经电流调节器处理成恒定电流，以避免电网波动等因素对电涡流机的干扰。

底盘测功机除载荷控制外，还有举升器升降、电磁离合器接合、水泵通断、装甲车辆检测灯等位控信号的控制。这些位控信号通常都是由计算机输出经信号放大、驱动来实现的。图 5.31 所示为双转鼓式底盘测功机加（减）载控制系统的控制框图。

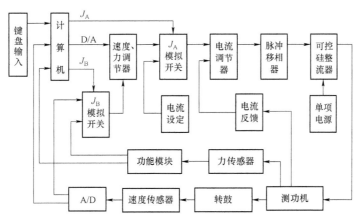

图 5.31　加（减）载控制系统的控制框图

5.5.2　履带式装甲车辆室内动力性试验

履带式装甲车辆动力性试验在室内台架上进行时，通常卸掉履带。动力由主动轮输出，由测功机吸收并测得功率。

图 5.32 所示为不带履带的试验台。图中 1 为被试装甲车辆，2 为万向联轴器，3 为增速箱，4 为测功机，用起升机构 5 将装甲车辆顶起，使主动轮与万向联轴器中心对中，装甲车辆用钢丝绳拉紧装置固定。根据被试装甲车辆所挂挡位，选择增速箱挡位，以保证在测功机特性范围内试验。

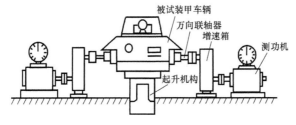

图 5.32　不带履带的试验台

在室内台架上可进行如下试验：

① 动力性能试验。

② 经济性能试验。

③ 散热系统温升试验。

④ 车内振动噪声试验。

⑤ 动力传动系统强度寿命考核。

在稳定工况下，测得各点测功机扭矩 M（kN·m）和转速 n（r/min），可由下式计算动力特性（单位牵引力）：

$$v = 0.377 \frac{R_k}{i} n \text{ (km/h)}$$

$$D = \frac{i}{G \cdot \eta \cdot R_k} M$$

式中，R_k 为主动轮半径（m）；i 为增速箱传动比；η 为增速箱效率；G 为车辆重力（kN）。

履带式装甲车辆室内台架试验的优点是可以精确控制工况，排除道路、驾驶员等影响。因此，可以在相同负载下做结构、部件的对比试验。

| 5.6　车辆室内振动疲劳试验 |

5.6.1　试验的目的、内容和特点

1. 试验的目的和内容

装甲车辆室内振动疲劳试验是指在振动台上对装甲车辆或零部件进行加载试验或再现道路行驶过程的振动试验，试验的目的和内容主要有：

① 可靠性、耐久性试验：主要是在振动台上模拟振动强度和耐久时间，进行疲劳和强度破坏试验，目的是用于评价装甲车辆结构、部件的抗振可靠性。

② 功能性试验：研究在行驶条件下的结构性能，如装甲车辆行驶平顺性、悬挂弹性元件、减振器特性，车载仪表、设备在振动条件下的稳定性。试验主要是按最恶劣条件下的峰值加载和发现共振频率。

③ 动力响应特性试验：主要是通过在振动台上的试验，评价装甲车辆及部件受振动后对各部分产生的响应，如驾驶员、乘员座位的舒适性研究，振动对人体生理影响的研究，结构振动和噪声试验等。这种试验要求精确测量输入

和输出振动量，并分析传递关系。

2. 试验的特点

装甲车辆室内振动疲劳试验具有下列特点：

① 可以模拟道路振动载荷。

② 通过强化试验，可以大大缩短试验时间，提高试验效率。

③ 试验条件可控，对比性、重复性好。

④ 经济性好。

5.6.2　疲劳试验技术

室内振动疲劳试验是一种等效试验技术，有以下 4 种方法。

1. 等幅载荷试验法

这是最早使用的一种疲劳试验方法，用一个造成疲劳损伤最大的假定平均载荷代替实际的载荷，试验中载荷幅值不变；强化试验时，为缩短时间常加大载荷幅值，称为强化试验；最后求出发生疲劳损坏时的循环次数。履带式装甲车辆上扭力轴的生产试验就是采用该种方法。

这种方法的缺点是平均载荷与实际的随机载荷有较大的差别，结构中的缺陷对高载荷很敏感，载荷强化后会产生早期破坏，造成试验结果与实际相比，其破坏形式与损坏部位常相差较大。试验结果具有相对比较的意义。

2. 程序载荷试验法

为改进等幅载荷试验的缺点，提出了程序载荷试验法。这种方法应用普遍，它采用编制好的时间历程代替实际载荷进行试验，其理论基础是累积疲劳损伤理论，又称曼纳理论。该理论认为对材料每施加一次载荷，就造成小量损伤，这些损伤累积到与其寿命相当的允许量时材料就被破坏。在加载过程中，大小不同的应力对材料产生的损伤程度不因加载先后次序而改变，因此它是幅值上的模拟，不考虑频率模拟，造成的疲劳损伤 D 可用下式表示：

$$D = \sum \frac{n_i}{N_i} \ (i = 1, 2, \cdots, n)$$

式中，n_i 为零件受应力 S_i 作用时工作循环次数；N_i 为各应力单独作用时的破坏循环次数。

图 5.33 所示曲线称 S–N 曲线，S_{-1} 为疲劳极根，破坏循环为 N_0，S 为零件所变应力。从理论上讲，当疲劳损伤等于 1 时，零件被破坏。

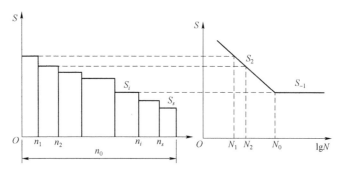

图 5.33 累积疲劳损伤计算

程序载荷试验就是根据疲劳损伤理论，用计数法统计出应力–时间历程的各级峰值、频次数，编成程序加载的载荷谱，用若干个幅值不同的等幅载荷，按一定顺序加载来模拟实际载荷。计数法丧失了载荷随频率变化以及各级载荷产生顺序的信号，是在累积疲劳损伤理论基础上对随机载荷的近似描述。

程序加载荷试验由于在一定程度上代表了实际载荷，所以是研究比较深入、有效而经济的方法，被国内外作为结构疲劳试验广泛采用。但是，实际上加载次序、载荷分级对疲劳寿命是有影响的，用计数法统计出的分级载荷与实际连续载荷还是有区别的。

3. 随机载荷功率谱试验法

载荷功率谱密度函数表示了载荷幅值（均方值）的频率结构，它保留了载荷的全部信息，因此比用计数法得到的载荷谱要精确得多。随机载荷功率谱试验法以载荷的功率谱密度函数作为加载依据进行加载试验，可真实模拟随机载荷。

载荷功率谱模拟试验的方法是从实测应力–时间历程，在信号处理机或计算机上用快速傅里叶变换（FFT）方法处理求得功率谱，经必要的简化处理后作为试验载荷功率谱。用载荷功率谱去控制激振器加载有两种方法。一种是模拟控制方法，利用均方值和带宽可调的白噪声发生器，通过带通滤波器对不同频带进行滤波得到与要求的载荷功率谱相近的驱动激振器信号，但需要对不同频段的输入信号做不同程度的放大和衰减，即所谓的均衡。经均衡后的功率谱就满足了试验要求。另一种是数字控制方法，如图 5.34 所示。将要进行试验的功率谱作为参考谱 $G_k(f)$，存入计算机作为初始驱动信号，经随机相位调制后得到 X_k，这样可使快速傅里叶逆变换（IFFT）后所得的时域信号 $x_0(t)$ 具有高斯分布，经 D/A 转换器、功率放大器（功效）、驱动激振器、台面响应 $y(t)$ 和 A/D 转换器变为数字序列，经 FFT 后得到平均谱 $G_y(f)$，将它与 $G_k(f)$ 比较，若差别不大即完成控制任务，若差别大则对驱动谱修正，再输入激振器，这样

直到 $G_y(f)$ 与 $G_k(f)$ 之差在允许范围内。应该指出,随机载荷必须是平稳的、各态历经的,才可被用作功率谱控制试验。

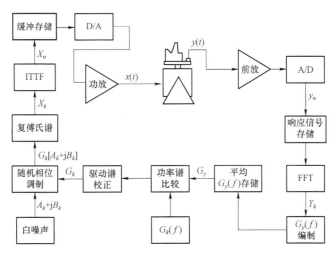

图 5.34　随机振动自功率谱控制原理

4. 道路模拟试验法

对于不平稳的随机载荷,如装甲车辆在路面行驶的振动,可用道路模拟试验台,采用波形模拟来实现。用信号记录设备记录装甲车辆行驶过程中的轮轴加速度,并在试验台上输入计算机,对激振器加以控制,经过多次迭代,使各轮轴上再现行驶中的加速度。因此,可对装甲车辆进行振动疲劳试验。如果删除一部分低幅值载荷,则可以缩短试验时间。

5.6.3　振动疲劳试验设备

装甲车辆振动疲劳试验的主要设备是振动台,通常采用的振动台种类和频率范围如表 5.1 所示。

表 5.1　振动台种类和频率范围

加载装置类型	工作频率范围/Hz
机械装置类型	1～50
机械惯性式	5～100
机械共振式	20～300
电动力式	5～5 000
电液伺服式	0～400

现代采用较多的振动台有电动式和电液式两种。电动振动台频带宽，高频性能好，波形控制精度高，适合做零部件和仪表的振动试验。电液振动台低频性能好，行程大，推力大，工作频率范围可达 0～400 Hz，适合做装甲车辆振动和道路模拟试验。

图 5.35 所示为装甲车辆用模拟控制电液振动台简图。图中激振器是双向作用油缸，对轮胎加载，高压油由油压源供给，电液伺服阀控制流量。油缸底部为串联油缸，蓄能器内充氮气做静载支持，可以调节。为减少摩擦和提高耐久性，活塞杆两端轴承采用静压轴承。

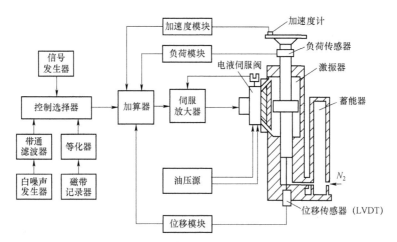

图 5.35　模拟控制电液振动台简图

激振器加振力可由下式计算：

$$F = (m_1 + m_2)(a+1) \quad (N)$$

式中，m_1 为试件质量（kg）；m_2 为激振器运动部分质量（kg）；a 为加速度（m/s²）。

装甲车辆最大加振力计算有两种方法，即按动负荷计算（惯性负荷）和按最大静负荷（弹性负荷）计算。按高频动负荷考虑时，只计算非悬挂质量的高频振动，一般最大加速度取 $19g$～$20g$；最高激振频率的选择，对轿车、轻型装甲车辆做噪声振动试验可取 200 Hz，对一般装甲车辆耐久试验可取 50 Hz。按低频最大静负荷计算时，加速度可取 $1.5g$～$2.5g$。激振器最大加振力的确定，可选上述两种计算方法的较大值。

电液伺服阀接信号电流控制，当负载和供油压力恒定时，其控制流量正比于其输入电流。常用的电液伺服阀有喷嘴挡板式和滑阀式两种，伺服阀的频响特性范围为 0～50 Hz。

振动台油压源的压力一般为 21～32 MPa，常采用高压轴向柱塞泵，也有用高压内齿轮泵的。蓄能器常用活塞式和囊式。活塞式的特点是寿命长；囊式的特点是反应快、尺寸小，但更换不方便。

　　电液振动台在轮式装甲车辆工业中应用十分广泛，它可做部件和整车的性能疲劳寿命试验，如图 5.36 所示。

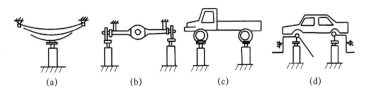

图 5.36　电液振动台应用

（a）钢板弹簧疲劳试验；（b）后桥强度试验；（c）垂直方向多轮整车道路模拟试验；

（d）三向振动轮轴道路模拟试验

　　在国内已建立了具有 8 个激振器的履带式装甲车辆电液振动台，其功率比轮式装甲车辆用电液振动台大，适合于野外道路模拟试验。

5.6.4　程序加载试验法

1. 载荷计数法

　　要通过计数法获得载荷谱，必须先测得载荷的时间历程。时间历程的每次测定实际上是装甲车辆实际工作过程的一个采样，必须具有代表性、典型性。要全面地记录载荷的时间历程，使可能出现的重要事件充分体现。

　　第一，根据装甲车辆运行条件选择各种典型、有代表性的工况，确定典型路面和每种路面常用车速。在路面选择中，要将可能遇见的特殊情况给予充分考虑，把容易发生损坏、工况恶劣的情况加以分析，列入应采集的载荷之中。

　　第二，确定上述典型路面使用中的比例，分配行驶里程。例如，平时履带式装甲车辆行驶以土路为多，越野地次之，良好路面和恶劣路面使用相对较少。战时，越野和恶劣路面比例增加。又如，各排挡的使用率，良好路面高挡多，恶劣路面低挡多。

　　第三，在选择好的每种路面上，实测被试零部件的载荷，用记录比较长的行驶里程（2～5 km）信号，以便获得平稳的随机信号。

　　第四，用计算机对记录载荷信号进行统计分析，通常用计数法。它把载荷时间历程的极值（峰或谷）大小及其次数或幅值（两相邻峰谷间的差）大小及其次数，或穿过某载荷量级的次数进行统计，得到载荷频次图。使用计数法事

先应对零部件的疲劳损坏形式有所研究，根据载荷的形式和可能产生损坏的关系选择计数统计法。例如，和转速有关的载荷，每转一次有一个循环的零件，可采用峰值法和时间计数法，如齿轮、轴承、履带式装甲车辆行动部分的各种轮子，而不转动的轮轴、机件、紧固件可用峰值和幅值计数法。

计数法可采用的方法：

1）全峰值计数法

全峰值计数法是将载荷的峰值（包括波峰和波谷）落在各级载荷中的数目，全部进行统计计数，如图 5.37 所示。这种方法在模拟时每一次计数就用相应的幅值载荷的一个循环来表示，自然工况比实际工况严重，造成疲劳损伤过重，不够真实。

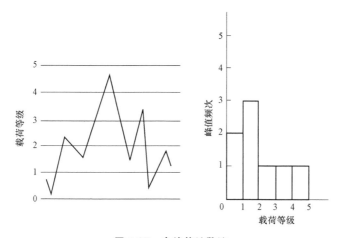

图 5.37　全峰值计数法

2）部分峰值计数法

图 5.38 所示为部分峰值计数法。计数前先算出载荷平均数，然后对均值以上载荷只统计正峰值，对均值以下载荷只统计负峰值。

3）穿级计数法

此法统计载荷时间历程以正的和负的斜率穿越各载荷等级时的次数。这种方法只注意瞬时载荷值，而载荷图形反映不出来。图 5.39 所示为穿级计数法。

4）幅值计数法

图 5.40 所示为幅值计数法。此法只统计峰谷间幅值大小，忽略谷点载荷水平的高低，造成的损伤往往比实际小。如图中 3 个 R_3 虽然它们的起点不同，并在同一幅值等级上，但第一个 R_3 造成的疲劳损伤要比后两个小。

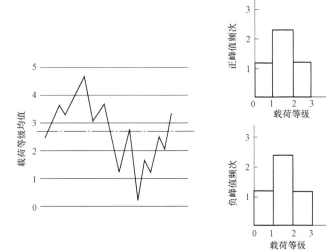

图 5.38　部分峰值计数法

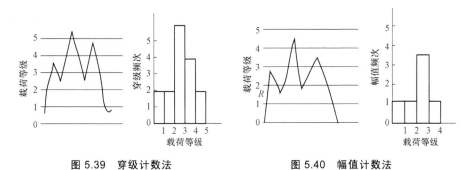

图 5.39　穿级计数法　　　　　　**图 5.40　幅值计数法**

5）雨流计数法

图 5.41 所示为雨流计数法。此法认为大载荷循环 *abdeh* 和小载荷循环 *bcb'*，*ege'* 对材料引起的损伤与实际载荷循环 *abcdegh* 引起的损伤是等效的，这样可以对大小载荷循环分别进行计数。此法有一定力学根据，且适于编程序用计算机处理数据。

6）通过时间计数法

该方法是记录载荷通过某级的累计时间，如图 5.42 所示。它适用于分析转动件因转动造成的循环载荷。

2. 编制程序载荷谱的步骤

1）绘制各典型工况载荷累积频次图

首先对记录载荷信号作预处理，如平稳性检验（通常用轮次检验法进行），

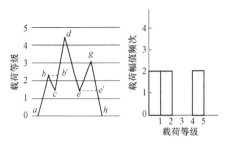

图 5.41　雨流计数法

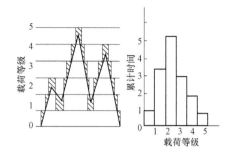

图 5.42　通过时间计数法

确定为平稳随机信号后，选择计数法。用分析处理仪器处理得到各载荷等级与相对频次关系的直方图。可用概率纸法或 χ^2 检验法确定载荷概率分布函数，进行正态性检验。分布确定后，若为正态分布，则根据确定的概率密度函数，查正态分布表计算累积频次，绘出累积频次曲线。

2）累积频次图合成与扩展

将各典型工况的各载荷等级中累积频次对应相加得合成频次。由于在实际测试中，极大载荷出现的可能性很少，因此推断最大载荷，并认为 10^6 循环，对于包括很少发生的最大载荷在内的全部载荷具有足够的代表性。故认为最大载荷在 10^6 次中发生一次，所以将累积频次 n_0 扩展为 10^6，各级载荷的扩展累积频次为 k，即

$$k = \frac{10^6}{n_0}$$

图 5.43 所示为某型货车前轴载荷幅值的合成累积频数曲线。

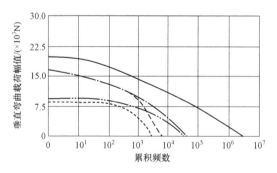

图 5.43　某型货车前轴载荷幅值的合成累积频数曲线

3）编程序载荷谱

扩展载荷频次图是连续变化的，在实验室试验时，通常用有级载荷来模拟。一般可分为 9～16 级，因为超过 8 级载荷所得寿命与 8 级结果极为接近，而 4

级又不够，因而认为取 8 级载荷较合理，如图 5.44 所示。8 级载荷幅值比如表 5.2 所示。

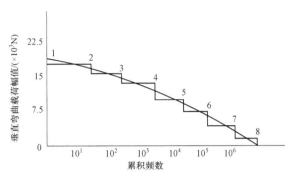

图 5.44　载荷分级图

表 5.2　8 级载荷幅值比

加载级数	载荷幅值/N	幅值比
1	20 000	1
2	19 000	0.95
3	17 000	0.85
4	14 500	0.725
5	11 500	0.515
6	8 500	0.425
7	5 500	0.275
8	2 500	0.125

　　试验表明，加载次序对试验寿命是有影响的。为减小这种影响，常把编制的载荷程序作为一个子程序进行多次重复。用使用寿命来决定试验总循环次数，一般轮式装甲车辆零件使用寿命定为 30 万～40 万 km，用 10～20 个子程序来实现，由此可求得每个子程序的试验循环次数，进而按比例求得一个子程序内各级载荷的频次数。为缩短试验时间，可略去低幅载荷。为了减小加载次序对试验寿命的影响，还采用交替加载。对一个子程序，常用加载次序为低-高-低和高-低-高。这两种方式比较接近随机加载情况。将子程序按加载次序编制出试验用程序载荷谱。

　　4）程序疲劳试验

　　将被试零部件安装在振动疲劳试验台上，使承载受力情况尽可能接近实际情况，按试验程序载荷谱加载，同时计数，反复进行，直到零件破坏。试验中应注意工况监测。

5）寿命推断

已知材料 N–S 曲线，可由下式表示：

$$\frac{N}{N_0} = \left(\frac{S}{S_{-1}}\right)^k$$

式中，S_{-1} 为材料疲劳极限；N_0 为与 S_{-1} 对应的循环数；S 为循环数 N 对应的应力。

利用上式可以对强化试验寿命进行推断。对钢若取 $k=6.8$，强化系数（S_2/S_1）=1.4，即幅值强化 40%，则预计推断破坏次数为

$$N_1 = (1.4)^{6.8} N_2 = 10 N_2$$

式中，N_2 为强化试验的破坏循环次数。

利用已知材料 N–S 曲线和程序载荷谱，可以不做试验而用计算推断寿命得循环次数 N_t 为

$$N_t = \frac{N_0}{\sum f_i (S_i / S_{-1})^k}$$

式中，$f_i = n_i / n_0$，表示 S_i 出现的频率；N_0 为加载的总循环数。

| 5.7 消声室内车辆试验 |

5.7.1 概述

在道路行驶条件下测量装甲车辆噪声，虽然环境噪声必须低于 10 dB（A），但背景噪声对测量结果有影响，周围建筑物对声波的反射会使声场变化，所以不可能进行精确的测量和分析。噪声试验可分为评价试验和改进试验两种。前者为评价噪声的优劣，后者为探明噪声原因并进行改进控制。如何进行控制噪声改进试验，尚找不到一个适用于各种情况的通用方法，必须根据所产生的具体问题，制定或选用不同的试验方法。本节重点对装甲车辆噪声室内试验方法作概要介绍。

为控制装甲车辆噪声，许多装甲车辆生产厂家、内燃机厂和专门的研究所建立了大型消声室，可排除气候影响。在同一条件下，对装甲车辆噪声进行研究，其内容主要有：

① 精确测定装甲车辆噪声。

② 分析装甲车辆噪声源组成和噪声频谱。

③ 以用指向性仪器测定噪声源的方向，确定噪声源是由哪部分产生的。

④ 试验研究降低噪声的措施和效果。

消声室的设计不仅考虑建筑空间，还要考虑吸收外部和内部的噪声和振动，因此首先要隔绝外界的噪声和振动，同时内部上下四周的 6 个面都要为吸声墙以吸收声能，并把产生的反射降到最小的程度。

5.7.2　消声室及其基本要求

所谓消声室，是指一个具有自由声场的房间。在该房间内只存在来自声源的直达声，而没有来自各个障碍物的反射声，也没有来自室外的环境噪声。当然，完全没有反射声和环境噪声是不可能的，只是通常要求这些声音的存在对直达声的影响低于所允许的限度。

对消声室的要求主要有两点：一是室内应没有障碍物，各界面上都应铺设良好的吸声材料，使入射到各界面的声波在一定频率范围内几乎完全被吸收；二是消声室必须具有良好的隔声和隔振设计，以尽量降低外界环境噪声和振动的干扰。

5.7.3　消声室类型和结构

消声室按其结构可分为全消声室和半消声室两种类型。

全消声室是室内包括四壁、屋顶和底部 6 个面全部铺有吸声材料和采取隔声结构的消声室，试验件放在消声室中央。半消声室是除地面外其他 5 个面均有吸声材料和隔声结构的消声室。装甲车辆噪声试验由于必须在底盘测功机上模拟行驶阻力，在地面基础上安装试验设备，故采用的是半消声室。

为隔绝外来声音、获得良好的隔声效果，装甲车辆试验的消声室采用双重壁，即四周外部采用混凝土墙，墙内侧为 0.5～0.6 m 空气隔声层，消声室内壁用轻质材料构成，以此来达到隔声的目的。

消声室界面消声层的吸声性能是决定消声室质量优劣的关键。高质量的消声界面均采用尖劈形吸声结构。装甲车辆消声室四周安装有这种吸声尖劈，使室内接近无反射条件。吸声尖劈的横截面如图 5.45 所示，图中 L 为尖劈长度；D 为尖劈底与刚性界面的空腔深度；W 为尖劈底宽。当声波从尖劈尖端入射时，由于吸声层的逐渐过渡性质，材料的声阻抗与空气的声阻抗能较好地匹配，使声波传

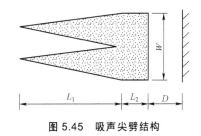

图 5.45　吸声尖劈结构

入吸声体并被高效地吸收。

吸声尖劈的尖劈长度决定了吸声效果。大体而言，对波长为尖劈长度 4 倍的声波，吸声在 99% 以上。这个能使尖劈吸声率为 99% 的声波频率就称为截止频率。对高于截止频率的声波，其吸声率高于 99%，而对低于截止频率的声波，其吸声率下降。例如，尖劈长度为 50 cm，截止频率为 170 Hz；若长为 100 cm，则截止频率为 85 Hz，几乎对整个声频都可吸收达 99%。以前用 50 cm 长的尖劈较多，现在采用 80～100 cm 长尖劈的消声室已很普遍。消声特性除了取决于尖劈长度外，还受室内总容积影响，若容积小，则仅增加楔块长度，其吸声效果也不能提高。

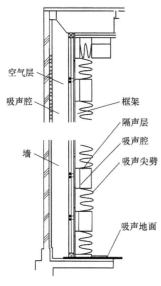

图 5.46　大型消声室隔声、吸声
建筑结构简图

在尖劈内部填充的吸声材料主要有玻璃纤维、泡沫塑料和矿渣棉等。矿渣棉的纤维较短，有很多粉末和颗粒，密度太大，消声室采用的较少。酚醛胶合的玻璃纤维板成型好，便于施工，吸声性能稳定，受潮后也不受影响，还能防火、防毒，但容易刺手。微孔连通的泡沫塑料质量轻，易加工，吸声性能好，但有老化和防火的问题，大型消声室中极少使用。

图 5.46 所示为某大型消声室的隔声、吸声建筑结构简图。消声室内部长为 15 m，宽为 15 m，高为 6.8 m，劈吸声楔块尺寸为 660 mm× 660 mm×660 mm，每个楔块有 3 个吸声尖劈，用玻璃纤维制成。消声室中央的本底噪声在底盘测功机不开动时为 19 dB（A）以下，吸声尖劈截止频率为 123 Hz，吸声量对 125 Hz 为 54 dB，对 5 000 Hz 为 60 dB，对 2 000 Hz 为 76 dB。

5.7.4　噪声试验

噪声试验除用于噪声评价外，还可分析装甲车辆噪声源组成、噪声频谱，查明原因，验证降低噪声的措施和效果等。

1. 发动机噪声试验

发动机噪声是轮式装甲车辆的主要噪声源。通常是在消声室内进行发动机单体噪声试验，有两种试验方法：一种是使发动机燃烧运转，另一种是发动机不燃烧，以电动机拖动。同时采用这两种方法试验，就可以将发动机噪声中的燃烧噪声和机械噪声区分出来。此外，还有以因素分析为目的的"消去法"和"暴露法"等试验方法。消去法是将被试对象的零部件逐个拆除，暴露法是用铅罩把试验对象之外的部分予以覆盖，而进行试验。因为发动机的声音有指向性，因此试验时传感器位置通常安装在发动机的前面、上面、侧面等部位，并进行 A 网络级和 1/3 倍频程分析的测定。

2. 冷却风扇噪声试验

冷却风扇噪声受风扇转速、风量和周围环境的影响，因此规定试验条件是非常重要的。测定冷却风扇噪声时，话筒通常是按图 5.47 所示位置安装。

另外，通过频率分析试验，可区别出产生风扇噪声的主要因素是风扇节距噪声（频率相当于风扇叶片数与转速的乘积），还是气流扰动和涡流声。如果是第一种情况，则应研究叶片数或采用不等节距的风扇；如果是后者，则应研究改进风扇护风圈和风扇形状及其周围环境的布置。

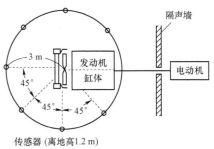

图 5.47　冷却风扇噪声测定装置

3. 齿轮噪声试验

轮式装甲车辆上装有各种各样的齿轮，分析车内各总成、零部件的齿轮啮合噪声的有效方法，是进行转速比分析和跟踪分析。大部分齿轮啮合噪声，其声频率相当于齿数和转速之积，另外还包括啮合频率的 2 次、3 次、4 次的高次谐波响声。再者，当齿轮箱体的固有振动频率与齿轮啮合频率一致时，则会使噪声非常大。因此，切不可忽视有关齿轮箱体的振动特性试验。

4. 动力传动系统的振动噪声试验

动力传动系统的振动噪声，除上述的齿轮噪声外，还有由旋转轴不平衡或扭矩变化引起的整个动力传动系统的弯曲振动和扭转振动。花键轴和齿轮的齿缝间隙异响，随其振动传播而在车内形成总体噪声。此类试验采用跟踪分析或激振机振动试验最为有效。图 5.48 所示为激振机加振的驱动系统弯曲振动的试验结果。

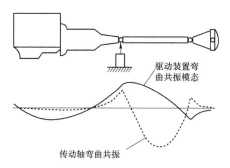

图 5.48　激振机加振的驱动系统弯曲振动试验

5. 车身振动噪声试验

　　轮式装甲车辆的车身由于其结构骨架和各部位护板的刚度、阻尼不同，其振动特性也不一样。当它们各自的频率与驱动系统、发动机的振动频率一致时，车内噪声往往就大，因此掌握车身的振动特性是非常必要的。车身振动试验方法有激振机法、锤击法和有限元计算法等。用锤击法求得传递函数，可测定出振动模态的方法。图 5.49 所示为锤击法试验的实例。

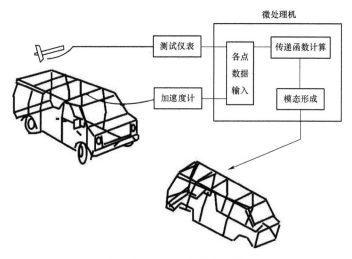

图 5.49　锤击法试验的实例

6. 吸排气系统噪声试验

　　吸排气系统噪声与发动机型式、转速、气体流速、气流脉动、温度和阻力等有直接关系。因而，在试验时必须明确上述条件。噪声测定位置是在距各进排气口 50 cm 左右处，应同时测定气体压力变动量。根据对各波形的观察和频谱分析，便有可能查明噪声产生的原因。

第 6 章

装甲车辆室外道路试验

装甲车辆室外道路试验是在逼真战场环境下，全部采用实装作为试验对象所进行的试验，主要考核装备全系统的综合性能，检验其是否达到规定的技术指标要求。新型装甲车辆的设计定型、现有装甲车辆的改进设计及其质量的定期考核等，都要进行各种各样室外道路试验，这是全面测试和考核装甲车辆性能所普遍采用的方法，也是验证装甲车辆性能所必需的重要试验环节。装甲车辆室外试验，包括道路行驶试验和试验场试验。两种试验方式各有侧重，可互为补充。本章重点介绍装甲车辆试验场、装甲车辆动力性试验、制动性试验、操纵稳定性试验、燃油经济性试验、行驶平顺性以及装甲装备机动性试验等内容。

| 6.1 概　　述 |

新型装甲车辆的设计定型、现有装甲车辆的改进设计及其质量的定期考核等，都要进行各种各样的室外道路试验。这是全面测试和考核装甲车辆性能所普遍采用的方法，也是验证装甲车辆性能所必需的重要试验环节。

装甲车辆室外试验，包括道路行驶试验和试验场试验。两种试验方式各有侧重，可互为补充。

装甲车辆道路行驶试验是在实际使用条件下，主要考核各种实际路面和各种气候条件下，装甲车辆的性能和地区适应性。为了使试验具备科学性和可比性，各国都制定有各自的装甲车辆试验规程，我国也制定了轮式装甲车辆道路试验方法和履带式装甲车辆试验方法的相应试验规程。美国的军用装甲车辆试验规程为 MTP 和 TOP。

轮式装甲车辆和履带式装甲车辆道路试验的主要项目有动力性试验、制动性试验、机动性试验、通过性试验、噪声试验、操纵和稳定性试验、可靠性和耐久性试验等。

尽管道路行驶试验条件真实，但其试验周期长。例如，为了确定装甲车辆的可靠性与耐久性，一般轮式装甲车辆需行驶 5 万 km 或 10 万 km，耗时 8 个月至一年半。特别是道路条件难以控制，对于轮式装甲车辆来说行车易受交通情况和其他条件的制约，因此试验的质量难以保证且效率不高，人力、物力消耗也大。有些试验要求装甲车辆做持续高速的行驶项目，若选在公路上进行试验，则很难保证行车安全。有些专门的试验，如果没有相应试验设施，则根本无法进行。

　　装甲车辆试验场就是为了解决这些问题而发展起来的，许多国家都投入巨资建立了专门的轮式装甲车辆和履带式装甲车辆试验场以进行装甲车辆的试验场试验。装甲车辆试验场试验是按预先制定的试验项目和规范，在规定行驶条件下（试验场）进行试验。试验场可设置比实际道路更恶劣的行驶条件和各种典型道路、典型环境。在试验场进行可靠性试验、寿命试验、环境试验以及强化试验，不仅可以缩短试验周期，而且可以提高试验对比性。

|6.2　试　验　场|

　　装甲车辆试验场是由各种试验道路、试验场地、试验室以及各种辅助建筑等组成的综合性试验设施，用来确定装甲车辆的结构参数及其可靠性、耐久性、动力性、制动性、通过性、操纵性、稳定性、行驶平顺性、安全性和燃料经济性等基本使用性能。试验场内一些试验路段是模拟装甲车辆的实际使用工况，使装甲车辆的零部件所产生的典型损坏能与实际使用时的情况基本相同，而且能在较短的试验里程内获得试验结果，因此可以大大缩短试验时间，提高试验效率。例如，美国通用轮式装甲车辆公司（GMC）所属澳大利亚霍耳汀公司试验场宣称，在该试验场的试车道上行驶 1 km 可相当于使用中行驶 4 km，而在强化路段上试验，则相当于 20 km。由于试验场的试验跑道和设施是稳定的、专用的，而且试验时不受外界交通条件等的影响或干扰，所以能保证试验条件的一致性和行车安全。

6.2.1　试验场的分类

　　试验场按用途分，大致可分为以下 3 类。

1. 综合试验场

　　综合试验场场内有各种试验道路、专门性试验设施和大型专门的试验室，有的已发展成为装甲车辆试验研究的基地或装甲车辆技术中心，多用作装甲车

辆性能的检查、鉴定、研究和样车分析，如美国通用轮式装甲车辆公司米尔费德（Milford）轮式装甲车辆试验场，而在国内，有海南轮式装甲车辆试验场、定远轮式装甲车辆试验场、襄樊轮式装甲车辆试验场和农安轮式装甲车辆试验场等。

2. 特殊地区装甲车辆试验场

这些试验场是利用自然地区条件，如寒带、热带、沙漠干热等建立的。对装甲车辆在该类地区使用情况进行考核和研究。

3. 军用装甲车辆试验场

军用装甲车辆试验场专供越野轮式装甲车辆、军用轮式装甲车辆和其他军用特种装甲车辆做性能试验研究与鉴定之用，有的还可供多种军用装甲车辆及其全套武器和各种装备做性能试验研究与鉴定之用，如美国陆军部门的阿伯丁（Abadeen）试验场和英国战斗装甲车辆研究所（FVRDE）试验场，而在国内，有北京特种车辆试验场和南京定远特种车辆试验场等。

6.2.2 试验场的构成

试验场的规模和试验的项目尽管不尽相同，但一般都包括室外试验和室内试验两大部分。下面介绍室外试验部分。

1. 高速环形跑道

高速环形跑道主要用来对装甲车辆进行长时间持续的高速行驶试验，进行装甲车辆高速行驶性能，发动机及其他总成的润滑与散热性能，发动机、传动系统、轮胎和轴承等部件的可靠性和耐久性等项目的考核。

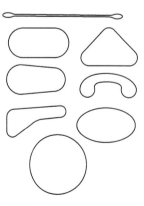

高速环形跑道的平面形状，多采用长椭圆形，少数采用正圆形，在受占地面积和地形限制的情况下，也采用其他形状，如图 6.1 所示。正圆形跑道可获得最大的半径，整个跑道路基横截面的形状相同，可简化设计和施工；在其他形状的跑道上，装甲车辆进入和离开弯道时，必定要经过弯道与直线段相连的危险路段，而正圆形跑道无此路段。但是，圆形跑道上由于路形单调，行驶时驾驶员容易疲劳。

为保证轮式装甲车辆能够平稳、安全地进行持续的高速行驶，并保证人体感到舒适，轮式装甲车辆悬

图 6.1 高速环形跑道形状

架不承受过大负荷，弯道设计是十分精确的。一般高速环形跑道的弯道均尽量采用较大的回转半径，以便将弯道的最大倾斜度控制在 35° 以下。

高速环形跑道的周长一般为 4 000～8 000 m，长达 14 000 m 的也有，宽度一般为 12～18 m（3～5 条车道），最高车速一般为 220～240 km/h，有的可达 290 km/h。路面多采用混凝土路面，也有采用沥青混凝土路面的，但弯道部分仍采用混凝土路。

2. 高速直线跑道

高速直线跑道主要用来进行装甲车辆的动力性能、制动性能和燃料经济性能等试验。

高速直线跑道一般长 2 500～4 000 m，宽 8～18 m，纵向坡度接近于零度，个别跑道还有按地球曲率建造的。跑道两端有回转弯道，其设计车速通常为 60～80 km/h。在装甲车辆高速行驶时，回转弯道能大大提高试验的安全性，特别是在装甲车辆的制动器突然失效时更是如此。因此，要求回转弯道的过渡区段有足够的长度，以便装甲车辆在高速行驶情况下制动器失灵时，可使装甲车辆的行驶速度逐渐降至一定数值。回转弯道的曲线部分就是据此要求而设计的。

考虑到风力对装甲车辆的速度及其燃料消耗量的影响，一些国家的大型综合试验场都建有相互垂直的两条高速直线跑道。

3. 可靠性强化试验路段

可靠性强化试验路段主要用来进行装甲车辆的可靠性行驶试验，以期在很短的行驶里程内完成对装甲车辆结构在可靠性和强度方面的考核。

可靠性强化试验路段一般采用比利时路面，图 6.2 所示为其路基构造。它是一种由相邻的大小不等的石块按特定的形式砌成的凹凸不平的路面。

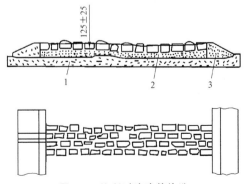

图 6.2　比利时路路基构造
1—混凝土；2—水泥沙子混凝土；3—与路基连接的混凝土边缘

可靠性强化试验路段一般较短，供装甲车辆试验的长度为 1 000～2 000 m，宽约 4 m，米拉试验场的较长，为 2 400 m。除了比利时路（图 6.3）以外，也有采用凹凸不平的砂石路、正弦路等多种路面进行可靠性试验的。

图 6.3　比利时路

4. 耐久性试验跑道

耐久性试验跑道用来进行装甲车辆零部件的耐磨损行驶试验，其路面一般由砂石路或砾石路、沥青路和土路等组成，有的长达一万多米。这种跑道最好是闭合式的，以便装甲车辆进行持续的行驶试验。

5. 悬架试验跑道

悬架试验跑道用来进行悬架和行走机构的可靠性行驶试验，以及装甲车辆行驶平顺性的试验与研究。常用的试验跑道有以下几种。

① 搓板路（图 6.4）。这种试验道路呈波浪式高低不平形状，是用混凝土建造的，一般长 600～800 m，波距多为（760±5）mm，波峰高约 25 mm。

图 6.4　搓板路

② 长波状路。这种试验道路多呈正弦曲线形。装甲车辆在其上变换速度行驶能够模拟下述工况：

a. 装甲车辆悬挂部分和非悬挂部分不产生共振的行驶工况。

b. 装甲车辆悬挂部分在垂直于道路的平面内的共振，即只作上下垂直振动而无纵向角振动，或综合性的共振，即包括纵向角振动。

c. 装甲车辆非悬挂部分的共振。

正弦曲线长波状路和搓板路对于轮式装甲车辆悬架和减振器工作的鉴定、装甲车辆共振的研究都具有重要意义。

③ 连续凸起路。这种试验道路的凸起部分有圆拱形、棱锥体形、平行六面体形或枕木形的，其高度和形状也各不相同，在道路表面上的排列方式也是各式各样的。凸起部分有的是固定的，也有的是可移动的。

对于履带式装甲车辆的悬架试验，英国战斗装甲车辆研究所试验场修建了蘑菇钉路段。钉头直径为 300 mm，尾部系插在路面的孔中。钉头可以更换，呈棋盘式排列。

④ 单凸起或单坑洼路段。英国的米拉试验场和日本高速装甲车辆试验场均设有这样的路段，用来进行装甲车辆的平顺性试验及评价减振器的作用。

6. 扭曲试验路段

扭曲试验路段（图 6.5）均较短，长 100～200 m，主要用来考验轮式装甲车辆车身与车架的抗扭曲性能和对差速器、万向节及悬架进行考验，同时还可以用来进行装甲车辆承载系统快速的抗扭曲可靠性试验。这种路段左右交替地凸起凹下呈不平的扭曲状，其凹凸不平的高度和间距也各不相同。轮式装甲车辆在这种跑道上行驶时，其承载系统发生扭曲、前后轴交叉地倾斜、车身摇动和变形、车轴内的差速器频繁地工作。美国阿伯丁军用装甲车辆试验场的扭曲路段较典型，可使装甲车辆车架的扭角达到 10°～15°。

图 6.5　扭曲试验路段

7. 爬坡试验路段

爬坡试验路段（图 6.6），主要用来测定装甲车辆的最大爬坡能力，确定在各种坡度坡道上的最佳传动比，可达到的最高车速、手制动器的停车能力以及合适的接近角和离去角，还可以考查装甲车辆上下坡时的润滑、燃油的供应能力以及在上坡起步时离合器的工作情况。

这种试验坡道的坡度范围为 5%～60%，其间大致可分为 15%、20%、30%、45%等几级。坡度小的坡道通常为沥青路面；坡度大于 20%的多为混凝土路面，有的为增加附着力还嵌有横向木条。坡道的长度因坡度而异，一般来说，坡度越大长度越短。对于军用装甲车辆试验使用的 60%坡道，一般长约 20 m。为了保证试验安全，在坡顶还设有绞盘牵引机构和回转平台。

图 6.6　爬坡试验路段

8. 操纵性和稳定性试验设施

① 转向试验圆场用来测定装甲车辆的转向特性、转向半径和转向轻便性，直径为 30～100 m，一般能进行目前在役的最大尺寸装备的 8 字形转向轻便性试验，并画有大小不等的同心圆，用以标示试验装甲车辆给定的行驶轨迹。

② 侧滑试验圆场用来进行装甲车辆的侧滑试验，直径较大，长 100～150 m，装有连续洒水装置以使场地在试验时保持一定厚度的水膜。

③ 操纵性试验广场主要用来进行脉冲响应试验和撒手稳定性试验等。广场呈正方形，边长约 500 m，场面水平，采用混凝土或沥青混凝土铺设。广场两端分别与半圆形的加速跑道相连，以保证试验装甲车辆进入广场时，其速度能达到所要求的数值。该广场的平面形状如图 6.7 中 1 所示。

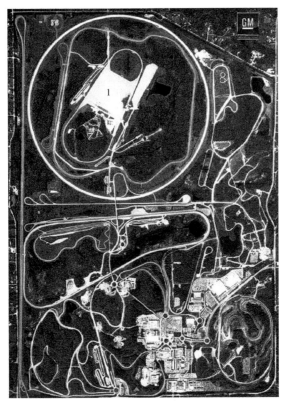

图 6.7 米尔费德试验场平面简图

④ 易滑路用来试验装甲车辆在冰雪和易滑的条件下的制动性能和行驶稳定性，长 250～450 m，宽 20 m，最大宽度处可达 80 m。

⑤ 横向风路段用来试验横向阵风对装甲车辆操纵性和稳定性的影响，即高速行驶的装甲车辆在突遇横向阵风时，其运动特性是如何变化的。横向风路段往往是试验场内某直线跑道中的一段，在该路段的一侧相隔几十米安装横向送风装置，以模拟装甲车辆行驶时所遇到的横向阵风。

⑥ 横向倾斜路段用来试验装甲车辆侧坡行驶稳定性和操纵性。德国军方的第 41 号试验场设有两条这样的路段，横向坡度为 20%和 30%；美国阿伯丁军用装甲车辆试验场也有 3 条，横向坡度分别为 20%、30%和 40%。

9. 通过性试验设施

通过性试验设施用来进行越野装甲车辆的地形通过性与地面通过性试验，一般包括凸岭、弹坑、垂直障碍物、壕沟、涉水池、砂地和泥泞地等。

10. 噪声试验路段

噪声试验路段用来进行装甲车辆的车内噪声试验和车外噪声试验，它一般包括超静路段和噪声发生路段。超静路段，亦称无声路段，是由水泥或沥青铺设的，其路面极为平坦，像平板一样。噪声发生路段由混凝土、石块或沥青与石砖铺设，或用龟甲状的石块排列而成，其路面呈有规律的凹凸不平状。有时为了使试验装甲车辆的车外噪声反射回来，通常沿着噪声测量路段还修有高度一定、表面平整的墙壁。

11. 安全性试验设施

安全性试验设施用来试验和研究装甲车辆发生事故时对装甲车辆的影响和如何保证乘员（试验时用人体模型代替，即用假人代替）的安全。这些设施都是一些专用的试验设施，如装甲车辆碰撞试验设施、紧急停车试验装置（有的利用固定在混凝土支柱上的停车拉索）和装甲车辆翻车试验场地等。

12. 密封性试验设施

密封性试验设施用来试验车身的密封性和密封件的效能。防粉尘密封性试验设施是粉尘隧道，轮式装甲车辆通过时，用光学方法测量粉尘量。防水试验设有涉水路面，水深为 $100\sim150$ mm，水体长度为数十米至数百米，轮式装甲车辆以高速通过，检查水落在电气设备和其他部件上的情况和影响。深水池有深为 $1\sim1.5$ m 和 $4\sim5$ m（最深可达 8 m）的两种。前者用来做装甲车辆可通过的涉水深度试验，后者用来做军用越野装甲车辆的潜渡、浮渡和密封试验。某些天然湖泊、河流也可利用。

13. 山路

山路一般利用自然地形修筑，或利用现有的公路改建，用以考验装甲车辆发动机、传动系统和制动系统的使用性能。

试验场的室内部分，比较完整的有整车参数测量室、发动机试验室、部件试验室、材料试验室、振动试验室、噪声试验室、密封性试验室、温湿度试验室及轮胎试验室和风洞试验室等。

由于室内试验与室外试验是紧密联系的，所以一般试验场都具有这两部分。

为了配合装甲车辆及其部件的试验研究工作，场内还设有必要的辅助建筑和设施，如调度塔、气象观测台、车库、油库、保修车间、供水供电设备以及场内通信设备等。

6.2.3　国内外试验场简介

1. 国外装甲车辆试验场

1）美国通用车辆公司米尔费德试验场

图 6.7 所示为该试验场的平面简图。该场始建于 1924 年，后几经改建和扩建，现占地面积已达到 1 613 ha①，建筑面积约 40 万 m²。

该试验场主要的设施结构介绍如下。

高速瓢形跑道，沥青路面，长 6 100 m，具有抛物线状的倾斜弯道，有 5 条行车带。弯道的半径分别为 318 m、206 m 和 202 m，最大倾斜度为 77%。该跑道亦可用来进行装甲车辆的动力性和燃料经济性等试验，但主要用来进行与高速公路上行驶条件相似的持续的高速行车试验。

高速圆形跑道，混凝土路面，长 7 250 m，路基宽 19.4 m，有 5 条行车带。第 1~3 条车带的宽度均为 3.7 m，第 4 条车带 4.0 m，第 5 条车带 4.3 m。最低车速，第 1 条车带为 64 km/h，第 2 条车带为 96 km/h，第 3 条车带为 112 km/h，第 4 条车带为 144 km/h。最外圈为第 5 条车带，其最低车速为 177 km/h，平均车速为 200 km/h。该跑道除了用来进行轿车的高速行驶试验外，还可用来试验货车和轮式装甲车辆。

南北向高速直线跑道，沥青路面，长 4 200 m，路基宽 6 m，北端回车道，路基宽 10.5 m，其弯道最小半径为 46.7 m。装甲车辆驶离回车道进入直线跑道的车速可达 96 km/h。南端回车道比直线跑道的水平面高 30.5 m，弯道最小半径为 45.8 m，并具有 14% 的减速上坡道和 12% 的加速下坡道。这项设施的功用是便于装甲车辆高速进入和离开回车道，并在回车道的顶点装甲车辆能保持适中的速度。该跑道用来进行装甲车辆的加速、制动和等速燃料经济性等试验。

试验场内拥有许多坡度和长度不同的坡道，11.6%、21% 和 24% 坡道是初期修筑的，后来又相继修筑了 7%、16% 和 27% 的坡道以及 60%、45% 和 30% 的陡坡。

为了检查装甲车辆涉水时溅起的水花对发动机及其电气设备以及其他部件工作情况的影响，并检查涉水后装甲车辆制动性能的恢复能力，在场内设有深 300 mm、长 300 m 的涉水池。在试验道中还设有一个盐液浅水池，用来再现装甲车辆冬季在撒有食盐的道路上的使用工况。

---

① 1 ha=10 000 m²。

该试验场还建有操纵性试验广场、安全性试验用的装甲车辆碰撞试验设施、车身密封性试验用的粉尘道和悬架试验用的正弦曲线长波路段等。

2）德国41号试验场

德国国防技术和供应局（BWB）所属41号试验场，占地210 ha，人员为800余名。除对轮式、履带式装甲车辆做整车技术鉴定外，还设有发动机、传动系统、悬挂系统、减振器、履带、液压电气系统等试验设备。试验场有如下主要设施：

① 1条配有两个转向场、长度为850 m的试验跑道，转向场直径为120 m，外侧高于内侧，可使装甲车辆以最高速行驶。还有一条长为6.2 km的环形跑道。

② 12条不同类型和设有障碍物的跑道，如20%和30%坡度倾斜跑道、比利时石块路、垂直倾斜的障碍物跑道、正弦波路、搓板路、错位正弦波跑道和碎石路等。

③ 5条坡度道，其坡度分别为5%、20%、30%、50%、60%。

④ 130 m长涉水潜渡池，最深为8 m，可进行水下摄影。

⑤ 5个发动机试验台（最大到1 470 kW），2个轮胎试验台，1个履带试验台，1个履带和齿圈磨损试验台。还有制动器、离合器、弹簧、减振器、风扇、空气滤清器等小型试验台。

⑥ 2个模拟气候条件试验室、轮式和履带式装甲车辆各1个，模拟装甲车辆高温和低温下试验。

⑦ 人体工程试验，测定与人体健康、疲劳有关的环境因素。

3）美国陆军阿伯丁试验场

美国陆军阿伯丁试验场，建于1917年，占地300 km²，设有试验评价专门机构并拥有现代化设备。试验场的任务是为研究、设计、改进装甲车辆而进行试验；为批准设计而进行工程试验；检验生产程序和负责质量保证；模拟自然、气候、海拔高度、振动、冲击、爆炸、炮火等环境下的试验。

试验跑道按性能试验、耐久性试验分在3个区域，即芒森试区、佩里曼试区和丘奇维尔试区，总长50 mile①。

芒森试区：包括一组固定的障碍物和专门跑道做野外性能测量用。用水、陆两用斜坡、丘陵起伏跑道、泥泞路、2 in②搓板路、高速铺装路、夹杂岩石的跑道、径向搓板路、涉水坑、波状跑道、可控土槽、间隔凸条道、岩石稀布跑道、砂土道、6 in搓板路、阶梯式凸起跑道、装甲车辆检修处、沟渠、架桥装置、垂直障碍、砾石路、转向场（坡度5%~60%）、比利时石块跑道、20%斜

---

① 1 mile=1.609 km。

② 1 in=25.4 mm。

坡、沼泽地带，共 26 种设施。

佩里曼试区：有 2 000 英亩①平地，有一条 3 mile 长、路面水平的高速跑道，有 4 个等级的越野跑道和其他设施，主要做装甲车辆的越野等级和二级公路部分的疲劳试验。

丘奇维尔试区：特点是山区陡山，坡度高达 80%，有的地方森林茂密，作为耐久性试验的越山部分。

在阿伯丁试验场进行野外试车时，配有各种测试设备和仪器。

a. 测功车：用来加载荷，吸收被试装甲车辆功率。

b. 冲击振动测试设备：用于测试被试车在各种路面的振动量级。

c. 数据分析处理设备：用于分析和处理各种试验中所测量和记录的数据。

4）英国皇家军用装甲车辆工程试验场

该试验场设在彻特西（Chartscy），试验跑道近似三角形，周长 3 200 m，场内设有悬挂装置性能和寿命试验用的各种试车道，如 1 in 和 2 in 的搓板路、圆石路、高速路。有 5 条试验斜坡，坡度分别为 10%、25%、33.3%、50% 和 59.8%，以考核装甲车辆的牵引和爬坡能力。侧滑台表面呈圆锥形，中央直径为 3 m，向外每隔 3 m 为一个圆环，共 9 个圆环，中心比外圆高 300 mm，这是用来做转向试验的。为了检验操纵稳定性和可靠性，修筑了蛇形跑道，跑道上有上下坡急转弯。为试验高速性能和耐久性，建有直线高速试车道和凹凸不平试车道。为了模仿雨天行车，还建有造雨试验设施。

2. 国内装甲车辆试验场

1）海南轮式装甲车辆试验场

海南轮式装甲车辆试验场始建于 1958 年，是我国第一个现代化湿热气候的轮式装甲车辆道路试验基地，承担国内轮式装甲车辆产品的定型试验、质量考核及进出口轮式装甲车辆的商品鉴定任务，可提供具有科学性和权威性的检验报告。

试验场设在海南省五指山区琼海市加积镇，海拔 670 m，试验场内建有300 m 高速直线试验跑道。其两端有转弯倾斜跑道，构成电话筒形高速环形跑道。还修建了 4 种典型路面的专用试车道，每条长 300 m，分别为搓板路、片石路、卵石路和比利时石块路，可用于可靠性试验。

为了考核轮式装甲车辆承载系统的振动特性和刚度、强度，还建有 2 条扭曲路面试车道，一条适用于轻型装甲车辆，另一条适用于重型装甲车辆。

试验场利用周围公路和山区公路组成环形耐久性试验道路，其中山区试验

---

① 1 英亩 ≈ 4 046.86 m²。

路段为 35 km。试验场设有水槽，路面为石板路，做涉水试验用。

2.1 万 m² 曝晒试验场可按国际标准进行整车、发动机和轮式装甲车辆用非金属材料等近百个项目的检测。由主曲线、反向曲线、缓和曲线和直线 4 部分组成 6.04 km 的高速环形跑道，由 16 种曲型路况组成的 10 km 综合强化坏路，可满足各类型整车以及各种要求的道路试验。

2）襄樊军用轮式装甲车辆试验场（图 6.8）

襄樊军用轮式装甲车辆试验场始建于 1985 年，建有 2 号综合路、灰尘洞、转向试验圆广场、自卸车试验区、高速环道、2 号环道、比利时环道、1 号综合路、标准坡道、自卸车耐久性试验设施、溅水池、涉水池、综合性能试验路等试验设施，如图 6.9 所示。试验道路和设施按照英国轮式装甲车辆工业协会（MIRA）提供的技术设计建造，能够满足国内外轮式装甲车辆、摩托车、农用车等机动装甲车辆认证试验的技术要求，设有轮式装甲车辆整车、总成、零部件等实验室 10 余个，国家进出口车商检实验室 2 个，可满足国内外机动装甲车辆的新产品开发试验、产品质量鉴定的需要，是一个集室内零部件台架试验、整车试验以及道路试验于一体的综合性的轮式装甲车辆产品研发和试验基地。下面介绍各类试验设施。

图 6.8　襄樊军用轮式装甲车辆试验场试验道路全景

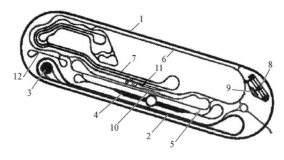

图 6.9　襄樊军用轮式装甲车辆试验场构成

1—高速环道；2—综合性能试验路；3—转向试验圆广场；4—1 号综合路；5—比利时环道；

6—2 号环道；7—2 号综合路；8—标准坡道；9—自卸车试验区；10—溅水池；

11—涉水池；12—灰尘洞

高速环道：水泥混凝土路面，长圆形。全长 5.3 km，宽 12～13 m，3 车道，设计车速分别为 50 km/h、100 km/h、160 km/h，最大安全车速为 210 km/h。两条直线道各长 1 376 m，弯道半径 315 m，最大超高角 34°，可进行持续高速和整车性能试验。

综合性能试验路：为听筒形环路，全长 4 051 m。直线段连续长度达 1 640 m，宽 18 m，纵坡为 0°；曲线段路宽 7 m，单车道，主圆曲线和反向圆曲线的半径分别为 85 m 和 160 m，两者之间设置了麦克康奈尔（McConnel）螺旋线作为缓和曲线。直线段两侧各设 3 m 宽沥青混凝土的平顺性试验路。

综合性能试验路北端建有转向试验圆广场，直径 100 m，广场中央设有喷水井。

ABS 试验道路由南北两部分组成，与性能路融为一体。两部分均由高、低附着系数路面组合而成，并形成对开、对接的形式。高附着系数路面为水泥混凝土路面，在干、湿状态下的附着系数分别为 0.8、0.7。南端低附着系数路面为 200 m 玄武岩瓦路面，北端低附着系数路面为长 200 m 的特殊油漆路面，通过喷水，在湿状态下的附着系数分别为 0.24、0.15，可进行轮式装甲车辆的动力性、经济性、迎风阻力和滚动阻力测定，制动性能及 ABS 研究、鉴定试验，轮胎性能及抗滑研究评价试验，操纵性、稳定性试验，平顺性试验等。

转向试验圆广场：直径为 100 m，幅射坡 0.3%，水泥混凝土路面，附着系数为 0.68～0.72，可进行稳定转向响应特性试验，操纵性、稳定性试验，轮胎附着特性测定试验。

1 号综合路：它包括扭曲路、坑洼路、卵石路、搓板路（错位搓板及角度搓板）、水泥块路、长波路、短波路，以及噪声发生路、车外噪声测量区和直径为 80 m 的转向圆场，主要用于进行装甲车辆的可靠性、耐久性试验，振动和应力采样，悬挂性能评价，噪声法规，噪声研究及稳态转向性能等试验。各种路面间修有平坦的跑道，用于试验装甲车辆的返回、脱离及试验观测。

比利时环道：长 2.7 km，宽 3.5 m，有 2 条直线和 1 条 S 形弯道，是世界上最长的比利时路。该路面主要用于进行轮式装甲车辆的耐久性试验。

2 号环道：沥青路面，长 4.2 km，宽 8 m，两车道，用于可靠性、耐久性、制动性、操纵稳定性主观评价以及排放里程等试验，同时它也是试验场的交通干道。

2 号综合路：2 号综合路有 24 种典型路面，试验路总长 6.9 km，通过连接路构成不同试验循环。2 号综合路由 3 种基本试验道路组成：第一种是以操纵性、平顺性试验为主的道路，如破损颠簸路、窨井盖路、5°/10°横向坡路、路拱交叉路、大路拱路、弯道反向坡路、长波路、搓板路、铁路交口路等。第二

种是乘用车耐久性试验为主的道路，如蛇行卵石路、限速路障、坑洼路、住宅进口路、路缘冲击路、凸块路（共振路）、路面接缝路、过水路面、砂石路等。第三种是专项试验路，如石块路和砾石路等，可从事轮式装甲车辆操纵性、平顺性评价试验，可靠性、耐久性试验，室内结构试验，振动分析试验，特殊工况分析试验，悬挂评价试验，车身、底盘油漆黏着性试验，车身、底盘零部件材料和油料的防盐及泥水腐蚀试验。2 号综合路是一条国内仅有的完整的、操纵性/平顺性评价试验道路和乘用车耐久性试验道路。

标准坡道：建有 7 条坡道，坡度分别为 10%、16.6%、20%、30%、40%、50%、60%，用于装甲车辆爬坡性能、手制动驻坡性能、坡上起步、离合器研究开发等试验。坡顶建有自卸车倾翻机构耐久性试验装置。

3）定远轮式装甲车辆试验场

定远轮式装甲车辆试验场始建于 1980 年，是国家级轮式装甲车辆新产品定型试验机构和陆军军工产品定型委员会职能机构，可进行轮式装甲车辆产品定型试验中所需完成的全部试验项目。

定远轮式装甲车辆试验场地处安徽省定远县，是全亚洲占地面积最大的综合性轮式装甲车辆试验基地，拥有高速试验环道、综合性能试验路、凹凸不平路、越野路等轮式装甲车辆试验所需的各种路面。

除上述试验道路外，定远轮式装甲车辆试验场还拥有一套完整的、先进的测试仪器和设备与配套的试验设施，可进行各类轮式装甲车辆的整车定型试验，能做到试验测试自动化、数据处理微机化，使整个试验过程标准化、程序化和规范化。

高速试验环道占地 80 万 m²，呈椭圆形，全长 4 000 m，设计车速分别是 60 km/h、90 km/h、120 km/h，弯道设计采用世界上最先进的麦克康奈尔螺旋线做缓和曲线，在美国阿伯丁试验场的基础上有所创新。轮式装甲车辆在这里进行长时间持续的高速行驶试验，可考核轮式装甲车辆高速行驶性能，发动机及其他总成的润滑散热性能，发动机、传动系统、轮胎和轴承等部件的可靠性及耐久性。

4）农安轮式车辆试验场

农安轮式车辆试验场位于吉林省长春市西北部，北纬 44°，是我国唯一具有寒带气候特点、设施先进、功能齐全的轮式车辆试验基地，主要承担轮式车辆新产品的整车及主要总成的性能试验。同时，亦可承担国内各厂家主要产品和进口样车的质量考核、鉴定及各种专项试验。

试车场占地面积 96 万 m²。主要设施有：长 4 000 m 的长圆形高速环形跑道，分 3 车道，设计车速 160 km/h，最高车速可达 200 km/h；由 18 种路面组成的可靠性试验路总长 8 436 m；总长 2 437 m 的综合性能试验路；4 种标准坡道（8%、12%、20%、29%）；侧风试验设备。

|6.3 动力性试验|

6.3.1 动力特性试验

装甲车辆动力性能是指车轮驱动牵引力（即单位车重的后备驱动力）和车速的关系。后备驱动力用于克服滚动阻力、坡道阻力和加速惯性力。通常用动力因数 D 来表征：

$$D = f + i + \frac{\delta a}{g} \tag{6.1}$$

式中，f 为滚动阻力系数；i 为坡度百分率；a 为装甲车辆加速度；δ 为旋转质量换算系数，令 $\psi = f + i$，ψ 称为道路阻力系数。

上式可用图线表示，称为动力特性，如图 6.10 所示。图上为四挡机械传动变速箱和三挡液力传动变速箱的动力特性。

动力性评价指标有最高车速、加速能力和爬坡能力，对应图上的 v_{max}、ΔD 和 D_{max}。

1. 最高车速

所谓最高车速，是指装甲车辆在无风情况下，在良好的水平路面上直线行驶能达到车速的最大值。

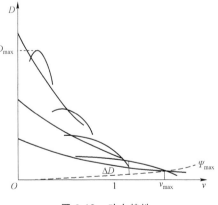

图 6.10 动力特性

装甲车辆最高车速测定试验包括两方面的内容：

一是在试车跑道上进行的最高车速测定。需按一定试验规范进行，它是衡量装甲车辆速度性能的一个指标，便于指导装甲车辆使用。

试验方法是装甲车辆起步加速后，直至变速箱挂最高挡，发动机油门开度最大达到稳定车速。测速方法是在测速区两端，记录下装甲车辆的通过时间，然后计算出车速。计时方法既可以秒表计时，也可以在测速区两端安装光电或磁传感器，将装甲车辆经过时产生的电信号，用电子计时器自动记录下其通过的时间。

各国对最高车速测试试验的规定不尽相同。对于轮式装甲车辆，日本规定加速区为 1 km，测速区为 200 m。美国则规定在 1 mile(1 609 m)的最后 1/4 mile (420 m)为测速区，称为 1 mile 最高车速。我国规定将跑道 1.6 km 的最后 500 m 作为测速区，往返各一次，取其算术平均值作为最高车速。俄罗斯与我国基本相同。

二是持久最高车速测定试验。它要保持装甲车辆各总成、零部件正常可靠连续工作，发动机和传动系统不过热，保持直线行驶的最大车速。进行持久最高车速试验，要在 10 km 以上的水平平坦道路，一般用天然场地或相近似的道路。

此外，对军用履带式装甲车辆来说，除最高车速外，平均车速也是动力性的重要指标之一。平均车速决定了装甲车辆使用的机动性。平均车速一般指在土公路上长距离行驶的平均车速。它是由测量的行驶距离和时间来计算的，一般可用里程计和计时器测量。采用速度分析器，不仅可以求得平均车速，还可以分析各种速度使用时间和行驶距离的比例。

2. 加速性试验

加速性试验是测定装甲车辆的加速性能。由式（6.1）知，水平平坦路面上加速度大小与动力因数成正比，因此加速特性的好坏反映了装甲车辆动力特性的好坏。从理论上讲，应该用加速度和时间关系来评价装甲车辆的加速性，但实用意义不大，因此通常采用速度或距离与时间的关系来评价装甲车辆的加速性。一般的表示方法是用装甲车辆从某一条件下加速到某一距离或某一车速的时间表示。图 6.11 所示为轮式装甲车辆加速试验曲线。图中 1 为起步换挡加速曲线，2 为直接挡加速曲线，3 为换挡加速距离曲线，4 为直接挡加速距离曲线。

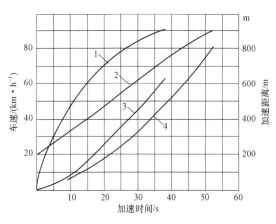

图 6.11 轮式装甲车辆加速试验曲线

起步加速试验，是指装甲车辆从原地起步，在最佳情况下换挡加速到最高车速的试验。普遍的方法是用第五轮仪记录速度、行程和时间 3 个参数。根据记录曲线，可以画出 $v=f(t)$，$s=f(t)$ 曲线，如图 6.11 所示。为了研究离合器接合性能、轮胎与路面附着力的关系、变速操纵性和同步器特性，可以在车上安装加速度计，并直接记录加速度和时间，国外一般都用从 0～400 m、0～500 m、0～1 000 m 原地起步加速时间比较加速能力。目前大中型客车，原地起步换挡加速到 100 km/h 车速，需时间为 10～175 s，轿车为 12～25 s。军用履带式装甲车辆以 0～32 km/h 的加速时间为加速性指标。现代主战坦克的加速时间为 7～9 s。

固定挡加速试验是装甲车辆挂上某一挡，以一定初速加速的试验。用加速时间评价装甲车辆的超车性能，一般在高挡及次高挡进行。在交通流量较大的公路干线上行驶时，轮式装甲车辆超车的加速性是很重要的。为便于比较，也可测试 30～50 km/h、40～50 km/h、60～80 km/h 等车速的加速时间。

3. 爬坡试验

爬坡试验主要试验装甲车辆的爬坡性能。装甲车辆用最低挡从较小坡度开始爬坡，其所能克服的最大坡度值即爬坡能力，用角度或纵向升高百分比表示。轿车都在较好的道路上行驶，最大爬坡度在 20% 以上，货车爬坡度为 20%～30%。越野车的爬坡能力是重要指标，一般最大爬坡度不小于 60%。液力传动装甲车辆，其最大爬坡度可达很大值，但仅具有极低的车速。因此，一般以克服一定坡度时的车速来评价其爬坡性能。对军用履带式装甲车辆，除测量爬坡度外，还要求测车速。现代坦克在爬 60% 的坡度时，可达 9.5～8 km/h 的车速。

爬坡试验一般在专门设置的坡道上进行，依次由小到大，在爬最大坡度时，应有安全保护装备。在爬坡试验过程中，对装甲车辆各部件工况进行仔细观察、测量，如化油器倾斜对发动机运转特性、怠速特性以及起动性能的影响，轮胎与路面附着情况，离合器接合情况等。

4. 行驶阻力试验

轮式装甲车辆的行驶阻力试验通常采用滑行法进行，即在水平的平坦铺装路面上，当装甲车辆达到一定速度并稳定后，装甲车辆挂空挡，依靠装甲车辆惯性滑行。依据动能原理，通过测量测定区间的动能变化量，测定滚动阻力，此时车速较低，为 16～20 km/h。如果是高速滑行试验，则测定的阻力包括滚动阻力和空气阻力两部分。由于滚动阻力随速度上升会产生一定变化，因此并不能测得真实的空气阻力系数。真实的空气阻力系数，需通过轮式装甲车辆模

型风洞试验或实车风洞试验来求得。

履带式装甲车辆行驶阻力的测定可采用牵引法、滑行法和扭矩法 3 种方法。

1）牵引法

被试装甲车辆用一辆牵引车牵引，在水平路面上等速行驶，同时测量地面变形阻力（图 6.12），由测力计记录钢丝绳上的拉力。试验时被试装甲车辆挂空挡，以便尽可能地减少装甲车辆内阻力对测量的影响。

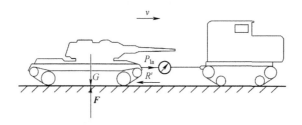

图 6.12　牵引法测行驶阻力系数

考虑到道路的微小坡度对试验的影响，在同一测试地段往返两个方向进行试验，取两次所得的平均值。

由水平方向作用在装甲车辆上的外阻力平衡可得：

$$F_{la} = R'$$

式中，R' 为所测行驶阻力，它包含了传动装置及履带行动部分中某些机件空转时的内阻力。

2）滑行法

该方法与轮式装甲车辆基本相同，即将被试装甲车辆加速至某一速度 v，速度稳定后换空挡，靠装甲车辆惯性滑行；不同的是测量至装甲车辆停止时，空挡滑行距离 s 后，根据能量守恒原理，即可求出装甲车辆在某种路面的行驶阻力。采用下式计算：

$$\frac{m \cdot v^2}{2} + \sum \frac{I_i \cdot \omega_i^2}{2} = f \cdot G \cdot s$$

式中，m 为被试履带车的质量；I_i 为与主动轮有关的运动学联系的某旋转件转动惯量；ω_i 为该旋转件的角速度；f 为被试履带式装甲车辆在试验路段内的平均阻力系数；G 为被试履带重力；s 为空挡滑行距离。

3）扭矩法

当装甲车辆在水平路面上低速稳定行驶时，用扭矩传感器测得主动轮上的扭矩，再除以主动轮半径获得行驶阻力

$$R = \frac{M_z}{r_z}$$

式中，M_z 为主动轮扭矩；r_z 为主动轮半径。

6.3.2　牵引特性试验

进行牵引特性试验的目的是全面评价装甲车辆的动力性和验证牵引计算的正确性。试验主要是测试动力特性 $D=f(v)$，即单位牵引力和车速的关系。具体方法是，在进行道路测试时，分别测得装甲车辆牵引力和相应车速，再由已知车重计算得 $D=f(v)$。试验中采用测功拖车，进行道路牵引性试验。在水平路上，装甲车辆的轮周牵引力 P_e 可用下式表示：

$$P_e = P_f + P_w + P_k$$

式中，P_f 为滚动阻力；P_w 为风阻；P_k 为挂钩牵引力。

测得 P_f、P_w、P_k 3 个力就可求得轮周牵引力 P_e，计算得 D（$D=P_e/w$），同时测得相应的车速 v，即可得 $D=f(v)$ 曲线。

试验采用负荷测功车作为测试装甲车辆。试验时，被测装甲车辆牵引测功拖车，中间接上测力计，在良好路面的跑道上，以最大油门稳定行驶，调节测功拖车负荷，从小到大，在每挡的速度范围内，调节 8～10 个点，每点在稳定条件下测得牵引力和车速，整理测量结果，即得动力特性。

美军 TOP2-2-604 挂钩牵引力测定操作规程对试验用仪器设施、方法等作了详细规定。它适用于轮式、履带式及水陆两用装甲车辆。

| 6.4　制动性试验 |

装甲车辆制动性能是指装甲车辆从高速行驶状态急剧减速，甚至完全停车的能力。制动性能的好坏，不仅影响行驶安全，也直接影响使用车速的高低，它是装甲车辆机动性能的重要指标之一。装甲车辆制动性能主要用制动效能和制动稳定性来评定。制动试验的主要测量参数有制动初速度、制动减速度、制动距离和制动踏板力等。有些试验还要记录制动片最高温度和管路压力。

6.4.1　制动效能试验

装甲车辆制动效能试验包括的试验内容有制动距离测定、制动效率、连续

制动后制动性能衰退与恢复试验、浸水后制动效能的恢复能力试验及手制动性能等试验。

1. 制动距离测定试验

制动距离是装甲车辆制动性能的主要评价指标。制动距离是指开始踩制动踏板到完全停车的距离。装甲车辆制动距离测定试验一般在水平良好的路面上进行，主要考核装甲车辆的最大制动能力。主要的测试方法有打印记号法、喷枪法和五轮仪法等。

1）打印记号法

当驾驶员踏下制动踏板的瞬间，通过专门的打印记号装置在路面上打出印记，测定此印记到轮式装甲车辆停止后的印记间的距离，即制动距离。

2）喷枪法

欧美广泛采用喷枪法。试验时，喷枪内火药将自白粉笔或彩丸打出，在路面上产生印迹。此方法因为牵涉到使用火药问题，所以在一些国家未能得到应用。替代的方法是用压缩空气取代火药，可达到同样的效果。

3）五轮仪法

五轮仪法测定制动距离时，试验车牵引五轮仪，每一定距离发出一个脉冲信号，结合制动时的信号，便可测得制动距离。在 30 km/h，制动满载轿车和轻型货车的制动距离不大于 7 m，中型货车不大于 8 m，重型货车不大于 12 m。

用制动距离来评价轮式装甲车辆制动性能时，一般要选择轮胎和路面间摩擦系数尽可能高的试验路段，很多国家的试验标准中规定了路面的摩擦系数。此外，FMVSS 还规定了轮胎不抱死状态下的制动距离。因此，试验必须在规定路面状态下进行。

进行这些试验时，除路面状态外，尚需注意以下问题：

① 认真调整制动器，确保左右轮制动效果相同。

② 制动踏力要保持一定，如果难以做到，则应采用踏力控制装置。

③ 在初速测定区间，应注意轮式装甲车辆不能有加减速。

④ 制动前的摩擦衬片温度，应符合有关试验方法的规定。

由于制动距离主要取决于制动减速度，因此也常用减速度作为评价指标。制动减速度可以用制动仪或加速度计来测量，制动减速度是变化的，故常用最大制动减速度来评价。轿车的最大减速度一般在 0.9g 以上，有的已达 1g 以上，货车一般在 0.6g 左右，非公路特种卡车由具体情况而定。在制动试验台上，检测制动性能时用制动力作评价指标，制动力应达到法向载荷的 60%。

对于军用履带式装甲车辆，为提高机动性，在提高其加速性同时要求提高

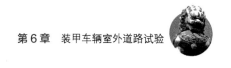

其减速能力，主要评价指标是制动距离和制动时间。

2. 制动效率试验

制动效率试验是测试制动踏板力（输入）和装甲车辆减速度（输出）关系的试验。有时也采用测定制动泵液压（气制动则测定制动分气室气压）来代替制动踏板力的方法。将制动踏板力作为输入时，是考核包括制动操纵系统特性在内的制动综合性能。以液压（气压）作为输入时，需在试验前进行踏力和液压（气压）关系的标定。

进行制动效率试验时，有两种制动操作方法：一种是保持踏板力不变，称"恒输入法"；另一种是使轮式装甲车辆减速度恒定不变，称为"输出恒定法"。至于采用哪种方法，则需视具体试验情况而定，通常多采用第一种方法。因为摩擦材料的表面温度对制动器效能影响很大，所以试验时应进行严格控制。要在每个制动器负荷最大的制动衬片或摩擦片上测定温度。

踏板力测定有两种方法：一种是在制动踏板上安装踏力计；另一种是直接在制动踏板臂上贴应变计，通过应变计的阻值变化测出踏板力。为了考察制动效率随车速的变化，往往要在3~4种速度上进行制动效率试验，图6.13是用轿车进行这种试验结果的例子。

制动摩擦衬片的摩擦特性，随衬片受热历经情况与试验当时的温度而变化，故在进行评价试验时，一般要规定一定的试验程序和制动前的衬片温度。

有关制动效率的试验方法，日

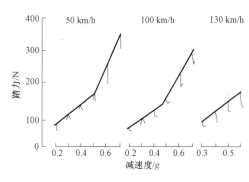

图6.13 制动效率试验结果（轿车）

本有 JASO C 404-78（载货轮式装甲车辆、大客车常用制动器道路试验方法）和 JASO C 402-73（轿车常用制动器道路试验方法），美国有 SAE J 843a（轿车脚制动器道路试验方法）和 SAE S 786（载货轮式装甲车辆、大客车脚制动器道路试验方法）等。

3. 连续制动后制动性能衰退与恢复试验

制动性能衰退与恢复试验是考核轮式装甲车辆在山路下坡和市区街道上频繁使用制动器行驶时，在制动摩擦衬片温度上升过程中，制动效能的下降和恢复情况。试验一般是在规定的时间或距离间隔内，以一定减速度反复连续制

动，然后测量制动摩擦衬片温度和装甲车辆减速度等参数，对受热后的制动效率与冷态时的制动效率进行比较。也有的国家（如德国）采取以拖带制动（在轻度制动状态下）行驶一定距离，使摩擦衬片温度上升，然后试验比较受热后的制动效率与冷态时的制动效率。

4. 浸水后制动效能的恢复能力试验

该试验是为了考核轮式装甲车辆在下雨或积水路面上行驶时，在制动摩擦衬片等摩擦材料表面浸湿条件下制动力的下降和复原情况。

试验时，让轮式装甲车辆在一定水深的水槽中缓缓前进或倒退，使制动器摩擦材料表面浸水，而后再在干燥路面上进行连续制动。根据此时的踏板力变化和有无制动跑偏等异常现象来进行评价。

6.4.2 制动稳定性试验

制动稳定性是指制动时，装甲车辆在直路上或弯路上的方向控制能力。在制动过程中，可能出现制动跑偏和后轴侧滑甩尾现象。制动跑偏的主要原因是两侧制动器摩擦力不相等。轮式装甲车辆制动时，后轴侧滑的主要原因是后轮先抱死。试验方法为在规定车速下制动，测其跑偏量。例如，在轿车按级别给定车速（在 80～139 km/h）下，在 3.7 m 宽的车道内，沿中心线制动的整个过程中或停车后，轮式装甲车辆任何部件均不得超出车道线。

轮式装甲车辆制动性能与行驶安全性密切相关，各国都很重视。近年来，国际上轮式装甲车辆制动性能的试验方法日益完善，逐渐形成统一的试验标准。例如，美国 FMVSS 和日本 JASO 的轮式装甲车辆制动道路试验方法基本一致。

| 6.5 装甲车辆室外噪声试验 |

装甲车辆噪声的室内试验已经在 5.7 节介绍，本节重点介绍装甲车辆噪声的室外试验。

装甲车辆噪声分为车内噪声和车外噪声。车内噪声影响驾驶员、乘客的舒适性，干扰谈话；车外噪声则产生公害。因此，各国对装甲车辆噪声都制定了法规加以限制。

军用装甲车辆车内噪声影响乘员舒适性，车外噪声则影响技术指标，如噪声无感觉距离，它与军事使用隐蔽性有关，见 GJB 59.2—1986 噪声测量。

轮式装甲车辆噪声在试验规范中规定测量 3 种噪声：等速噪声、加速噪声和排气噪声。一般情况下，加速噪声较大，因此主要测定加速噪声。为了分析排气噪声和评价消声器，有必要测定排气噪声。表 6.1 所示为汽车加速行驶车外噪声限值。

表 6.1　我国机动装甲车辆加速行驶时允许车外最大噪声级（GB l495—1979）

装甲车辆种类		1985 年 1 月 1 日前生产的产品/dB（A）	1985 年 1 月 1 日起生产的产品/dB（A）
货车	8 t≤载货质量＜15 t	92	89
	3.5 t≤载货质量＜8 t	90	86
	载货质量＜3.5 t	89	84
客车	4 t＜总质量＜11 t	89	86
	总质量≤4 t	88	83
轿车		84	82
摩托车		90	84
轮式拖拉机		91	86

机动装甲车辆噪声测量方法（GB 1496—1979）规定了车外、车内噪声测量方法。测试车外噪声，场地应平坦而宽广，在测试中心 25 m 为半径的范围内，不应有大的声反射面，跑道有 20 m 以上平直段，干燥的沥青路面或混凝土路面，坡度不超过 0.5%，本底噪声（包括风噪声）应比所测装甲车辆噪声低 10 dB，测量场地示意图如图 6.14 所示。

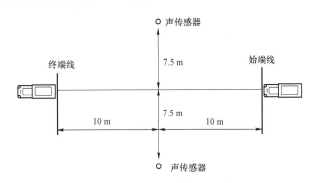

图 6.14　车外噪声测量场地示意图

加速噪声测量时，装甲车辆以下列条件稳定到达始端线。行驶挡位：直接挡为Ⅳ挡以上者用第Ⅱ挡，Ⅳ挡或Ⅳ挡以下者用第Ⅰ挡，发动机转速选额定转

速的 3/4。若此转速超过 50 km/h，则以 50 km/h 车速稳定地到达始端线。自动换挡装甲车辆使用在试验区间加速最快的挡位。装甲车辆到达始端线，立即将油门踏板踩到底，直线加速行驶，用声级计"A"计数网络，"快"挡进行测量，读取装甲车辆驶过时的最大读数。同样测量往返进行两次。同侧两次测量结果之差应不大于 2 dB。取每侧两次声级平均值中最大值为装甲车辆最大噪声级。匀速行驶测量方法为以直接挡，油门稳定，50 km/h 的车速匀速通过测量区。装甲车辆以最高挡位最高车速 3/4，匀速通过测量区。其他方法同加速行驶测量方法。为提高测试精度，必须严格控制试验条件。因此，应装设检测设施，以便监视试验车进入试验区段时的发动机转速、加速开始位置、通过车速以及试验时是否保持沿路中线行驶等。

美国 SAE 规范为声传感器离跑道中心垂直距离 15 m，高 1.2 m，跑道试验区为 30 m，声传感器在试验区中间：要求环境 30 m 内无大的声反射面，其他噪声源应低于 10 dB，测试时用声级计"A"计数网络，用"快"挡读数，取最高值。

欲降低轮式装甲车辆噪声，就要探讨各种潜在声源。声源一般包括：发动机声、冷却系统声、吸气系统声、排气系统声、传动系统声、轮胎声和其他。探求各种声源占总体声响的比例的试验，称为"声源权响分析"。一般是采用暴露法试验，试验时用护罩包裹整体，遮蔽整体声源，使其处于最低状态，然后将所测声源（如发动机）暴露，测出噪声级值。由各自噪声级差便可求出声源本身的噪声级。轮胎噪声，通常采用轮式装甲车辆滑行方法（发动机熄火、变速器空挡）求得。

| 6.6 燃料经济性试验 |

燃料经济性是装甲车辆重要性能之一，特别是随着能源消耗的加大，能源供应呈现出日益紧张的趋势，燃料价格不断攀升，使装甲车辆的使用成本增加。

6.6.1 评价指标

常用装甲车辆燃料经济性评价指标是百公里[①]燃料消耗量或单位容量燃料的行驶里程，又称燃料消耗率。为便于比较不同载重量轮式装甲车辆的燃料经

---

① 1 公里=1 000 米。

济性，也可用每千克总质量行驶 100 km 的耗油量来评价装甲车辆燃料的经济性。在美国采用 1 加仑①（美）行驶的里程（英里）来评价，即 mile/gal（MPG）。

6.6.2　试验方法

燃料消耗率最可靠的测定方法是装甲车辆在长期实际使用中累积的统计数据，但也有其使用工况的局限性，使用的工况不同，积累的统计数据也不相同。为此，各国对燃油消耗的试验方法进行了规定。例如，美国的 SAE 按平均车速的不同，由低到高依次规定了 SAE 城市运行规范、SAE 市郊运行规范、SAE 州际公路 24.6 m/s（88 km/h）车速运行规范和 SAE 州际公路 31.3 m/s（112 km/h）车速运行规范 4 种试验模式。

我国针对轮式装甲车辆各种不同的使用工况，在国标 GB 1334—1977 中规定了等速行驶和行驶使用燃料消耗率的试验方法。这两种方法也是燃料消耗试验普遍采用的方法。

等速行驶燃料消耗率试验方法是装甲车辆在满载情况下，以直接挡或最高挡在平直平坦路面保持等速条件下，测定 1 km 的燃料消耗量，然后换算成燃料消耗率，以 1/100 km 计，将各个车速下测得的燃料消耗率画成关系曲线，称燃料经济特性。图 6.15 所示为 4 种轮式装甲车辆试验所得燃料经济性。图 6.15 中 1 为 BJ–130，2 为上海 130，3 为天津 620，4 为红星 621。

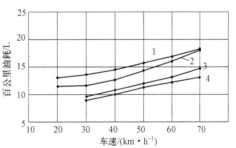

图 6.15　燃料经济性

行驶使用燃料消耗率的测定是按严格规定的道路试验条件以及轮式装甲车辆的行驶规范进行的，否则试验结果无法对比。这种试验在平原干线公路及平坦山区公路上进行，行程不少于 50 km。按照不同装甲车辆制定行驶规范，并在行驶过程中统计记录实际的行驶规范，作为试验结果对比分析的依据。美军阿伯丁试验场 MTP2-2-603 装甲车辆燃油消耗率测试通用设计试验规程对运输车规定了等速燃油消耗试验、全负荷燃油消耗试验、发动机怠速燃油消耗试验、标准试验道路燃油消耗试验。

———————
① 1 加仑（美）≈ 3.785 412 升。

| 6.7　操纵与稳定性试验 |

6.7.1　轮式车辆的操纵与稳定性试验

随着装甲车辆技术的不断完善，包括轮式装甲车辆在内的装甲车辆速度在不断提高。轮式装甲车辆的操纵性与稳定性对行驶安全性影响愈来愈受到广泛重视。轮式装甲车辆的操纵与稳定性试验已成为装甲车辆试验的重要内容，我国的国家标准 GB 1334—1977 对轮式装甲车辆的操纵与稳定性试验内容做出了规定，试验包括转向的轻便性、操纵的稳定性。轮式装甲车辆操纵与稳定性试验的目的是确定轮式装甲车辆转向时的曲线运动特性以及对外界各种干扰的反应。试验所需的参数是密切相关的、随机的，最后仍要结合人的体验，才能做出正确的评价。因此，轮式装甲车辆操纵与稳定性的道路试验包括驾驶员体感的主观评价和实车试验的定量评价两部分。体感评价项目主要有方向盘轻快程度、保持力、回位、忙度、游隙、驾驶位置、调头停靠难易、侧摆、前后振摆、直行性、不足与过度转向特性、车道转移稳定性等。定量评价参数有车速、侧向加速度、侧倾角、侧倾角速度、俯仰角、俯仰角速度、方向盘操纵力、方向盘转角、车轮轨迹和车轮偏离角等。

轮式装甲车辆操纵稳定性试验主要在轮式装甲车辆试验场的专用场地上进行。试验前要注意检查轴荷分配、轮胎充气压力与胎面等是否符合要求。

根据不同的目的，可选择进行下述试验。

1. 稳态特性转向试验

稳态特性转向试验亦称转圈试验，是考核轮式装甲车辆转弯时性能的最基本、最重要的试验。其目的是测定轮式装甲车辆对方向盘转角输入达到稳定行驶状态时轮式装甲车辆的稳态横摆响应。我国主要采用定方向盘转角试验法。

试验在水平场地上进行，场地上画有 15 m 或 20 m 的圆周。轮式装甲车辆以最低稳定车速沿所画圆周行驶，此时方向盘的转角为 δ_{r0}。测定车速为 u_0 及横摆角速度为 ω_{r0}。由于车速很低，离心力很小，轮胎侧偏角可忽略不计。利用 u_0 及 ω_{r0} 算出不计轮胎侧偏时的转向半径 R_0 为

$$R_0 = \frac{u_0}{\omega_{r0}}$$

保持方向盘转角 δ_{s0} 不变的条件下,控制轮式装甲车辆缓慢连续而均匀地加速(纵向加速度不超过 0.25 m/s^2),直至轮式装甲车辆的侧向加速度达到 6.5 m/s^2 为止。用五轮仪、加速度计和角速陀螺仪等连续测量出不同侧向加速度时的车速 μ 与横摆角速度 ω_r 值,根据瞬时的 μ 与 ω_r 值,按公式 $R = \mu / \omega_r, a_y = \mu\omega_r$,求出相应的转向半径 R 与侧向加速度 a_y 值,这样就获得了不同侧向加速度下有侧偏角时的转弯半径,进而求得转向半径比 R / R_0 与侧向加速度 a_y 之间的关系曲线,即 $R / R_0 - a_y$ 曲线,如图 6.16 所示。图 6.17 所示为这种试验中轮式装甲车辆行驶的轨迹,以此判定轮式装甲车辆是不足转向或过度转向,从而得出其侧倾率。

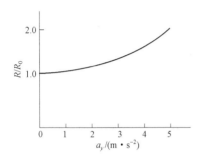

图 6.16　转向半径比 R/R_0 与侧向加速度 a_y 之间的关系曲线

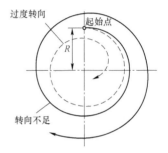

图 6.17　固定方向盘连续加速行驶试验中轮式车辆行驶的轨迹

所谓不足转向,是指轮式装甲车辆在受侧向力干扰或在弯路上行驶时,它的行驶轨迹有向受力方向自动偏离或伸直的倾向。表现为不足转向的轮式装甲车辆,随车速的增加,转弯半径越来越大;反之,轮式装甲车辆的转弯半径越来越小,则为过度转向。对于高速车应具有较小的不足转向值,例如 2°/g~4°/g,对低速车应具有较大的不足转向值 6°/g~8°/g。所谓侧倾率,是表示轮式装甲车辆转弯时的侧倾角大小,通常是以向心加速度为 0.5g 时的侧倾角值来比较。装甲车辆的侧倾大小,既可用角速度陀螺仪测定侧倾角,也可用拍照方法(拍摄装甲车辆外观倾斜情况)求得侧倾角。

试验进行到大侧向加速度时要注意安全。

2. 瞬态横摆响应试验

瞬态横摆响应试验一般采用对转向系统输入阶跃信号测其瞬态响应,即轮式装甲车辆受突然的转向角输入后的频率响应特性和阻尼特性。

试验在平坦的场地上进行，轮式装甲车辆先以直线行驶，达到试验车速后，急打方向盘一定转角后，突然以不小于 200°/s² 或不小于 500°/s²（美国 ESV 的规定）的角速度打方向盘。方向盘转角位移因车速不同而异，但要求达到一定的稳态圆周行驶时的侧向加速度，如 1～3 m/s²，间隔为 0.5 m/s² 或 0.4g（美国 ESV）。方向盘转至相应转角后保持不变，油门也不变，轮式装甲车辆从直线进入圆周行驶。试验要求在最高车速的 70%车速下或在 40 km/h 及 110 km/h 两种车速下（美国 ESV）进行。记录轮式装甲车辆车速 μ、时间 t、方向盘转角 δ_{sw}、横摆角速度 ω_r 和侧向加速度 a_y 等数据。根据所记录的数据，整理成横摆角速度增益 ω_r/δ 与稳态横摆角速度增益 ω_{r0}/δ 之比随时间变化的曲线。从曲线上可找出反应时间、超调量和稳定时间等参数，如图 6.18 所示。

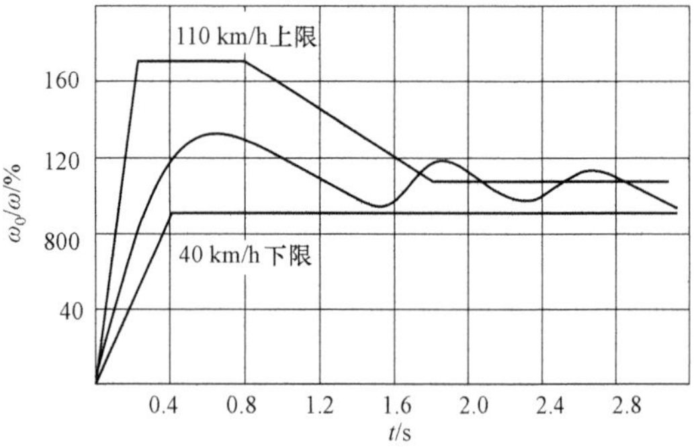

图 6.18　操纵性阶跃试验指标

阶跃试验要求很大的场地，试验中要特别注意安全。

3. 直驶稳定性试验

1）侧风稳定性试验

侧风稳定性试验的目的是考察轮式装甲车辆高速行驶时，在侧风干扰下行驶状态的变化情况。为了提供一定条件的侧风干扰，在试验跑道上，垂直于轮式装甲车辆行驶方向配置有侧风鼓风设施，以提供有强力高速（如 80 km/h）的侧向风流，试验时，令轮式装甲车辆以不同车速通过侧向风，在试验中方向盘维持不动，测量偏离原行驶方向的距离（m），以及为防止偏移的方向盘修正转角和转向力、侧向加速度、车轮偏离角等参数，以进行评价。

2）通过凸块试验（路面不平感受性试验）

通过凸块试验的目的是考察轮式装甲车辆在高速行驶中，承受来自路面干扰时保持稳定行驶的能力。美国 ESV 规定了轮式装甲车辆以 30°的夹角、驶过路面上半径为 25 mm 凸块时，2 s 后的偏移量。轮式装甲车辆固定方向盘，以 19.4 m/s（70 km/h）驶过凸块，2 s 后，行驶路线的偏移量不应大于 30 cm。

4. 轮式装甲车辆转向的轻便性试验

轮式装甲车辆转向的轻便性试验是在蛇形试验或 8 字形试验过程中，测不同车速时的转向力、转向角度与时间的关系，最后取最大转向力平均值评价。

1）低速转向轻便性试验

该试验的目的是评价轮式装甲车辆低速行驶转向的轻便性，主要是指轮式装甲车辆在市区狭窄街道上行驶、停车前靠边行驶以及调头等低速行驶状态下的方向盘操纵轻便程度。

试验时轮式装甲车辆按照画在场地上的双纽线（图 6.19），以 10 km/h 的车速行驶，双纽线轨迹的极坐标方程为

$$L = d\sqrt{\cos(2\psi)}$$

在 $\psi = 0°$ 时，双纽线顶点处的曲率半径最小，其数值为 $R_{\min} = d/3$。双纽线的最小曲率半径应按试验轮式装甲车辆的最小转弯半径乘以 1.1 倍，并圆整到比此乘积大的一个整数来确定。

试验中记录方向盘转角及方向盘转矩，并按双纽线路径每一周整理出如图 6.20 所示的方向盘转矩–转角关系曲线。通常以方向盘最大转矩、方向盘最大作用力及方向盘作用功等来评价转向轻便性。

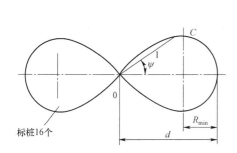

图 6.19　测转向轻便性的双纽线

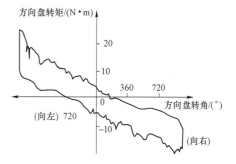

图 6.20　方向盘转矩–转角关系曲线

2）高速转向轻便性试验

该试验的目的是评价轮式装甲车辆高速行驶时的方向盘操纵轻便程度。在蛇形行驶时，测定某一车速的方向盘的轻便程度，或以对应于一定侧向加速度下的方向盘的轻便程度进行评价。轮式装甲车辆高速行驶时，一定程度的手感会增加驾驶员的安全感，这也是我们所期望的。对格外注重高速时手感的"速度感应式"的动力转向装置，应选择高速时方向不致过轻的助力输入特性。

5. 轮式装甲车辆方向回正性试验

轮式装甲车辆方向回正性试验是表征和测定轮式装甲车辆自曲线回复到直线行驶的过渡过程，是测定自由操纵力输入的基本性能试验。回正能力是轮式装甲车辆操纵稳定性的一个重要指标，一辆没有回正能力的轮式装甲车辆，

或基本上回不到正中，或回正过程中行驶方向往复摆动的轮式装甲车辆，将加大驾驶员操纵装甲车辆的难度。

轮式装甲车辆方向回正性试验在平坦的场地上进行。让轮式装甲车辆沿半径为 15 m 的圆周行驶，调整车速使侧向加速度达到 4 m/s²，然后突然松开方向盘，在回正力矩作用下，前轮将要回复到直线行驶。记录轮式装甲车辆车速、时间、方向盘转角、横摆角速度，整理出横摆角速度和时间的关系曲线。

对于最高车速超过 100 km/h 的轮式装甲车辆，还要进行高速回正性试验，试验车速为最高车速的 70%。控制轮式装甲车辆以试验车速直线行驶，随后驾驶员转动方向盘使侧向加速度达到 2 m/s²，然后突然松开方向盘做回正试验。

6. 方向盘角脉冲试验

通常以轮式装甲车辆横摆角速度频率特性来表征轮式装甲车辆的动特性。因此，频率特性的测量成为一个重要的试验。这个试验要确定给方向盘正弦角位移输入时，输出（轮式装甲车辆横摆角速度）与输入的振幅比与相位差。常采用的方法是用方向盘角位移脉冲试验来确定轮式装甲车辆的频率特性。进行该试验时，给等速行驶的轮式装甲车辆一方向盘角位移脉冲输入，记录下输入的角脉冲与输出的轮式装甲车辆横摆角速度，如图 6.21 所示。通过求得输入、输出的傅氏变换，便可确定频率特性。

方向盘角脉冲试验在平坦的场地上进行，试验车速为最高车速的 70%。轮式装甲车辆以试验车速行驶，然后给方向盘一个角脉冲转角输入，如图 6.22 所示。方向盘转角输入脉宽为 0.3～0.5 s，其最大转角应使轮式装甲车辆最大侧向

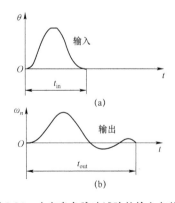

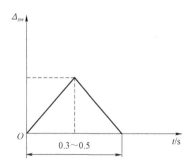

图 6.21　方向盘角脉冲试验的输入与输出　　　　图 6.22　方向盘角脉冲
（a）方向盘角位移脉冲；（b）轮式车辆横摆角速度

加速度为 $4\ \mathrm{m/s^2}$。输入方向盘角脉冲时，轮式装甲车辆行驶方向发生摆动，经过不长时间回复到直线行驶。记录车速 μ、时间 t、方向盘转角 Δ_{sw}、横摆角速度 ω_r 和侧向加速度 a_y 等数据。对试验结果进行处理，便得轮式装甲车辆的频率特性。

7. 极限性能试验

1）极限侧向加速度试验

为了搞清轮式装甲车辆能达到的侧向加速度的极限值，使轮式装甲车辆以尽可能高的车速沿给定的圆周回转，根据转一周所需时间，求得极限侧向加速度。ESV 规定，要分别在固定方向盘和修正方向盘两种情况下进行试验，并规定转向圆的半径、方向盘转角的修正量和行驶速度的变化范围等。

2）抗倾翻性能试验

该试验的目的是考核轮式装甲车辆在紧急情况下急剧打方向盘时，装甲车辆是否有倾翻的危险。试验时，轮式装甲车辆在平坦宽广的转向试验场上高速行驶，轮式装甲车辆沿 "J" 字路线急转弯，即给方向盘以 $180°$ 以上的转角，其角速度不低于 $500°/s$，轮式装甲车辆呈阶跃转向状态。

3）中断加速稳定性

轮式装甲车辆在超过转向极限情况下，放松加速踏板，并进行方向盘转向修正，观察轮式装甲车辆恢复原来行驶路线的状态。按 ESV 要求，试验这样进行：轮式装甲车辆以接近极限状态的车速进行转弯、加速，当轮式装甲车辆刚刚向基准圆的外侧偏离时，即立刻放松加速踏板。其后，测定轮式装甲车辆回归原来路线时所需时间。

此外，还有侧向加速度试验，测定高速沿定圆转圈时，用出现侧滑时的侧向加速度来评价，这项试验有时也要在容易打滑的湿路面上或打滑场上进行。

6.7.2　履带式装甲车辆的转向性能试验

履带式装甲车辆的转向性能一般以平均转向角速度、最小规定半径和规定半径的数目作为评价指标。

平均转向角速度一般由 $360°$ 原地转向来测定。试验可根据装甲车辆使用条件，在不同路面上进行。在试验中，同时可测量转向角速度随转角变化的情况。

最小规定半径和规定半径的数目，由装甲车辆设计指标决定。测定最小半径转向时，装甲车辆实际转向轨迹的最大半径对实际使用有意义。

此外，测定转向操纵机构轻便性、灵活性、工作可靠性等主要由体感评定。

履带式装甲车辆直线行驶稳定性试验是测定装甲车辆行驶跑偏量。一般是

由两侧履带张紧程度不一致、履带磨损长度不一致、主动轮磨损等造成。试验方法是在水平平坦路面上行驶 100 m 距离，测量偏驶量，一般不得超过 2 m。

| 6.8　行驶平顺性试验 |

　　装甲车辆在行驶中，路面的激振，通过悬挂系统使车体产生振动，使乘员感到不舒适。对于军用装甲车辆来说，车体振动对可能行驶车速、火力控制系统的精度以及乘员战斗力有很大影响。行驶平顺性试验主要测定装甲车辆行驶中的振动特性和人体对振动的反映。

6.8.1　试验内容和方法

　　平顺性试验主要包括以下几方面内容。

1. 典型路面行驶的平顺性试验

　　典型路面行驶的平顺性试验是在预先选定的各种不平的实际典型路面上，装甲车辆以不同车速通过，测量轮式装甲车辆底板、坐垫、人体处 3 个方向的加速度。采用加速度传感器测试振动加速度信号，然后通过数据采集系统，进行数据的采集记录，最后用信号分析设备或分析软件进行谱分析和相关分析。随机输入试验是评定轮式装甲车辆平顺性的最主要的试验。随机输入试验主要以总加权加速度均方根值 a_y 来评价，车厢底板及车轴采用该处的加速度均方根值来评价。

2. 单凸起脉冲输入平顺性试验

　　单凸起脉冲输入平顺性试验是使轮式装甲车辆前轮或后轮分别以不同车速通过单一凸起，同时测量轮式装甲车辆底板、坐垫、人体处 3 个方向振动加速度，整理出加速度或振幅的最大值、均方根值及车速的变化特性。单凸起的形状可以是三角形、梯形或正弦曲线形。国际规定为三角形，底长为 400 mm，高为 60 mm。评价指标用坐垫上和座椅底部地板加速度的最大响应值 $\ddot{p}_{max}$、$\ddot{Z}_{2max}$ 或加权加速度 4 次方和根值方法——振动剂量值（VDV）来评价。

3. 装甲车辆悬挂系统参数的测定

　　装甲车辆悬挂系统参数的测定包括刚度、阻尼和惯性等的测定。轮式装甲车辆主要通过测定轮胎、悬挂、坐垫的弹性特性（载荷与变形的关系），求出在规定载荷下轮胎、悬挂、坐垫的刚度。此外，还要测量悬挂（车身）质量、非悬挂（车轮）质量、车身质量分配系数等振动系统惯性方面的参数。

4. 悬挂系统特性参数的测定

悬挂系统特性参数的测定主要包括固有频率和阻尼比的测定。轮式装甲车辆的试验方法是分别将车从前、后以一定高度抛下，记录车身和车轮质量的衰减振动曲线，如图 6.23 所示。由图上曲线可以得到车身质量振动周期 T 和车轮质量振动周期 T'，可按下式计算出各部分固有频率：

车身部分固有频率：
$$f_0 = \omega_0 / 2\pi = \frac{1}{T}$$

车轮部分固有频率：
$$f_t = \omega_t / 2\pi = \frac{1}{T'}$$

由车身和车轮部分的衰减频率 $\tau = A_1 / A_2$，$\tau' = A_1' / A_2'$，按下式求出阻尼比 ξ、ξ_t：

$$\xi = \frac{1}{\sqrt{1 + \dfrac{4\pi^2}{\ln^2 \tau}}}$$

$$\xi_t = \frac{1}{\sqrt{1 + \dfrac{4\pi^2}{\ln^2 \tau'}}}$$

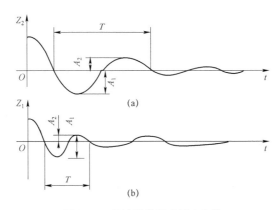

图 6.23　悬挂系统衰减振动曲线

（a）车身振动；（b）车轮振动

用同样的方法也可以求出"人体–座椅"系统部分固有频率 f_s 和阻尼 ξ_s。

5. 装甲车辆振动系统的频率响应函数的测定

试验在实际路面或在电液振动台上进行，给输入车轮 0.5～30 Hz 范围的振动激励，记录车轴、车身、坐垫上各测点的振动响应；然后由数据统计分析仪处理得到悬挂、坐垫各环节的频率响应函数。图 6.24 所示为 BJ–130 型卡车悬架系统频谱。由图 6.24（c）悬架环节幅频特性 $|\ddot{z}_2/\ddot{z}_1|$ 的峰值频率可以得到车身部分的固有频率 f_0，共振时的幅值由下式近似求出阻尼比：

$$\xi = \frac{1}{2\sqrt{A^2-1}}$$

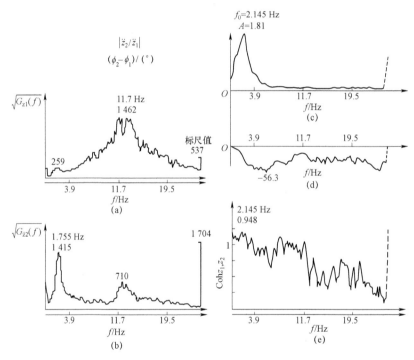

图 6.24　悬挂系统的频谱

BJ–130，沥青路，$u=50$ km/h

6.8.2　平顺性试验数据的采集和处理

平顺性试验需要通过传感器和前置放大器完成随机振动信号的采集、变换和传输，然后以微机为主体完成采样、模数转换等，最后进行平顺性评价指标、频谱及频率响应函数的处理。

1. 测试仪器系统

测试仪器系统包括加速度传感器、前置放大器和记录设备或数据采集器。图 6.25 所示为测试仪器系统的框图。测量仪器的频率范围应不小于 0.1～300 Hz，动态范围不小于 60 dB。传感器一般采用压电式加速度计，驾驶员处放置坐垫式三向加速度计，测取振动信号，用计算机数据采集系统或其他记录设备记录振动加速度。此时，需要把传感器安装在一个半刚性的垫盘内，盘的最大厚度为 12 mm，盘的直径为 ϕ（200 ± 50）mm。

图 6.25　测试仪器系统的框图

2. 数据处理系统

数据处理系统引进快速傅里叶变换（FFT），采用相应的软件快速、精确地进行自谱、互谱、传递函数、相干函数和概率统计等各种数据处理。

3. 人体振动测量仪

近年来，各种按照 ISO 2631 标准进行频率加权的"人体振动测量仪"在平顺性评价试验中得到采用。这种仪器通常用模拟/数字混合法计算加权加速度均方根值。

6.8.3　人体承受全身振动的评价标准

平顺性试验除数据分析评价外，体感评价也是很重要的。一般评价项目有垂直方向振动、前后方向振动、路面接缝冲击、传动系统振动等。

1. 振动对人体的影响

装甲车辆乘员所受的振动分为局部振动和全身振动两大类。所谓局部振动，是指作用于人体特殊部位（如头部和四肢）的振动。经由方向盘、脚踏板和各种手操纵装置传递到驾驶员手或脚上的振动，属于局部振动。这种局部振动不会对驾驶员造成伤害，只对操纵的精度有影响。所谓全身振动，是指通过人体的支撑表面（如坐着的人的臀部）作为整体传给人体的振动。装甲车辆乘员承受的乘坐振动属于全身振动，是造成乘员振动伤害的主要振动形式。评价振动舒适性，主要是研究人体承受全身振动而引起的舒适性问题。

机械振动对人体的影响，取决于振动的频率、强度、作用力方向和持续时间，人体对不同频率振动的敏感程度不同，而且每个人的心理与身体素质不同，

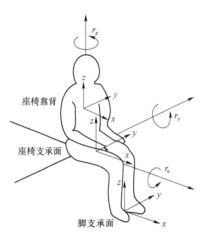

图 6.26 人体坐姿受振模型

故对振动的敏感程度有很大差异。为了统一规范该方面的评价，1974 年，国际标准化组织（ISO）在综合大量有关人体全身振动研究成果的基础上，制定了国际标准 ISO 2631：《人体承受全身振动评价指南》，后来对它进行过修订、补充。从 1985 年开始进行全面修订，于 1997 年公布了 ISO 2631-1：1997（E）《人体承受全身振动评价——第一部分：一般要求》，此标准规定了图 6.26 所示的人体坐姿受振模型。在进行舒适性评价时，它除了考虑座椅支承面处输入点 3 个方向的线振动外，还考虑该点 3 个方向的角振动，以及座椅靠背和脚支承面两个输入点各 3 个方向的线振动，共 3 个输入点 12 个轴向的振动。

图 6.27 上给出了各轴向 0.5～80 Hz 的频率加权函数（渐近线），又考虑了不同输入点、不同轴向的振动对人体影响的差异，还给出了各轴向振动的轴加权系数 k。表 6.2 给出了 3 个输入点 12 个轴向，分别选用哪一个频率加权函数和相应轴加权系数 k。

由表 6.2 上各轴向的轴加权系数可以看出，椅面输入点 x_s、y_s、z_s 3 个线振动的轴加权系数 $k=1.00$，是 12 个轴向中人体最敏感的，其余各轴向的轴加权

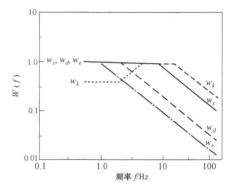

图 6.27 各轴向频率加权函数

系数均小于 0.80。另外，ISO 2631-1：1997（E）标准还规定，当评价振动对人体健康的影响时，就考虑 x_s、y_s、z_s 这 3 个轴向，且 x_s、y_s 两个水平轴向的轴加权系数取 $k=1.40$，比垂直轴向更敏感。标准还规定靠背水平轴向 x_b、y_b 可以由椅面 x_s、y_s 水平轴向代替，此时轴加权系数取 $k=1.40$。因此，我国轮式装甲车辆行业在修订的相应标准 GB/T 4970—1996《轮式装甲车辆平顺性随机输入行驶试验方法》时，评价轮式装甲车辆平顺性就考虑椅面 x_s、y_s、z_s 这 3 个轴向。

椅面垂直轴向 z_s 的频率加权函数 w_k 最敏感频率范围标准规定为 4～12.5 Hz。在 4～8 Hz 这个频率范围，人的内脏器官产生共振，而 8～12.5 Hz 频率范围的振动对人的脊椎系统影响很大。椅面水平轴向 x_s、y_s 的频率加权函数 w_d 最敏感频率范围为 0.5～2 Hz。大约在 3 Hz 以下，水平振动比垂直振动更敏感，故应对水平振动给予充分重视。

表 6.2 舒适性评价时频率加权函数

人体	坐标轴向	频率加权函数	轴向加权系数（k）
座椅支撑面	$x_s^①$	w_d	1.00
	y_s	w_d	1.00
	z_s	w_d	1.00
	$r_x^②$	w_e	0.63
	r_y	w_e	0.40
	r_z	w_e	0.20
靠背	$x_b^③$	w_e	0.80
	y_b	w_d	0.50
	z_b	w_d	0.40
脚	$x_f^④$	w_k	0.25
	y_f	w_k	0.25
	z_f	w_k	0.40

① s 表示坐垫上线振动。
② r 表示坐垫上角振动。
③ b 表示靠背处线振动。
④ f 表示脚底底板线振动。

2. 平顺性的评价方法

ISO 2631-1：1997（E）标准规定，评价振动对人体舒适和健康影响的两种方法为基本评价法和辅助评价法。

1）基本评价法

当振动波形峰值系数<9（峰值系数是加权加速度时间历程 $a_w(t)$ 的峰值与加权加速度均方根值 a_w 的比值）时，用加权加速度均方根值来评价振动对人体舒适和健康的影响，此时的评价称为基本评价法。各种装甲车辆正常行驶工况下均适用这一方法。

用基本评价法来评价时，先计算各轴向加权加速度均方根值，具体计算方法如下：

① 对记录的加速度时间历程 $a(t)$，通过相应频率加权函数 w_f 的滤波网络得到加权加速度时间历程 $a_w(t)$，按下式计算加权加速度均方根值：

$$a_w = \left[\frac{1}{T}\int_0^T a_w^2(t)\mathrm{d}t\right]^{\frac{1}{2}}$$

式中，T 为振动的分析时间，一般取 120 s。

频率加权函数 $w(f)$（渐近线）可用以下公式表示，式中频率 f 的单位为 Hz：

$$w_k(f) = \begin{cases} 0.5 & (0.5 \leqslant f < 2) \\ f/4 & (2 \leqslant f < 4) \\ 1 & (4 \leqslant f < 12.5) \\ 12.5/f & (12.5 \leqslant f < 80) \end{cases}$$

$$w_d(f) = \begin{cases} 1 & (0.5 \leqslant f < 2) \\ 2/f & (2 \leqslant f < 80) \end{cases}$$

$$w_c(f) = \begin{cases} 1 & (0.5 \leqslant f < 8) \\ 8/f & (8 \leqslant f < 80) \end{cases}$$

$$w_e(f) = \begin{cases} 1 & (0.5 \leqslant f < 1) \\ 1/f & (1 \leqslant f < 80) \end{cases}$$

② 对记录的加速度时间历程 $a(t)$ 进行谱分析得到功率谱密度函数 $G_a(f)$。

③ 当同时考虑椅面 x_s、y_s、z_s 这 3 个轴向振动时，3 个轴向的总加权加速度均方根值按下式计算：

$$a_w = [(1.4a_{xw})^2 + (1.4a_{yw})^2 + a_{zw}^2]^{\frac{1}{2}}$$

④ 有些"人体振动测量仪"采用加权振级 L_{aw}，它与加权加速度均方根值 a_w 的换算按下式进行：

$$L_{aw} = 20\lg(a_w/a_0)$$

式中，a_0 为参考加速度均方根值，$a_0 = 10^{-6}$ m/s^2。

表 6.3 给出了总加权加速度均方根值 a_w 与人的主观感觉之间的关系。

表 6.3　总加权加速度均方根值与人的主观感觉之间的关系

总加权加速度均方根值/（m·s⁻²）	人的主观感觉
＜0.315	无不舒适
0.315～0.63	有一些不舒适

续表

总加权加速度均方根值/（m·s⁻²）	人的主观感觉
0.5～1.00	比较不舒适
0.80～1.60	不舒适
1.25～2.50	很不舒适
＞2.00	极不舒适

2）辅助评价法

当峰值系数＞9 时，ISO 2631-1：1997（E）标准规定用均 4 次方根值的方法来评价，它能更好地估计偶尔遇到过大的脉冲引起的高峰值系数振动对人体的影响，此时采用辅助评价法的振动剂量值为

$$VDV = \left[\int_0^T a_w^4(t)\mathrm{d}t \right]^{\frac{1}{4}} \quad (\mathrm{m \cdot s^{-1.75}})$$

6.9　通过性试验

装甲车辆通过性是指装甲车辆在行驶过程中，不使用辅助装置，能通过天然或人工障碍的能力。对载重轮式装甲车辆，国际规定应测试通过垂直障碍物的最大高度、能越壕沟的最大宽度以及克服路沟的性能。对越野装甲车辆，特别是军用轮式和履带式装甲车辆，其通过性是重要性能之一。按通过障碍物，可将其区分为两类：第一类是通过泥泞、沙漠、冰雪地、沼泽地、水稻田、河流、丛林等，试验都在自然地形条件下进行，为了使试验结果具有真实性和代表性，试验距离要长、面积要广。试验所测定的参数一般包括土壤阻力、装甲车辆行驶的滑转率以及接地面积与接地比压、驱动轮上的转矩等。第二类是通过壕沟、弹坑、垂直墙、陡坡和各种人工构筑的地形障碍物。

履带式装甲车辆的通过性试验要求更高，上述两类试验都必须进行，其通过能力均作为战术技术性能指标，并在实战中体现。

履带式装甲车辆坡道通过性对于其在山地的使用有直接关系。因此，必须对履带式装甲车辆进行临界坡度角的测定，进行最大爬坡度试验。例如，对坦克要进行通过 30°坡和坡上制动试验、30°倾坡试验、15°坡上转向试验等。

　　装甲车辆的通过性主要取决于其几何参数，有些装甲车辆与其挂钩牵引性能有关。因此，通过性试验的内容还应包括对这两类参数的测量。

　　对于松软地面，试验前应详细测定地面的土壤参数，主要考核土壤的承压特性和剪切特性。土壤参数的试验常用各种形式的贝氏仪来测量。图 6.28 所示为一传统的贝氏仪示意图。目前有各种形式的车载贝氏仪，但测量原理均基本相同。各种形式的贝氏仪基本上都由加载装置、测试装置和数据采集与处理系统 3 部分组成。加载装置包括压力及转矩加载装置，分别用来进行土壤的承压及剪切特性试验；测试装置包括不同宽度的压板、压力传感器、位移传感器、剪切环、转矩传感器和角位移传感器；数据采集与处理系统包括 A/D 板、计算机和数据记录或存储设备等。

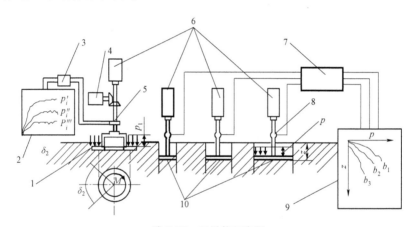

图 6.28　贝氏仪示意图

1—剪切环；2，9—记录设备；3，7—放大器；4—扭矩马达；5—扭矩及角运动传感器；

6—加载缸筒；8—压力表；10—穿入平板

　　通过记录土壤沉陷量 z 及相应压板下的单位面积压力 p 之间的关系，可得到土壤承压特性；通过记录剪切环转角 δ 及作用在其上的转矩 M 之间的关系，经过必要的变换和整理，可得到剪切应力 τ 和剪切位移 j 之间的关系。

　　根据库仑定律，最大切向应力随法向应力变化

$$\tau_{\max} = c + p \tan\varphi$$

式中，c 为土壤的内聚力；p 为土壤单位面积的压力；φ 为土壤的内摩擦角。

　　对于障碍物需测量坡度、垂直障碍高、壕沟宽、雪层厚度和河水深度等几何参数。

| 6.10　装甲装备陆上机动性能试验 |

1. 装甲装备陆上机动性能的评价指标

装备的机动性能是检验战斗力的基本因素，是装备在保持完成基本任务能力的条件下从一处转移到另一处的能力。装备的机动性能强，就能保证快速调动人员和火力装备，把战斗力用在决定性的时刻和地点，完成作战任务。因此，提高装备的机动性能一直是世界各国发展武器装备所追求的目标。机动性能可以分为战役机动性能和战术机动性能。战役机动性能主要表现在装备的运输特性和最大行程。战术机动性能主要用持久性、快速性、灵活性和通过性等进行评价。快速性主要包括最大速度、越野平均速度和公路平均速度。装甲车辆发动机功率越大，单位功率越高，发动机环境适应性越好，则装备最大速度和平均速度越大。灵活性包括加速性、转向性和制动性。履带式装备加速性多由 0～32 km/h 加速时间和加速距离来衡量，轮式装备多由 0～30 km/h、0～80 km/h 加速时间和加速距离来衡量。加速性主要取决于装备发动机功率、换挡性能以及操纵装置的类型和完善程度；转向性指装备的转向半径和角速度能稳定地无级变化的能力；通过性包括标准障碍、爬坡性能和软地通过性等。

在装甲装备试验中，需要对涉及装备机动性能的各项战术技术指标进行试验验证。随着我军装备和试验技术及理论的发展，各项试验均能在相应的试验军用标准指导下进行，保证了试验的科学性和试验结果的可靠性，具体的评价指标如下：

1）持久性指标

① 最大行程。

② 水上最大航程。

③ 持续行驶能力。

2）快速性指标

① 单位功率。

② 最大速度。

③ 公路平均速度。

④ 加速性能。

⑤ 水上最大航速。

⑥ 水上倒航速度。

3）通过性指标

① 车底距地高。

② 单位压力。

③ 最大爬坡度。

④ 最大侧倾坡。

⑤ 越壕宽。

⑥ 通过垂直墙高。

⑦ 接近角。

⑧ 离去角。

⑨ 浮力储备系数。

⑩ 涉水。

⑪ 入水角。

⑫ 出水角。

4）灵活性指标

① 最小转向半径（具有中心转向功能的装甲车辆其最小中心转向时间）。

② 水上最小转向半径。

2. 陆上机动性能试验的一般要求

1）装甲车辆准备

根据装甲车辆使用维修说明书和装甲车辆技术条件规定：

① 将符合使用要求的燃油、冷却液及润滑油加至标准。

② 检查调整装甲车辆动力装置、传动与操纵装置、行动部分等使其达到技术条件要求，重点检查发动机最高空转转速、履带张紧度、轮胎充气压力、操纵与制动调整间隙等。

③ 用实际的或模拟的载荷物，将装甲车辆配至战斗全重。

④ 试验前，装甲车辆必须行驶 0.5 h 以上，以保证装甲车辆底盘各运动部件、润滑油和冷却液处于使用说明书规定的正常工作温度。

2）试验道路

① 试验道路长 1 000～2 400 m，路基宽不小于 10 m，路面宽不小于 7 m。

② 试验路面平整、坚实、清洁，用沥青或混凝土铺装路面，纵向坡度不大于 1%。

③ 进行指标验证试验时，海拔高度不大于 150 m。

3）气象条件

① 应在晴天或阴天进行。

② 试验时风速不超过 3.3 m/s。

③ 气温在 5～30 ℃。

4）试验仪器

机动性能试验仪器主要是非接触车速仪和 GPS 测速仪。试验前，试验仪器必须经计量标定，并在有效期内使用。

3. 加速性能试验

加速性能是指在规定的路面及环境条件下，装甲车辆在战斗全重状态下直线行驶时，从起步加速到规定速度所需时间。它是装甲车辆机动性能最重要、最基本的评价指标之一。装甲车辆加速性能指标一般为 0～32 km/h 的加速时间。在加速过程中，加速度越大，加速到一定速度的加速时间和加速距离就越短，装甲车辆的加速性就越好，在相同条件下，就能获得更高的平均速度，降低被敌火力击中的概率。

加速性能试验分为起步连续换挡加速性能试验和固定挡加速性能试验。

1）起步连续换挡加速性能试验

试验时，将装甲车辆停于试验路段的起点，变速器预先置于起步挡位（坦克通常为 Ⅱ 挡、部分装甲车可置于 Ⅲ 挡），然后迅速起步，并将油门踏板踩到底，使装甲车辆尽快加速行驶。当发动机转速达到最大功率转速时，迅速换到高一挡位，换挡后迅速将油门踏板踩到底，直到车速升至试验规定的车速或最高挡位最高车速，用车速仪记录试验所需数据。在往返两个方向上做相同加速性能试验，每辆车不少于 3 次，以保证取得可靠的性能数据。

试验数据包括使用挡位、行驶方向、加速时间、加速距离、装甲车辆速度、装甲车辆加速度、发动机转速和环境参数等。

取往返行驶方向上加速至规定速度时加速时间最短的两组数据，绘制加速性能曲线，并取往返方向上加速时间、加速距离的算术平均值，作为加速性能试验结果。

图 6.29～图 6.31 所示为某轮式装甲车辆连续换挡加速性能曲线，表 6.4 和表 6.5 所示为数据处理结果。

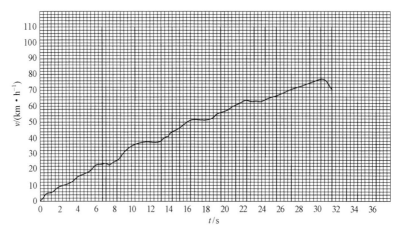

图 6.29　1 号车Ⅲ挡起步加速（东→西）

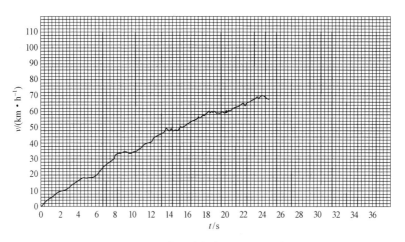

图 6.30　1 号车Ⅲ挡起步加速（西→东）

表 6.4　0～32 km/h 加速性能试验数据

试验车号	起步挡位	行驶方向	0～32 km/h（加速起止速度）	
			加速时间/s	加速距离/m
1#	Ⅲ挡	东→西	12.3	61.2
		西→东	12.8	65.6
		平均	12.6	63.4

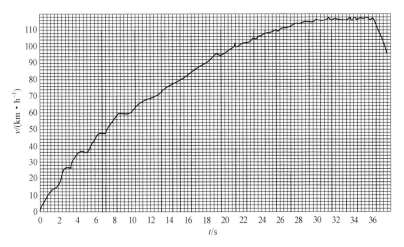

图6.31　1号车Ⅱ挡起步加速至最大车速

表6.5　起步换挡加速性能试验结果

试验车号	测量参数	加速到下列车速								
		20km/h	30km/h	40km/h	50km/h	60km/h	70km/h	80km/h	90km/h	100km/h
1#	加速时间/s	6.9	10.1	16.3	21.4	28.9	37.3	45.1	54.0	66.0
	加速距离/m	20.4	45.6	98.0	159.6	273.8	586.5	424.7	795.2	1 109.8

2）固定挡加速性能试验

从每一挡位适于发动机平稳工作的装甲车辆最小稳定速度加速到该挡最大速度，记录所测参数与测定时间的对应数据以确定各挡加速特性。

在往返两个方向上做相同加速性能试验，每辆车不少于3次，以保证取得可靠的性能数据。

试验数据包括使用挡位、行驶方向、加速时间、加速距离、装甲车辆速度、装甲车辆加速度、发动机转速和环境参数等。

试验结束后，取往返行驶方向上试验挡位从最低稳定速度加速至最高速度时加速时间最短的两组数据，绘制固定挡加速性能曲线，并取往返方向上的加速时间、加速距离的算术平均值，作为加速性能试验结果。

4. 最大速度试验

最大速度试验是考核装甲车辆在规定的路面和使用条件下行驶所能达到的最大速度。

最大速度试验测试路段要求长200 m，并要求测试路段前后留有足够的加

速距离和制动距离，试验时，装甲车辆在达到测试路段前，驾驶员已使装甲车辆达到最高挡最高车速，而后以此车速通过测试路段，试验 GPS 测速仪记录相应试验数据，试验在往返方向上各进行 2 次。

试验中需要记录的数据包括试验挡位、行驶方向、最大速度和发动机转速等。

试验结束后取往返两个方向上最大速度最高的 2 次试验结果，然后计算其平均值，作为装甲车辆的最大速度。

图 6.32、图 6.33 所示为某型轮式装甲车辆最大速度试验曲线，表 6.6 所示为试验结果。

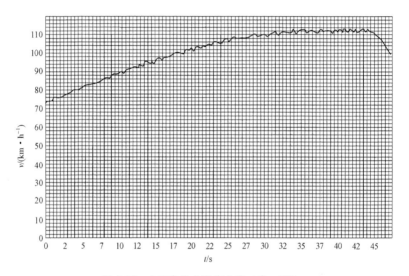

图 6.32　1 号车最大速度曲线（东→西）

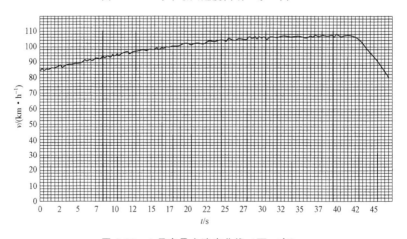

图 6.33　1 号车最大速度曲线（西→东）

表 6.6　最大速度试验结果

试验车号	行驶方向	最大速度/（km·h⁻¹）
1#	东→西	108.2
	西→东	106.3
	平均	107.3

5. 纵坡通过性试验

纵坡通过性试验是考核装甲车辆最大爬坡度和驻坡及坡上起步能力，评价装甲车辆动力系统、传动系统、燃油的工作和安全情况，以及随车工具和装载物的固定情况。

试验坡道要求为同等坡度，长度不小于 25 m，宽度不小于 5 m，坡道平整、坚实、干燥，海拔高度不大于 150 m；配有金属和挂胶履带的装甲车辆，必须在配装两种履带的情况下分别进行纵坡通过性试验；装载装甲车辆分别在满载和空载的情况下完成规定的试验。

试验时被试装甲车辆经过行驶预热后，以怠速停于坡道前，然后挂最低挡沿坡道行驶。当行驶 1～2 个车长时停车，挂上停车制动器，变速杆置于空挡，检查装甲车辆驻坡情况。

装甲车辆驻坡，使发动机怠速运转 2 min 以上，检查润滑油供油压力，然后熄火，2 min 后起动发动机，挂最低挡并松开制动器，起步后以最大油门通过试验跑道，测量坡上起步和持续通过纵坡的性能。通过纵坡后停车，检查各种液体渗漏情况、随车工具和装载物的固定情况。

试验进行 3 次，顺利通过不少于 2 次。

试验中需记录的数据包括试验坡度、使用挡位、发动机工作转速、润滑油供油压力、驻坡情况、坡上起步情况、液体渗漏情况、随车工具和装载物固定情况等。

通过坡度以实际测量的坡度为准；发动机工作转速取装甲车辆顺利通过坡道时的发动机最低工作转速；润滑油供油压力取装甲车辆驻坡时，发动机怠速运转过程中的润滑油压力。

6. 牵引特性试验

装甲车辆牵引特性是指发动机在完全供油条件下，不同挡位、不同速度下的牵引力大小，它是评价装甲车辆机动性的一个重要指标。装甲车辆牵引特性是由发动机牵引力、各个排挡速度以及坦克的质量决定的，通过试验绘制出装

甲车辆牵引特性线。该线表示在发动机完全供油时，装甲车辆在各个排挡、各个转速下发动机牵引力与装甲车辆运动速度的关系曲线。

装甲车辆牵引特性试验依据的标准为 GJB 59.39—1991《装甲车辆试验规程——拖曳阻力测定》、GJB 59.25—1991《装甲车辆试验规程——硬地脱钩牵引特性试验》，试验主要依靠负荷测功车进行。

1）负荷测功车

负荷测功车是装载着动力吸收装置（测功机）和加载控制、试验参数测量以及数据采集分析处理系统的大型装甲车辆道路试验设备。试验时与被试验装甲车辆组成负荷测功车试验系统，由被试验装甲车辆牵引前进。通过对被试验装甲车辆实时施加可精细调节的、稳定的负荷，测量被试验装甲车辆的牵引力、速度、发动机功率、转速、压力、油耗和温度等与表征被试验装甲车辆动力性能有关的各种参数。

负荷测功车由底盘系统、传动系统、电涡流测功机及测控系统、供电系统、散热系统、参数测试系统、辅助系统和通信监控系统等组成，其与被试验装甲车辆组成的试验系统如图 6.34 所示。

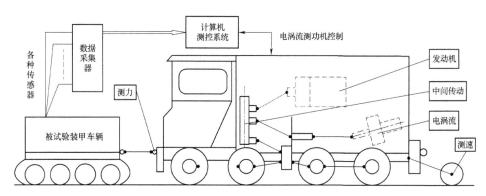

图 6.34　负荷测功车试验系统

负荷测功车计算机测控系统由 PC 总线工业控制计算机系统、GES 辅助计算机、电涡流测功机控制柜、数据采集模块、测力头和五轮仪等组成。负荷测功车计算机测控系统如图 6.35 所示。负荷测功车测控系统为分布式计算机测控系统，上位机为 PC 总线工业控制计算机，下位机为 GES 辅助计算机。进行牵引特性试验时，首先由主控计算机设定试验参数、电涡流测功机控制方式（力控制、速度控制）、试验初始值、加载数据等。控制方式及设定值由 RS232 串口送 GES 辅助计算机，通过 GES 将数据送到测功机控制柜。试验过程中，测功机控制柜比较实测值与设定值是否相等，如不相等，则进行相应的加载或卸载操作；当实测值与设定值相等后，采集此时的牵引力、速度、温度、压力和转速等信号，完成一次动力性能试验数据的采集。测功机采用电涡流测功机，可运行自然特性、恒转速控制及恒扭矩控制方式等，动力性能试验主要采用恒转速控制方式。

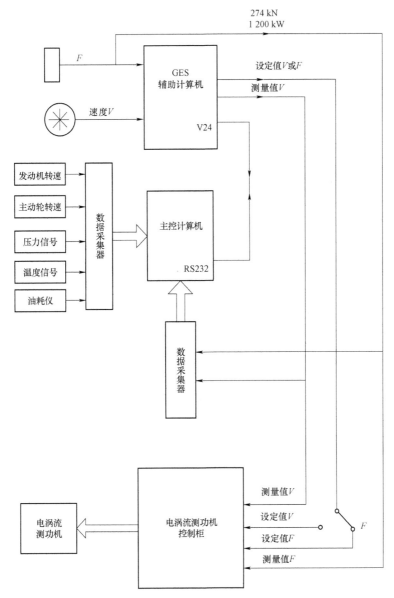

图 6.35　负荷测功车计算机测控系统

负荷测功车主要技术规格如下：

测速精度：0.5%F.S。

测力精度：0.3%F.S。

加载给定精度：<1%。

加载稳定精度：<1%。

加载稳定时间：<20 s。

最大牵引力：320 kN。

最大制动力：274 kN。

最大吸收功率：1 200 kW。

2）试验方法

根据图6.34所示，牵引特性试验时，被试验装甲车辆与负荷测功车通过牵引杆刚性连接，通过对被试验装甲车辆试验时受力分析可知，被试验装甲车辆发动机提供的牵引力 P 是装甲车辆运动阻力 R 与负荷测功车脱钩牵引力 F 之和，脱钩牵引力 F 可通过测力传感器读取。因此，在进行牵引特性试验前，需先进行拖曳阻力试验，以确定装甲车辆在试验路面不同行驶速度下的运动阻力，并最终得到发动机通过主动轮发出的实际功率和牵引力值。

① 拖曳阻力测定。在水泥混凝土试验跑道上，由负荷测功车拖动被试验装甲车辆，被试验装甲车辆变速器置于空挡位置，发动机高速空转，负荷测功车在尽可能大的安全速度范围内，以适当的速度增量拖曳被试车。当速度稳定后，记录拖曳阻力和装甲车辆速度，每一个稳定速度点至少记录10组数据，试验完成后，绘制拖曳阻力与装甲车辆速度关系曲线。装甲车辆的运动阻力由滚动阻力、冲击阻力和空气阻力等组成，因此实车测得的拖曳阻力能反映装甲车辆在行驶过程中不同车速下的运动阻力值。

② 牵引特性试验。在水泥混凝土试验跑道上，测量装甲车辆各挡的牵引特性，或仅测量其中一挡的牵引特性，其余各挡按公式计算。试验时，在标准的平直试验跑道上，被试验装甲车辆拖曳负荷测功车，被试验装甲车辆发动机油门全开，由负荷测功车施加并控制载荷，使装甲车辆速度达到该挡最大速度，待速度稳定后，以设定的时间间隔记录所需测量的数据，用负荷测功车施加不同的负荷选取测量点，在每一个测量点待速度稳定后，记录所需要的数据。这些数据包括脱钩牵引力、装甲车辆速度、主（驱）动轮转速、发动机转速和试验排挡。

试验过程中，将每一个测量点所采集数据的算术平均值作为该测量点的实测值，试验完成后，绘制发动机牵引力–车速曲线。

当需要计算时，可采用某挡牵引特性实测值和按照拖曳阻力标准测得的运动阻力值，近似计算其余各挡牵引特性。

低挡换算高挡：
$$F_2 = (F_2 + R_1)\frac{i_2}{i_1} - R_2$$

高挡换算低挡：
$$F_1 = (F_1 + R_2)\frac{i_2}{i_1} - R_1$$

$$V_1 = V_2 \frac{i_2}{i_1}$$

式中，F_1 为较低排挡的脱钩牵引力，kN；F_2 为较高排挡的脱钩牵引力，kN；R_1 为对应于 V_1 时的装甲车辆运动阻力，kN；R_2 为对应于 V_2 时的装甲车辆运动阻力，kN；V_1 为对应于 F_1 时的车速，km/h；V_2 为对应于 F_2 时的车速，km/h；i_1 为较低排挡的总传动比（包括变矩器的变矩比）；i_2 为较高排挡的总传动比（包括变矩器的变矩比）。

对于液力传动的装甲车辆，由于液力元件后的传动装置与发动机之间是通过液力元件连接而不是刚性的机械连接，因此消除了负荷过重时发动机熄火的可能性。同时，采用液力元件也扩大了每挡牵引特性曲线的速度范围，对纯机械传动，发动机在低于最低稳定转速后即不能工作，而液力元件输出转速可以降到零，即扩大了速度范围，对于装有不可穿透性的液力元件的装甲车辆能使发动机的工况保持不变。某型液力传动装甲车辆牵引特性曲线如图 6.36 所示。

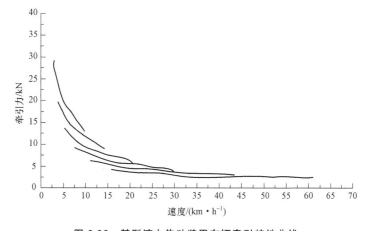

图 6.36　某型液力传动装甲车辆牵引特性曲线

第 7 章

装甲车辆使用适应性试验

使用适应性是指在考虑可用性、兼容性、运输性、互用性、可靠性、战时利用性、维修性、安全性、人力保障性、后勤保障性、自然环境效应与影响、文件及训练要求的情况下，系统令人满意地投入外场使用的程度。与之对应的坦克装甲车辆试验项目包括可靠性试验、维修性试验、保障性试验、测试性试验、安全性试验、电磁兼容性试验、复杂电磁环境试验、使用维修方便性评定、使用维护说明书完善性评定等项目。

| 7.1 可靠性试验 |

可靠性试验是为了了解、评价、分析和提高装备的可靠性而进行的各种试验的总称。可靠性试验的目的是发现坦克装甲车辆整车及分系统、部件及装置等在设计、材料和工艺等方面的各种缺陷，经分析和改进，使之可靠性逐步得到增长，最终达到预定的可靠性水平，同时为评估产品的战备完好性、任务成功性、维修人力费用和保障资源费用提供信息。

可靠性工作的通用要求依据 GJB 450A—2004《装备可靠性工作通用要求》，其主要名词术语定义依据 GJB 451A—2005《可靠性维修性保障性术语》。

1. 基本可靠性

基本可靠性（Basic Reliability）是指产品在规定的条件下，无故障的持续时间或概率。基本可靠性反映产品对维修人力的要求。确定基本可靠性参数时应统计产品的所有寿命单位和所有的故障。通常用平均故障间隔时间（Mean Time Between Failures，MTBF）检验。

2. 任务可靠性

任务可靠性（Mission Reliability）是指产品在规定的任务剖面中完成规定

功能的能力（概率）。通常用平均严重故障间隔时间检验。

3. 使用可靠性

使用可靠性（Operational Reliability）是指产品在实际使用条件下所表现出的可靠性。它反映了产品设计、制造、安装、使用、维修和环境等因素的综合影响。一般用可靠性使用参数及其量值描述。

4. 固有可靠性

固有可靠性（Inherent Reliability）是指通过设计和制造赋予产品的，并在理想的使用和保障条件下所呈现的可靠性。

5. 可靠性使用参数

可靠性使用参数（Operational Reliability Parameter）是指直接与战备完好性、任务成功性、维修人力费用和保障资源费用有关的一种可靠性度量。其度量值称为使用值，常用参数有目标值与门限值。

6. 可靠性合同参数

可靠性合同参数（Contractual Reliability Parameter）是指在合同中表达订购方可靠性要求的，并且是承制方在研制和生产过程中可以控制的参数。其度量值称为合同值，常用参数有规定值与最低可接受值。

7. 故障和失效

GJB 451A—2005《可靠性维修性保障性术语》中定义的故障（Fault）为产品不能执行规定功能的状态，通常指功能故障。因预防性维修或其他计划性活动或缺乏外部资源造成不能执行规定功能的情况除外。GJB 451A—2005《可靠性维修性保障性术语》中失效（Failure）定义为产品丧失完成规定功能的能力的事件。在实际应用中，特别是对硬件产品而言，故障与失效很难区分，故一般统称故障。故障按性质分为关联故障和非关联故障；按后果影响分为任务故障和非任务故障。如果再细分影响程度，故障可以分为灾难故障、严重故障、一般故障和轻度故障。一般来说，灾难故障、严重故障对应任务故障，一般故障、轻度故障对应非任务故障。

8. 关联故障

凡出现下列规定条件之一者，均记为关联故障：

① 产品设计、加工、热处理、装配及材料缺陷等引起的故障。

② 数个相同或不相同的零部件同时发生的相互独立的多个故障，则每个故障均记为关联故障；对于整车可靠性试验故障统计，每次更换履带板或履带销，不管更换多少，均记为一次故障；对于履带的耐久性考核，履带板相对于履带为组成部件，应独立计算每块履带板的故障数，累计发生至耐久性判别准则（一般为 5%）要求，即判定整条履带达到使用寿命。

③ 第一次出现的间歇故障，之后虽然多次发生故障现象，但由于未进行排除，所以只记一次关联故障；但在试验中，除非确定间歇故障不造成安全问题，并且不影响其他部件的正常运行，否则出现此类故障应及时排除，以防引起其他故障及事故。

④ 零部件已经发生故障，但相应的车载式检测仪器没有给予指示，零部件记出现一次关联故障，车载式检测仪器记出现一次关联故障，对于整车相当于发生两次关联故障。

⑤ 整车及具有独立功能的组件（总成），如发动机、发电机、通信设备和火控系统等，在规定的寿命期内发生了功能指标超过规定的允许范围。

⑥ 紧固件在规定的紧固期限内失去紧固作用；如果作用于同一个部件的数个紧固件同时失去紧固作用可记为一次故障。

⑦ 可调整部位在规定的调整期限内技术指标超出了规定的使用范围。

⑧ 原因不明或在未得出明确结论之前待分析的故障应先归入关联故障。

9. 非关联故障

凡出现下列规定条件之一者，均记为非关联故障：

① 未按规定的程序操作引起的故障。

② 未按规定的环境条件使用引起的故障。

③ 未按规定的维修技术条件维修引起的故障。

④ 超负荷使用引起的故障。

⑤ 由事故引起的故障。

⑥ 由外部检测设备安装不当或功能不正常而在测试中引起的故障。

⑦ 从属故障。

⑧ 在同一部位第二次或第二次以后相继出现的间歇故障。

⑨ 由寻找故障引起的或在验证维修质量过程中发生的故障。

⑩ 零部件在规定的寿命期外发生的故障。

⑪ 证实某种已不采用的设计引起的故障。

⑫ 关联故障中已查明原因，确属非关联故障时，应该记为非关联故障。

10. 耐久性故障

耐久性故障（Durability Failure）是指装甲车辆样品出现不能继续使用或从经济上考虑不值得修复的耗损型故障，包括装甲车辆样品发生的疲劳损坏、磨损超过规定限值、材料锈蚀和老化、样品主要性能衰退超过规定限值、故障异常频繁超过规定限值、继续使用维修费用不断增长达到不合理的程度。其结果是需要大修或更换样品。

可靠性试验前要编写可靠性维修性测试性试验大纲（一般单独成册；若内容较少，则作为整车试验大纲的附件），大纲中应对试验样本数、试验环境、任务剖面进行明确规定，还需要根据具体的指标设计相应的试验方案，方案包括试验周期、判定依据、使用方风险和承研方风险等。

可靠性试验常用军标如下：

① GJB 899A—2009《可靠性鉴定和验收试验》。

② GJB 59.23A—2004《装甲车辆试验规程 第23部分：故障统计与处理》。

③ GJB 4807—1997（GJBz 20448—1997）《装甲车辆故障判断准则》。

④ GJB 450A—2004《装备可靠性工作通用要求》。

⑤ GJB 451A—2005《可靠性维修性保障性术语》。

⑥ GJBz 20059—1991《装甲车辆可靠性维修性保障性术语》。

⑦ GJBz 20060—1991《装甲车辆可靠性通用要求》。

⑧ GJB 1909.7—1994《装备可靠性维修性参数选择和指标确定要求 装甲车辆和军用汽车》。

7.1.1 可靠性试验的阶段

可靠性试验贯穿坦克装甲车辆研制的全过程。坦克装甲车辆的研制可分为工程研制阶段、设计定型阶段和批量生产阶段，其对应的不同试验为研制试验、鉴定试验和验收试验。在不同阶段目的和特点不太一样，可靠性试验对应装备产品阶段及特点如图7.1所示。

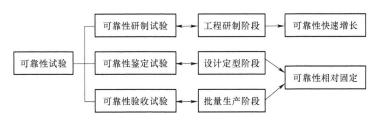

图7.1 可靠性试验对应装备产品阶段及特点

1. 研制阶段

顾名思义，研制阶段就是产品在工程研制阶段进行的试验，试验组织方是研制单位，试验通过对产品施加适当的环境应力、工作载荷，寻找产品中的设计缺陷，以改进设计，提高产品的固有可靠性水平。增长试验适合于设备的工程研制阶段，在这个阶段，承制方为提高设备的可靠性可以进行设计改进，而无严格的合同限制。如果投产之前已完全达到可靠性要求，则一项成功的增长试验可以免去可靠性鉴定试验。增长试验与故障报告、分析和纠正措施系统（FRACAS），两者共同构成一个整体。增长试验与FRACAS构成一个整体。可靠性增长试验的依据为GJB 1407—1992《可靠性增长试验》。

可靠性研制试验一般是以台架、实验室试验为主，根据研发规模，结合试验验证及摸底。

2. 鉴定阶段

对于可靠性鉴定试验（Reliability Qualification Test），GJB 451A—2005《可靠性维修性保障性术语》定义为：为验证产品设计是否达到规定的可靠性要求，由订购方认可的单位按选定的抽样方案，抽取有代表性的产品在规定的条件下所进行的试验。可靠性鉴定和验收试验的依据均为GJB 899A—2009《可靠性鉴定和验收试验》。

可靠性鉴定试验一般采用两种试验方法：一种为可靠性试验，其实这时其含义要小于广义的可靠性试验，它是在设计定型阶段进行的，以检验坦克装甲车辆在大修期前的可靠性水平，是非损耗可通过各级维修进行恢复的整车或较复杂系统，主要指标有整车基本可靠性、火控系统基本可靠性等。另一种为耐久性试验，针对的是损耗型的部件，它也是在设计定型阶段进行，以检验部件在规定条件下的寿命，主要指标是使用寿命或大修期寿命，如负重轮使用寿命为 3 000 km。

可靠性鉴定试验，一般分为整车试验和分系统试验两种。其中，整车试验必须以实车试验为主，分系统试验采用实车试验结合台架试验进行时必须科学研究分系统实车环境受载的情况，尽可能在台架上模拟受载条件，试验方案也需通过专门的评审，试验中考核零部件和总成的工作状况，记录损坏、磨损、故障、零件更换维修情况；定期检查动力性能、燃料消耗率以及制动性能等项的变化。整车耐久性试验国标（GB134—1977）严格地制定了汽车可靠性与耐久性试验的目的、试验条件、各种道路的选择、行驶里程的分配以及具体的试验项目内容与程序等。

实车道路试验的主要优点是缩短试验周期和提高试验结果的对比性。缩短试验周期的主要措施是采用各种强化试验法，如选定比汽车一般行驶更恶劣的道路（如路面不平度、急转弯、上下陡坡等），增加负荷的频率，而负荷和应力值保持不变，增加持续行驶时间（如昼夜三班循环试验），采用更高行驶速度。

近年来，车辆室内模拟试验技术发展很快，试验项目增多，试验速度加快，精确程度提高，如室内动力性、经济性、排气分析、耐久性、振动疲劳和环境试验等，并产生了各种专用的试验装置，采用电子计算机控制和处理数据。在这种模拟试验装置上必须创造和车辆实际使用条件下相同的负荷和热工况。但是，分系统普遍能做到的是振动、静载、高低温、湿度等的单环境因素模拟试验，对于沙尘、动载、电磁、盐雾、高海拔等复杂环境因素，甚至多因素综合加载的模拟技术及装置仍十分欠缺。

3. 验收阶段

对于可靠性验收试验（Reliability Acceptance Test），GJB 451A—2005《可靠性维修性保障性术语》定义为：为验证批量生产产品是否达到规定的可靠性要求，在规定条件下所进行的试验。可靠性鉴定和验收试验的依据均为 GJB 899A—2009《可靠性鉴定和验收试验》。

7.1.2　可靠性试验的种类

1. 环境应力筛选

环境应力筛选（ESS）是通过向电子产品施加合理的环境应力和电应力，将其内部的潜在缺陷激发成为故障，并通过检测发现和排除的过程。环境应力筛选既是一种工艺手段，也是一种试验。环境应力筛选的目的是发现和排除不良元器件、制造工艺和其他原因引入的缺陷造成的早期故障。

环境应力筛选的效果主要取决于施加的环境应力、电应力水平和检测仪表的能力。施加应力的大小决定了能否将潜在缺陷变为故障；检测能力的大小决定了能否将已被应力加速变成故障的潜在缺陷找出来并准确加以排除。

进行环境应力筛选时，首先要考虑的是尽快激发出产品制造过程引入的潜在缺陷，但不能损坏产品中原来的完好部分。因此，采用加速应力，应力的大小不能超过产品的耐环境设计极限，施加应力的持续时间不能在产品中累计起不允许的疲劳损伤。

环境应力筛选使用的应力主要用于激发故障，不模拟使用环境。根据实践经验，不是所有应力在激发产品内部缺陷方面都特别有效。因此，通常仅用几

种典型应力进行筛选。常用的应力及其强度和费用效果如表 7.1 所示。

表 7.1　常用的应力及其强度、费用及筛选效果

环境应力	应力类型		应力强度	费用	筛选效果
温度	恒定高温		低	低	对元件较好
	温度循环	慢速温变	较高	较高	不显著
		快速温变	高	高	好
	温度冲击		较高	适中	较好
振动	扫频正弦		较高	适中	不显著
	随机振动		高	高	好
综合	温度循环与随机振动		高	很高	很好

由表 7.1 可知，应力强度最高的是随机振动、快速温变的温度循环及两者的综合，它们的筛选效果很好，但费用较高。环境应力筛选与可靠性增长试验的区别如表 7.2 所示。

表 7.2　环境应力筛选与可靠性增长试验的区别

内容	环境应力筛选	可靠性增长试验
目的	暴露设计、制造缺陷造成的早期故障	确定和改正设计导致的可靠性问题
进行时间	生产过程中	批量生产之前
试验时间	一般为 10 个温度循环和 10 min 随机振动	一般试验时间为要求的 MTBF 的 5～25 倍
样品数	一般 100%进行	至少两个产品
是否通过	无（筛选应最大限度地暴露早期故障）	MTBF 的增长必须与所选的增长模型相关联

2. 可靠性摸底试验

可靠性摸底试验是根据我国国情开展的一种可靠性研制阶段的试验方法。它是一种以可靠性增长为目的，无增长模型，也不确定增长目标值，但时间较短的可靠性试验。可靠性摸底试验的目的是在模拟实际使用的综合应力条件下，用较短的时间、较少的费用暴露产品的潜在缺陷，并及时采取纠正措施，使产品的可靠性水平得到增长。试验对象一般是电子产品，特别是通过可靠性分析确定为关键产品或大量采用新技术、新材料、新工艺的新研产品。

根据我国目前产品可靠性水平及工程经验，可以依据产品复杂程度、重要

程度、技术特点、可靠性要求等因素确定试验时间。试验时间一般取可靠性指标要求中的最低可接受值的 20%～30%。应模拟产品实际的使用条件制定试验剖面，包括环境条件、工作条件和使用维护条件。由于可靠性摸底试验是在产品研发阶段的初期实施，不可能有很多实测数据，因此，一般按 GJB 899A—2009《可靠性鉴定和验收试验》确定试验剖面。

3. 可靠性强化试验

可靠性强化试验（Reliability Enhancement Test，RET）是通过系统地施加逐步增大的环境应力和工作应力，激发和暴露产品设计中的薄弱环节，以便改进设计和工艺，提高产品可靠性的试验。基本方法是以一定步长逐步施加应力，不断地加速激发产品的潜在缺陷，并进行改进和验证，使产品的可靠性不断提高，使产品耐环境能力也得到提高。可靠性强化试验也是一种激发故障的试验，它将强化应力引入试验中，解决了传统的可靠性模拟试验的试验时间长、效率低及费用高等问题。试验对象一般是以较为复杂的、重要度较高的、无继承性的新研或改进型电子产品为主要对象，机电、机械、火工产品也可适当应用。可靠性强化试验施加的主要环境应力有低温、高温、快速温变循环、振动、湿度以及综合环境，根据需要还可以施加产品规定的其他应力，如电应力、机械冲击等。

为了减少试验样本，同时充分地从这些样本中获得尽可能多的信息，各种应力类型的试验顺序必须遵循一个这样的原则：首先试验破坏性比较弱的应力类型，然后再试验破坏性比较强的应力。对于热应力和振动应力而言，一般按照这样的顺序考虑：先低温，后高温；先温度，后振动；先可靠性强化试验剖面，一般包括低温步进应力试验、高温步进应力试验，后综合应力试验剖面、快速温变循环应力试验剖面、振动步进应力试验剖面和综合应力试验剖面。典型的试验剖面如图 7.2～图 7.4 所示。

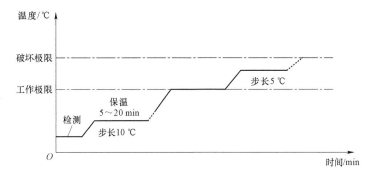

图 7.2　高温步进应力试验剖面示意

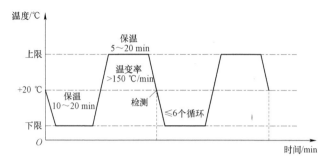

图 7.3　快速温变循环应力试验剖面示意

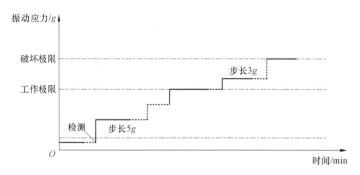

图 7.4　振动步进应力试验剖面示意

图 7.3 中的上、下限温度：为使缺陷发展为故障所需的循环数最少，应选择最佳的上、下限温度值。通常快速温变循环的上、下限不超过产品破坏极限的 80%，或采用低温工作极限加 5 ℃为上限，高温工作极限减 5 ℃为下限。

4. 可靠性增长试验

可靠性增长试验（Reliability Growth Test，RGT）是在预期的使用环境条件下连续多次模拟任务环境以提高设备可靠性的试验。一般做法是通过有计划地激发故障、分析故障机理，采取改进设计并验证改进措施的有效性，其剖面的制定应以 GJB 899A—2009 为依据。可靠性增长试验是通过不断地"试验-改进-验证"，使产品的固有可靠性在预定的时间内不断提高直至达到规定值。由于可靠性增长试验要求采用综合环境条件，需要综合试验设备，试验时间较长，需要投入较多的资源，因此，一般只对那些有定量可靠性要求、新技术含量高且属重要、关键的产品进行可靠性增长试验。

试验需要的总试验时间取决于可靠性增长模型、工程经验及对产品的可靠性要求。它是受试产品从现阶段开始增长到可靠性要求值的最长时间，一般取产品 MTBF 目标值的 5～25 倍。可靠性增长试验应模拟产品实际的使用条件制定试验剖面，包括环境条件、工作条件和使用维护条件。其中，环境条件及其随时间变化的情况应能反映受试产品现场使用和任务环境的特征，即应选用模拟现场的综合环境条件。综合环境条件实施时，应确定一个综合环境试验剖面，该试验剖面一般由温度、湿度和振动等环境应力和电应力构成。

可靠性增长试验在产品研发的后期，即在可靠性鉴定试验之前实施，因此应尽可能采用实测数据。可靠性增长试验剖面一般应与该产品的可靠性鉴定试验剖面一致。

可靠性增长试验必须有增长模型。增长模型描述了产品在可靠性增长过程中产品可靠性增长的规律或总趋势。目前在可修产品的可靠性增长试验中，普遍使用的是杜安模型（Duane）和 AMSAA 模型。

由于杜安模型未涉及随机现象，所以其为确定性模型，即工程模型，而不是数理统计模型。杜安模型在双对数坐标纸上的形状如图 7.5 所示。

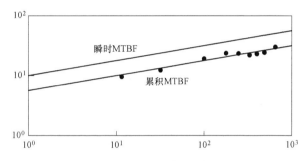

图 7.5　杜安模型在双对数坐标纸上的形状

杜安模型反映了如下规律：在可靠性增长试验中，前期诱发的故障通常是故障率较高的故障，通过纠正后产品的 MTBF 有较大的提高，而在后期诱发的故障则正好相反。此时，通过纠正后产品 MTBF 的提高量相对比较少一些。其数学表达式为

$$\ln[N(t)/t] = \ln a - m \ln t \tag{7.1}$$

式中，$N(t)$ 为累积试验时间 t 时所观察到的累积故障数；a 为尺度参数，它的倒数 $1/a$ 是杜安模型累积 MTBF 曲线在对数坐标纸纵坐标上的截距，反映了产品进入可靠性增长试验的初始 MTBF 水平；m 为杜安曲线的斜率（增长率），它是累积 MTBF 曲线和瞬时 MTBF 曲线的斜率，表征产品 MTBF 随试验时间逐渐增长的速度。

AMSAA 模型把可修产品在可靠性增长过程中的故障累积过程建立在随机过程理论上，并认为是一个非齐次泊松过程。这个模型既可以用于寿命型产品，

也可以用于在每个试验阶段内试验次数相当多而且可靠性相当高的一次使用产品。AMSAA 模型仅能用于一个试验阶段，而不能跨阶段。

对可靠性进行跟踪，其数学表达式为

$$E[N(t)] = at^b \qquad (7.2)$$

式中，$N(t)$ 为累积试验时间 t 时所观察到的累积故障数；a 为尺度参数；b 为增长形状参数；$E[N(t)]$ 为 $N(t)$ 的数学期望。

可靠性增长试验两种模型互为补充，其比较特点如表 7.3 所示。增长试验与 FRACAS 构成一个整体。增长试验适合于设备的工程研制阶段。在这个阶段，承制方为提高设备的可靠性可以进行设计改进，而无严格的合同限值。试验过程中承制方应建立 FRACAS 故障报告、分析和纠正措施系统，开展 FMECA 故障模式、影响及危害性分析。FMECA 包括故障模式及影响分析（FMEA）、危害性分析（CA）和损坏模式及影响分析（DMEA）。

表 7.3　可靠性增长试验两种模型对比

模型名称	适用范围	优点	缺点
杜安模型	适用于指数分布产品。可用于制订增长计划，跟踪增长趋势；对参数进行点估计	参数的物理意义直观，易于理解；表达形式简单，使用方便；适用面广；在双对数坐标纸上是一条直线，图解直观简便	没有将 $N(t)$ 作为随机过程来考虑；估计精度不高；不能给出当前（瞬时）MTBF 模型拟合优度，检验方法粗糙
AMSAA 模型	适用于指数分布产品。可用于跟踪增长趋势；对参数进行点估计和区间估计	将故障的发生看作随机过程，对数据进行统计处理，可为试验提供一定置信度下的统计分析结果	模型的前期是假设在产品改进过程中，故障服从齐次泊松过程，因此只适用于故障为指数分布的情形且不适用于试验过程中引入延缓改进措施的评估

5. 连续型统计试验

当产品的寿命为指数、威布尔、正态、对数正态等分布时，可采用连续型统计试验方案。目前国内外颁布的标准试验方案都属于指数分布的。本书仅介绍指数分布的试验方案，它可以分为全数试验、定时截尾试验、定数截尾试验和序贯截尾试验等。

全数试验是指对生产的每台样品都做试验，只在特殊情况（如出于安全或完成任务的需要）时才采用，产品数量极少、安全影响巨大的产品必须做全数试验。

定时截尾试验是指事先规定试验截尾时间 t_0，利用试验数据评估产品的可靠性特征量。按试验过程中对发生故障的设备所采取的措施，可将该试验方案分为有替换或无替换两种。前者指在试验中某产品发生故障时，立即用一个新产品代替，但在整个试验过程中保持样本数不变。坦克装甲车辆设计定型试验的样本大多采用的是有替换的定时截尾试验。后者则是指产品发生故障时就被撤去。在整个试验过程中，样本数随着故障产品的增加而减少。定时截尾试验方案的优点是由于事先已确定了最大的累积试验时间，便于计划管理并能对产品 MTBF 的真值作出估计，所以得到广泛的应用。但其主要缺点是为了作出判断，质量很好的或很差的产品都要经历最多的累积试验时间或故障数。

定数截尾试验是指事先规定试验截尾的故障数，利用试验数据评估产品的可靠性特征量。定数截尾试验方案可以分为有替换和无替换两种。由于事先不易估计所需的试验时间，所以实际应用较少。

序贯截尾试验是按事先拟定的接收、拒收及截尾时间线，在试验期间，对受试产品进行连续的观测，并将累积的相关试验时间和故障数与规定的接收、拒收或继续试验的判据做比较的一种试验，如图 7.6 所示。这种试验方案的主要优点是做出判断所要求的平均故障数和平均累积试验时间最小，因此常用于可靠性验收试验。但其缺点是因为产品质量不同，其总的试验时间差别很大，尤其对某些产品，由于不易做出接收或拒收的判断，因而最大累积试验时间和故障数会超过相应的定时截尾试验方案。

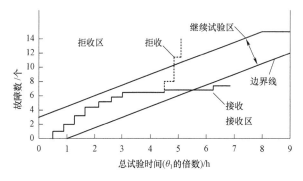

图 7.6　序贯截尾试验方案示意

指数分布的统计试验方案中共有 5 个参数：

① MTBF 假设值的上限 θ_u。它是可以接受的 MTBF 值，当受试产品的 MTBF 真值从下方接近 θ_u 时，标准试验方案以高概率接收该产品，要求受试产品的可靠性预计值 $\theta_p > \theta_u$ 才能进行试验。

② MTBF 假设值的下限 θ_l。它是不可接受的 MTBF 值，当受试产品的 MTBF 真值从下方接近 θ_l 时，标准试验方案以高概率拒收该产品。按照国军标 GJB 899A 的规定，θ_l 应等于研制总要求规定的最低可接受的 MTBF 值。

③ 鉴别比 $d = \theta_u / \theta_l$，d 越小，则做出判断所需的试验时间越长，但试验结果摆动值也越小，可以认为获得的估计值越接近真值。

④ 生产方风险（研制方风险）α。它是当产品的 MTBF 真值等于 θ_u 时被拒收的概率，即本来是合格的产品被判为不合格而拒收，使生产方受到损失的概率。

⑤ 使用方风险（订购方风险）β。它是当产品的 MTBF 真值等于 θ_l 时被接收的概率，即本来是不合格的产品被判为合格而接收，使使用方受到损失的概率。

α、β 的取值一般为 $0.1 \sim 0.3$，并且建议军品的 $\beta \leqslant \alpha$。

6. 成败型统计试验

对于以可靠度或成功率为指标的重复使用或一次使用的产品，可以选用成功率试验方案。成功率是指产品在规定条件下试验成功的概率。观测的成功率可以定义为在试验结束时，成功的试验次数与总试验次数的比值。成功率试验方案是基于假设每次试验在统计意义上是独立的。因此，对于重复使用的产品，在两次试验之间应按正常维护的要求进行合理的维护，以保证每次试验开始时的状况和性能都相同。

按 GB/T 5080.8—1985《设备可靠性试验成功率的验证试验方案》规定，成功率试验方案有以下两种：序贯截尾试验和定数截尾试验，其试验特点与连续型统计试验中的序贯试验和定数试验类似。成功率试验方案共有 5 个参数：

① 可接收的成功率 R_0。当产品的成功率真值从上方逼近 R_0 时，以高概率接收。

② 不可接收的成功率 R_1。当产品的成功率真值从下方逼近 R_1 时，以高概率拒收。

③ 鉴别比 D_R。$D_R = (1 - R_1) / (1 - R_0)$，一般为 1.5、2、3。

④ 生产方风险 α。

⑤ 使用方风险 β。

α、β 的取值一般为 $0.1 \sim 0.3$。

7. 耐久性试验

耐久性试验是为考核装甲车辆样品在规定条件下达到耐久性水平而进行的试验，其包括一系列性能测试、技术检查、耐久性故障判断、统计计算等活动。通过耐久性试验，可以验证产品在规定条件下的使用寿命、储存寿命；通过寿命试验，还可以发现设计中可能过早发生耗损故障的零部件，并确定故障的根本原因和可能采取的纠正措施。

耐久性是指装甲车辆正样品（含正样的系统、设备、装置、部件、组件装车）在规定条件下，达到其规定使用寿命而不出现耐久性故障的概率，称不出现耐久性故障的概率为耐久度。耐久性用规定的使用寿命（大修寿命）、耐久度两个参数表示。试验前，承试单位应获得以下文件：

① 坦克装甲车辆或系统部件的维修保障方案。

② 耐久性判别准则。

试验过程应严格按照①规定对被试样品进行维护保养。在试验到故障时间，严格对比耐久性判别准则进行耐久性判别。

8. 寿命试验

寿命试验的目的：验证产品在规定条件下的首次大修期，使用寿命和储存寿命是否满足规定的要求；发现产品中可能过早发生耗损的零部件，以确定影响产品寿命的根本原因和可能采取的纠正措施。寿命试验方法主要有加速寿命试验和工程经验法两种。

1）加速寿命试验

加速寿命试验是在不改变产品失效机理的前提下，用加大应力（如热应力、振动应力和电应力等）的办法，缩短试验时间，加快产品故障，并利用加速寿命模型，估计在正常工作应力下产品的寿命。加速寿命试验最好是在研制阶段在零件或部件上进行，以便及早确定其寿命特征，发现其薄弱环节，并进行设计改进。在产品进入批量生产阶段，加速寿命试验可用于批量生产产品的验收试验。

加速寿命试验的关键是加速应力的选择，其应保证正常和加速应力条件下产品的失效机理是相同的，并应选择对失效机理起主要促进作用的那些应力作为加速应力，这样在应力增加时部件的寿命会显著降低。加速寿命试验类型主要有 3 种：恒定应力加速寿命试验、步进应力加速寿命试验和序进应力加速寿命试验。其中，恒定应力加速寿命试验最为成熟，应用也最为广泛。

加速系数是正常应力水平下产品的寿命与加速应力水平下的相应寿命的比值，即

$$N = \frac{t_{p_0}}{t_{p_1}} \tag{7.3}$$

式中，N 为加速系数；t_{p_0} 为产品在正常应力水平下达到失效概率为 p_0 的时间，h；t_{p_1} 为产品在加速应力水平下达到失效概率为 p_1 的时间，h。

通过摸底试验求出加速系数 N，即可由加速寿命试验结果推导出正常工作

应力下的产品寿命。

2）工程经验法

其主要包括受试产品、试验剖面及故障判据三方面内容。受试产品应具备产品规范要求的功能和性能。它在设计、材料、结构及工艺等方面应能基本反映将来生产的产品。一般受试产品数量不小于 2 台。试验剖面应尽量模拟产品在实际使用过程中的环境条件和工作应力。故障判据：对可修产品，将引起产品大修的损耗性故障记为关联故障。虽是耗损性故障，但不引起大修的，不算关联故障。如电机电刷的磨损引起电机不发电，只要按易损件的规定换电刷即可，无须大修，因而不记为关联故障。对不可修复产品，任何偶然故障或损耗性故障均记为关联故障。

首次大修期的评估：

① 如果产品寿命试验到 T 时，全部产品均未出现关联故障，则可按下式估算产品首次大修期（工作时间）T_0：

$$T_0 = \frac{T}{K} \qquad (7.4)$$

式中，T 为每台产品试验时间，h；K 为经验系数，其值一般为 1.5；适用于各型产品的具体数值由承制单位与使用方针对逐项产品协商确定。

② 如果产品寿命试验到 t_0 截止时，有 r 个产品出现了关联故障，则按下式估算产品首次大修期（工作时间）T_{0r}：

$$T_{0r} = \frac{1}{nK_0}\left[\sum_{i=1}^{r} t_i + (n-r)t_0\right] \qquad (7.5)$$

式中，t_i 为第 i 个产品出现关联故障的时间，h；K_0 为经验系数，其值一般为 1.5；n 为受试样品数；r 为关联故障数。

③ 如果产品寿命试验到 t_n 截止时，全部产品先后出现了关联故障，则按下式估算产品首次大修期（工作时间）T_{0n}：

$$T_{0n} = \frac{1}{nK_1}\sum_{i=1}^{r} t_i \qquad (7.6)$$

式中，K_1 为经验系数，其值一般为 1.5；适用于各型产品的具体数值由承制单位与使用方针对逐项产品协商确定。

7.1.3 可靠性试验的评估

可靠性试验的评估是通过有计划、有目的地收集产品试验或使用阶段的数据，用统计分析的方法进行分布的拟合优度检验、分布参数的估计、可靠性参数的估计，定量地评估产品的可靠性。主要目的和作用在于：

① 在方案阶段，收集同类产品的可靠性数据，进行处理与评估，评估结

果可以用来进行方案的对比和选择。

② 在工程研制阶段，收集研制阶段的试验数据，进行处理与分析，以掌握产品可靠性增长的情况。同时，通过数据分析，找出薄弱环节，以便提出故障纠正的策略和设计改进的措施。

③ 在设计定型或确认时，收集可靠性鉴定试验的数据并处理，评估产品可靠性水平是否达到规定的要求，为设计定型和生产决策提供管理信息。

④ 在批量生产时，收集验收试验的数据并处理，评估产品可靠性，检验其生产工艺水平能否保证产品所要求的可靠性，为接受产品提供依据。

⑤ 在使用阶段，收集现场数据进行处理与评估，此时评估结果反映的使用和环境条件最真实，对产品的设计和制造水平的评价最符合实际，是产品可靠性工作的最终检验，也是开展新产品的可靠性设计和改进原产品设计的最有益的参考。

产品可靠性评估所涉及的分布主要有威布尔分布、正态分布、对数正态分布、指数分布和二项分布等。比较常用的是指数分布和二项分布。

7.1.4　定量检测参数及定性检验方法

1. 定量检测参数

1）任务成功度

任务成功度（Dependability）是指任务成功性的概率度量，原称可信度。其计算公式为

$$P_{\text{MCS}} = \frac{\text{成功完成任务次数}}{\text{总执行任务次数}} \approx e^{-\Delta t / T_{\text{BCF}}} \tag{7.7}$$

两边同时取自然对数，变形后有

$$T_{\text{BCF}} = -\frac{\Delta t}{\ln P_{\text{MCS}}} \tag{7.8}$$

式中，P_{MCS} 为任务成功度；Δt 为任务时间，h；T_{BCF} 为平均严重故障间隔时间，h。

任务成功率采用的就是普通的统计方法，事先设定多个任务，然后逐个分别实施任务，实施结束后对其完成情况进行评价打分，达标一项即记成功任务一次，最后除以事先设定的所有任务数得出任务完成率。

2）平均故障间隔里程

平均故障间隔里程（Mean Time Between Failures，MTBF）是坦克装甲车辆基本可靠性的一种度量参数。这里的间隔时间是一种广义的说法，其代表的

是坦克装甲车辆系统寿命周期。对装甲车辆整车来说，平均故障间隔时间指故障间行驶的公里数；对装甲车辆火控系统、电气设备等，指故障间开机运行的小时数；对装甲车辆火炮、机枪和烟幕发射装置等，指故障间武器系统发射的弹数。因此，平均故障间隔时间又具体分为平均故障间隔里程、平均故障间隔时间和平均故障间隔发数等，但其含义和算法基本一致。

度量方法是指在规定的试验剖面内，参试的样本或其某一组成部分使用寿命单位（km、h 或发）总数与故障总数之比。根据试验数据统计，计算 MTBF 的观测值（点估计值）为

$$\theta = \frac{T}{r} \qquad (7.9)$$

式中，T 为车辆或系统部件的使用寿命（对于里程单位为 km，对于弹数单位为发）；r 为责任故障总数。

计算 MTBF 的验证区间（一般置信度 $C = 80\%$）：

置信区间下限：
$$\theta_U(C', r) = \frac{2r}{\chi^2_{\frac{1-C}{2}, 2r+2}} \qquad (7.10)$$

置信区间上限：
$$\theta_U(C', r) = \frac{2r}{\chi^2_{\frac{1+C}{2}, 2r}} \qquad (7.11)$$

$$C' = (1+C)/2 \qquad (7.12)$$

式中，C 为置信度。

责任故障总数，即关联故障数的判别准则见 GJBz 20448—1997《装甲车辆故障判断准则》中的 4.2 项。

3）平均严重故障间隔里程

平均严重故障间隔里程（Mean Time Between Critical Failures，MTBCF）是坦克装甲车辆任务可靠性的一种度量参数。装甲装备原"平均致命性故障间隔里程"改为"平均严重故障间隔里程"，故障对应任务故障。其度量方法为：在规定的试验剖面内，参试车辆使用寿命单位（km、h 或发）总数与任务故障总数之比。平均故障间隔时间中的时间具有广义的概念，可以是发动机的摩托小时，也可以是车辆底盘行驶的里程，还可以是武器系统的射击发数。

平均严重故障间隔里程的公式基本同平均故障间隔里程，只是将式中 r 的责任故障总数改为严重故障间隔总数。

4）耐久度

耐久度是针对耐久性试验提出的检验参数，其不能单独具备实际意义，一般与使用寿命共同进行要求，使用寿命是耐久性的前提条件。耐久性试验要首

先确定试验样本量，再根据耐久度，参照 GJB 59.62—1996《装甲车辆试验规程耐久性试验》附录 A 用参数方法估算样品数、耐久性概率值数表来确定拒收样本数。其试验方法是先选取试验方案，规定接收条件，达到条件即判定结果接收或拒收。例如，研制总要求规定车体在使用寿命 10 000 km 条件下，耐久度需要达到 0.6，根据试验样本量，并查表选择试验方案。耐久性方案示意表如表 7.4 所示。

表 7.4　耐久性方案示意表

试验产品	寿命	样本量	接收故障数	耐久度	置信度
车体	10 000 km	4	1	0.61	0.5

试验结束时，如果车体发生耐久性故障的数目只有 1 个，那么说明在置信度 0.5 的条件下，其耐久度达到 0.61，满足研制总要求 0.6 的要求，可以接收其耐久性。

5）首次大修前工作时间

首次大修前工作时间是指在规定条件下，产品开始使用到首次大修的寿命单位数，也称首次大修期限。对坦克装甲车辆，首次大修前工作时间是与坦克装甲车辆耐久性损坏后可修复产品有关的一种耐久性参数。度量方法为：在规定的置信度下，坦克装甲车辆重要可修零部件满足不发生耐久性损坏概率条件下的工作时间。

2. 定性检验方法

定性检验要求是通用性要求，无须在单个产品设计及检验中重复累述，因此作为设计师、检验人员及使用官兵都要熟练牢记，其检验内容主要有以下几个方面。

1）简单性要求

在满足功能和预期使用条件的前提下：

① 尽可能将装备设计成具有最简单的结构和外形，以保障稳定的质量。

② 构成的零组件种类和数量尽可能少，以简化组装，减少差错。

③ 各组部件间的互通、连接尽可能简单，以简化使用人员的操作。

2）冗余要求

① 采用余度技术，对关键分系统应具有一套以上能完成同一功能的部件。

② 起动、通信、灭火等任务功能系统除具有正常的运行方式外，还应有故障情况下的备份运行链路。

3）降额要求

① 装备选用的电子元器件、液压元件、气动元件、电机、轴承、各种结构件，应采用降低负荷额定值的设计，以提供更大的安全储备。

② 机械、电气、机电等设备零件应减少其承受载荷的应力。

③ 设备设计应减少应力的峰值与变化，避免由尖峰电压、高频振动等引起的设备损坏等。

④ 一切重要的电气与电子元器件均应规定降低额定值的百分比。

4）成熟技术应用要求

总的来说，成熟技术既代表先进的性能指标，也代表可靠的生产工艺水平和装配维修质量，因此应大力提倡。这与科研的创新并不矛盾，坚持成熟技术的运用，既是对过去创新的肯定，也是发现成熟技术中缺陷的必要过程，并且新的技术也只有在整体稳定的系统中，才能考核其真实的先进性，否则所取得的性能指标和功能数据缺乏真实性。因此，大力提倡成熟技术的运用和完善，不但是最可靠、经济的发展模式，也是创新体制的有力保障。

① 装备设计应在满足功能要求的前提下，尽量采用经过工程实践考验具有高可靠性的设计。

② 为满足装备的性能要求采用的新技术，必须经过前期的技术验证，证实其能满足装备的可靠性要求。

③ 选用的电子元器件，均应从部门、行业或型号的元器件优选目录中选取，并且按有关规定进行百分之百的环境应力筛选。

5）环境适应性

① 应选用耐腐蚀的材料，依据使用环境和材料的性质，对零件表面采用镀层、涂料、阳极化处理或其他表面处理，提高其防腐蚀性能。

② 不应把在电势序列中相距较远的不同金属直接结合在一起，以防止产生电化学腐蚀。

③ 尽可能选用吸湿性小的材料。

④ 只要有可能就应采用不易长霉的材料。如果不可避免，应对材料进行防霉处理。

⑤ 装备上电气与电子设备的工作环境（包括温度、湿度、振动和气压等）应满足其规定的环境条件要求。

6）人–机–环境工程

驾驶（乘员）舱内的环境条件（如温度、湿度、灯光、振动和气压等）应满足驾驶员（乘员）在舱内正常操作（使用）装备的要求。

① 装备操纵装置的布置应满足以下要求：操纵装置应使其动作方向与所

控制对象的运动方向相一致；同类但不同型号的装备，操纵装置应安排在相同位置；在操纵装置的各个工作位置上，应设置定位销或卡销，以防止无意间的触动；相互靠近的操纵装置应具有足够差异的不同外形，以便使用、维修人员容易识别。

② 操纵控制台（板）上显示器布局应满足以下要求：需经常监控的显示器应处于操作者的正常视线范围内；显示器的视距不应超过 70 cm，但不能小于 33 m；联合使用的显示器应放在同一视距上；显示器的安装应使其屏幕垂直于视线；警告灯应在正常视线的 30° 范围内，并位于操作者要采取相应措施的控制器旁边。

③ 操纵控制台（板）上控制器布局应满足以下要求：常用控制器应安排在操作者用右手操作并便于观看操作的部位；所有的控制器应位于坐姿操作者能够达到的范围内；维修用控制器应安装在正常维修时容易达到的部位，并尽可能集中安排在一个区域内；不常用的控制器应加盖或采用其他措施，以防止无意间触动；应急情况下使用的控制器除防止无意触动的措施外，还应有需用一定力量才能除掉的保险装置；各控制器的安排尽量使操作者左、右手的工作量相近，右手担任的应是那些要求较精密的控制工作；同时使用的控制器应安排在邻近位置；同类不同型号的装备上各个控制器的相互位置应基本相同；同样形式的控制器的开关方向应一致。

④ 控制器和显示器的标示应满足以下要求：所有控制器和显示器要用清晰明确的标记加以区别；控制器应标示出功能与动作方向；用文字作为标识时，只能用操作者能够熟识的字符或缩写；两个相同的控制器或显示器采用相同的标记。

7.1.5　可靠性试验的方法

1. 试验方案的选择

根据试验特点选择不同的试验方案，有以下原则可以遵循：

① 如果必须通过试验对 MTBF 的真值进行估计或需要预先确定试验总时间和费用，则选用定时截尾试验方案。因此，一般可靠性鉴定试验较多选用此种方案。

② 如果仅需以预定的判决风险率 $(\alpha、\beta)$ ［对假设的 MTBF 值 $(\theta_l、\theta_u)$］作出判决，而不需要事先确定总试验时间，则可选用序贯试验方案。因此，一般可靠性验收试验选用此种方案。

③ 如果有试验时间或经费限制，且生产方和使用方都愿意接受较高的风

险率，则采用高风险率定时截尾或序贯截尾试验方案。一般部件、模拟器和维修检测设备等的试验多采用此种方案。

④ 当必须对每台产品进行判决时，可采用全数试验方案，如航空母舰、核潜艇和运载火箭等产品。

⑤ 对以可靠度或成功率为指标的产品，可采用成功率试验方案。该方案不受产品寿命分布的限制，如激光测距仪、装弹机等产品多用成功率试验方案。

2. 试验条件的控制

1）地区环境与路面之间的关系

根据 GJB 848—1990《装甲车辆设计定型试验规程》的要求，整车的自然环境包含常温、湿热、高寒、高原沙漠、滨海地区，路面包含铺面路、沙碎石路、起伏土路、冰雪路、沙漠、高原公路及其他路面，地区与路面的对应关系如图 7.7 所示。

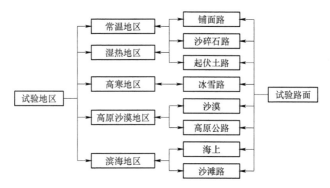

图 7.7　地区与路面的对应关系

试验地区条件控制的依据有以下军标：

① GJB 59.22—1989《装甲车辆试验规程　严寒地区适应性试验总则》。

② GJB 59.26—1991《装甲车辆试验规程　湿热地区适应性试验总则》。

③ GJB 59.30—1991《装甲车辆试验规程　沙漠地区适应性试验总则》。

④ GJB 59.58—1995《装甲车辆试验规程　高原地区适应性试验总则》。

⑤ GJB 59.67—2004《装甲车辆试验规程　第 67 部分：海上适应性试验》。

2）车辆使用状态

车辆使用状态包括行驶速度、系统运行状态等。对于整车及几乎所有系统部件，车辆的行驶速度对于可靠性的影响均很大。行驶速度快，道路振动频率高，故障率就高，可靠性下降；行驶速度慢，所受振动影响小，故障率低，可靠性提高。但是可靠性试验不是随意的，行驶速度应该达到部队经常使用的状态，那么根据任务的不同，行驶速度也有变化，但为了便于在可靠性鉴定试验中执行，行驶速度应同时满足以下两个要求：

① 不小于道路安全行驶的最低要求行驶。

② 不小于合同中平均速度要求行驶。

3）实验室环境条件

整车试验包括高温、低温、电磁兼容等试验；系统部件试验除随整车的试验条件外，还包括盐雾、浸渍、高湿、低气压、霉菌、砂尘、冲击振动、淋雨、太阳辐射等条件。实验室环境条件相对整车地区试验，应力加载单纯、周期短，但强度大，属于一定程度的强化试验，其试验条件依据为 GJB 150《军用设备环境试验方法》系列 25 项军标。

3. 故障判别的依据

故障判别的依据主要按照 GJBz 20448—1997《装甲车辆故障判断准则》中第 4 项进行。耐久性故障判据没有现成的军标，需要在试验大纲中明确规定判别准则。坦克装甲车辆主要耐久性考核部件的故障判别准则如下：

① 车体：车体焊缝有穿透性裂纹或每米焊缝上非穿透性裂纹多于 4 处；车体装甲板上出现穿透性裂纹或大于 10 mm 的非穿透性裂纹；车体出现需要大修的变形或损坏，影响其他部件的安装，如发动机支座、综合传动装置支座、平衡肘支架、炮塔座圈、底甲板等的变形或损坏超过规定值；主要附座的螺纹损坏超过总扣数的 25%（单扣超过螺纹周长的 25%）；车体锈蚀严重，影响正常使用。

② 发动机：发动机功率下降 5%以上；曲轴、连杆、气门、凸轮轴等主要部件断裂；机油压力、气缸压缩压力、曲轴箱废气压力、机油消耗量超过规定值。

③ 综合传动装置：综合传动装置在工作或变速时卡死；传动齿轮或箱内主要零部件损坏，不能输出动力；箱体有可见裂纹。

④ 负重轮：胶圈完全剥离或出现严重影响行驶平稳的轮缘间断层；胶圈多处掉块或有洞形损坏，其深度大于 45 mm，面积超过胶圈的 50%；负重轮盘变形影响正常工作；胶圈磨损大于 30 mm；负重轮轴承烧蚀或损坏。

⑤ 平衡肘：平衡时弯曲及扭曲变形超出允许范围；平衡肘花键损坏，不能继续使用；平衡肘体开裂。

⑥ 主动轮：断齿；有穿透性裂纹或齿轮变形超过规定值，影响与规带的啮合；轮齿两面磨损，磨痕与齿谷之间的距离超过规定的允许尺寸。

⑦ 托带轮：轮缘磨损超过规定值；托带轮轴承损坏；托带轮轴、支架断裂或变形影响履带运动。

⑧ 诱导轮及履带调整器：诱导轮的轮盘破裂；诱导轮有穿透性裂纹，其长度超过规定值；蜗轮蜗杆损坏，不能自锁或不能调整履带。

⑨ 扭力轴：扭力轴断；键齿折断；可见裂纹；塑性变形超过规定值。

⑩ 减振器：出现零件断裂；功能明显下降；减振器本体轴头漏油。

⑪ 履带板和履带：履带板销耳橡胶衬套全部损坏（即相邻两履带板销耳之间的间隙沿铰链全长均大于 4 mm）；金属履带板防滑筋上有 3 条以上横向暴露裂纹，且这些裂纹已延伸至履齿或销耳上，其长度大于 20 mm，宽度大于 1 mm（沿履齿或销耳），中部加强筋有宽度大于 1 mm 的暴露裂纹或履带板边缘加强筋上有任何尺寸的裂纹；金属履带板板体销轴方向出现裂纹；履带销或端联器、中联器断裂；挂胶板基体有一条宽度大于 1 mm、长度大于 30 mm 的横向暴露裂纹成一条以上的纵向贯穿裂纹；挂胶履带上胶块剥离或掉块面积大于胶块着地面积的 3/4；诱导齿严重变形，影响功能；每条履带有 5 块履带板寿命终结，则判定整条履带寿命终结。

⑫ 制动装置：摩擦片磨损，制动效能下降超过规定值；分离弹簧不回位（产生永久变形）失效；滑块与制动缸圆弧接触面磨损严重；制动油缸漏油、拉缸。

⑬ 侧减速器：齿轮、框架系统等主要部件损坏；轴承烧蚀；发生漏油现象。

⑭ 发电机：转子部件损坏；定子部件损坏；整流器部件损坏；油冷却装置损坏。

⑮ 启动电机：转子部件损坏（整流子严重烧蚀，外径磨损；中枢绕组绝缘电阻过小，匝间短路等）；定子部件损坏（激励绕组绝缘电阻过小、绝缘层老化、磁级松动）；后端盖部件损坏（电刷架松动、电刷压簧松弛使电刷接触面严重剥落等）；前端盖及联轴器损坏。

以上是某坦克耐久性故障判别准则，作为参考，将来其他车型的准则应根据各自产品特点作相应调整。

4. 试验剖面的选择

可靠性试验的过程是比较漫长的，其一般贯穿产品的全寿命，而在寿命期间内，所经历的不同过程称为时面。对于坦克装甲车辆，剖面分寿命剖面和任务剖面两种，其中任务剖面定义见 GJB 451A—2005《可靠性维修性保障性术语》2.1.6.4 项：是指产品从交付到寿命终结或退役这段时间内所经历的全部事件和环境的时序描述;任务剖面定义见 GJB 451A—2005《可靠性维修性保障性术语》2.1.6.5 项:是指产品在完成规定任务这段时间内所经历的事件和环境的时序描述,其中包括任务成功或致命故障的判断准则。一个寿命剖面包括一个或几个任务剖面,不同的试验也面对不同的试验剖面要求。

1）整车可靠性试验

整车可靠性试验以及同整车相同寿命的系统部件（如车体）,直接按照 GJB 848—1990《装甲车辆设计定型试验规程》的方法进行即可,但各地区路面的先后顺序未作严格要求,一般根据接车时间而定。上半年接车的即先展开热区试验,下半年接车的就先展开寒区试验,但是故障的出现有时不是瞬发的,故障的机理甚至也是综合因素的积累,因此在不同地区试验出现的故障的统计分析就显得尤为重要,有时故障不及时暴露出来,在后期的其他地区才积累显现,这就需要在故障出现时特别是不同地区之间衔接的一段时间里,特别关注一些部件的检查。对于整车来说,有些故障的爆发需要排查相当长的时间,甚至试验剖面的先后顺序也决定着故障是否出现及出现的程度,这也是整车试验的难点。

2）部件耐久性试验

部件的试验也要经历不同地区及应力加载考核,才能保证其在各种条件下的可靠性。部件的耐久性试验过程也需按照 GJB 848—1990《装甲车辆设计定型试验规程》中剖面比例进行分配。但由于其寿命明显短于整车寿命,并且其仍然需要随车进行试验,所以与整车的剖面就会存在冲突。这时就需要对部件进行处理,常用的处理方法是拆卸更换样件。

5. 目标值、门限值、规定值和最低可接收值的关系

1）目标值

目标值是指用户期望装备达到的使用指标。装备 RMS 目标值通常指的是装备使用到成熟期的 RMS 值。例如, MFHBF = 5 h 为 F-22 战斗机使用可靠性指标的目标值;美军 AGM-86 巡航导弹的任务可靠度的目标值 $R_m = 0.88$,使用可用度的目标值 $A_0 = 93\%$;美军 CVN-21 核动力航空母舰上机群的战时最大战斗出动强度的目标值为 310 架次/天。

2）门限值

门限值是指装备完成作战使用任务（即满足使用要求）所必须达到的最低使用指标。装备 RMS 门限值通常指的是装备定型前必须达到的 RMS 值。美国空军要求装备在工程与制造研制阶段结束之前必须达到 RMS 门限值。例如, MFHBF = 3.25 h 为 F-22 战斗机使用可靠性指标的门限值;美军 AGM-86 巡航

导弹的任务可靠度的门限值 $R_m = 0.86$ ，使用可用度的门限值 $A_0 = 90\%$ ；美军 CVN-21 核动力航空母舰上机群的战时最大战斗出动强度的门限值为 270 架次/天。可见，门限值略低于目标值。

3）规定值

规定值是指用户期望装备达到的合同指标，由目标值转换得到。它是装备 RMS 设计的依据。

4）最低可接收值

最低可接收值是指要求装备必须达到的合同指标，由门限值转换得到。它是装备定型考核或验证的依据。

5）成熟期

成熟期是装备使用到其 RMS 增长已基本结束，而且维修与保障设备已配套齐全的状态所需的时间。美国空军 F-22 和 C-17 运输机的成熟期为飞机机队累计飞行时间达到 100 000 飞行小时。

使用值在合同中规定检验的多数是合同值。例如，最低可接收值是使用参数"门限值"的合同参数，规定值是使用参数"目标值"的合同参数。最低可接收值是鉴定阶段的主要指标，规定值是验收试验主要指标，其试验前均需制定相应的试验方案，方案的制定方法见本节 5.1.6.2 节试验方案示例。

| 7.2 维修性试验 |

维修性试验是产品研制、生产乃至使用阶段维修性工程的重要活动。其总的目的是考核产品的维修性，确定其是否满足规定要求发现和鉴别有关维修性的设计缺陷，以便采取纠正措施，实现维修性增长。此外，在维修性试验与评定的同时，还可以对有关维修的各种保障要素（如维修计划、备件、工具、设备、资料等资源）进行评价。与维修性相关的名词术语包括：

① 百公里修复性维修工时（Corrective Maintenance Man Hours Per Hundred Kilometres）：坦克装甲车辆在规定的条件下和规定的时间内，在规定的维修级别上的修复性维修工时总数除以该车行驶里程总数，再乘以 100。它可以具体分为百公里小时工时、百公里中修工时及百公里保养工时。

② 平均零部件更换时间（Mean Parts Replacement Time）：坦克装甲车辆在规定的条件下，拆装并调试某种零部件的平均时间，不包括管理等待时间，也

称平均总成更换时间。

③ 零部件更换率（Parts Replacement Rate）：坦克装甲车辆在规定的条件下和首次大修前工作时间内，某种零部件平均单车更换总数与该种零部件单车基数之比。

④ 故障检测率（Fault Detection Rate）：在规定的条件下和规定的时间内，由测试设备检测到的故障数与故障总数之比，用百分数表示。

⑤ 故障隔离率（Fault Isolation Rate）：在规定的条件下和规定的时间内，由测试设备正确隔离到规定可更换单元数的故障数与同一时间内检测到的故障总数之比，用百分比表示。

⑥ 虚警率（False Alarm Rate）：在规定的条件下和规定的时间内，发生的虚警数与同一时间内故障指示总数之比，用百分数表示。

7.2.1　维修性试验的种类

维修性试验根据时机、目的可区分为核查、验证与评价。其试验时机如图 7.8 所示。

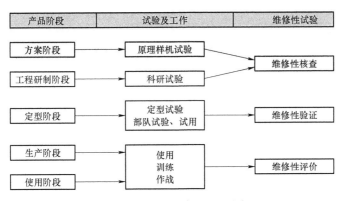

图 7.8　各阶段维修性试验种类

1. 维修性核查

维修性核查是指承制方为实现装备的维修性要求，从签订研制合同起，到零部件、元器件，再到分系统、系统的整个研制过程中不断进行的维修性试验与评定工作。核查常在订购方监督下进行。核查的目的：通过试验与评定，检查修正维修性分析与验证所用的模型和数据；发现并鉴别设计缺陷，以便采取纠正措施，改进设计或保障条件使维修性得到增长，保证达到规定的维修性要求。可见，核查主要是承制方的一种研制活动和手段。

核查的方法灵活多样，可以采取在产品实体模型、样机上进行维修作业演示，排除模拟（人为制造）的故障或实际故障，测定维修时间等试验法。其试验样本量可以少一些，置信度低一些，着重于发现缺陷，探寻改进维修性的途径。当然，若要求将正式的维修性验证与后期的核查结合进行，则应按维修验证的要求实施。

2. 维修性验证

维修性验证是指为确定产品是否达到规定的维修性要求，由指定的试验机构进行的或由订购方与承制方联合进行的试验及评定工作。维修性验证通常在坦克装甲车辆定型阶段进行。

维修性验证的目的是全面考核产品是否达到规定要求，其结果作为批准定型的依据之一。因此，维修性验证试验的各种条件应当与实际使用维修的条件相一致，包括试验中进行维修作业的人员、所用的工具、设备备件、技术文件等均应符合维修与保障计划的规定。试验要有足够的样本量，在严格的监控下进行实际维修作业，按规定方法进行数据处理和判定，并应有详细的记录。

3. 维修性评价

维修性评价是指订购方在承制方配合下，为确定装备在实际使用维修及保障条件下的维修性所进行的试验与评定工作。评价通常在部队使用、训练甚至作战阶段进行，贯穿了产品的整个使用期。维修性评价的对象是已部署使用的装备，需要评价的维修作业重点是在实际使用中经常遇到的维修性工作。主要依靠收集使用维修中的数据，必要时可补充一些维修作业试验，以便对实际条件下的维修性做出快速准确的评估。

7.2.2　维修性指标的验证方法

1. 定量要求

1）平均修复时间（MTR）/平均预防性维修时间（MPMT）

平均修复时间是维修性的一种基本参数。度量方法为：在规定的试验剖面内，参试样车修复性维修总时间与发生的故障总数之比。根据试验数据统计计算，选择 GB 2072—1994《维修性试验与评定》中的试验方法 1—B，具体如下。

分布假设：分布未知，方差已知。

样本量：见统计试验方案。

推荐样本量：不小于 30 个。

作业选择：自然故障及模拟故障。

需要规定的参量：u_1、u_2、α、β。

① 使用条件。修复时间分布未知，方差已知，或能由以往资料得到其适当精度的估计值。对 n 个某型坦克故障的维修时间统计数据进行维修时间概率分布参数估计计算，得到 $\tilde{d}^2$、平均修复时间的可接受值和不可接受值、承制方风险和订购方风险。

② 样本量的确定。

$$n = \left(\frac{Z_{1-\alpha} + Z_{1+\beta}}{u_1 - u_2} \right) d^2 \qquad (7.13)$$

式中，d^2 可用 $\tilde{d}^2$ 代替。当 n 不是整数时，应将其规整为较大整数。如果 n 小于30，应取为 30。

③ 试验数据记录。试验并记录其观测值：$X_1, X_2, \cdots, X_n$，验证结果评估。计算方法如下：

$$\bar{X} = \frac{1}{n} \sum_{i=1}^{n} X_i \qquad (7.14)$$

$$\tilde{d}^2 = \frac{1}{n} \sum_{i=1}^{n} (X_i - \bar{X})^2 \qquad (7.15)$$

当满足条件

$$\bar{X} \leqslant u_0 + Z_{1-\alpha} \frac{d}{\sqrt{n}} \qquad (7.16)$$

时，则认为该装甲车辆符合维修性要求而接受，否则拒绝。

2）换件修理/系统更换时间

换件修理/系统更换时间是坦克装甲车辆维修性参数。度量方法为：在规定的维修级别和规定的维修条件下（备件到位，规定的维修设备、工具齐全，更换人员技术熟练），按规定的维修程序，从车上拆下要更换的零部件，装上同种完好零部件，并恢复到规定功能状态所消耗的总时间。其中，包括为拆卸损坏的零部件而必须拆卸和安装其他有关零部件所消耗的时间。

平均更换时间验证过程中详细记录下列信息：产品名称、试验地区时间、作业名称、试验日期、维修级别、材料与备件、设备与工具、参加人数、拆卸实际时间、装配实际时间、工时等。由以下几种情况引起的更换时间不计算在内：

① 不是由于承研方提供的更换方法或技术文件造成的更换时间。

② 因供应与管理延误造成的时间。

③ 使用超出正常配置工具的更换时间。

④ 在更换作业实施过程中发生的非正常配置的工具安装。

坦克装甲车辆平均零部件更换时间验证试验应结合性能试验实际情况或拆装演示进行指标验证，取 3~5 次的平均值。根据试验记录按照下面的公式计算更换时间的样本均值：

$$\bar{X}_{rt} = \frac{1}{n} \sum_{i=1}^{n} X_{rti} \tag{7.17}$$

式中，$\bar{X}_{rt}$ 为更换时间的样本均值；n 为同种零部件的更换次数；X_{rti} 为第 i 次零部件的更换时间。

判决规则：如果 $\bar{X}_{rt} \leqslant \bar{M}_{rt}$（$\bar{M}_{rt}$ 为平均更换时间指标），则平均更换时间符合要求，应接受，否则拒绝。

2. 定性检验方法

1）可达性

① 所有需要进行维护、检查、拆卸或更换的设备、零部件，应便于维修人员接近和实施维修工作。

② 维修通道口的位置，应安排在装备在正常停放状态下维修人员直接可达和有利于维修人员进行操作的部位。

③ 维修通道口的大小和形状，应便于需维修的设备、零部件从通道取出和更换，并能满足人的肢体在通道内操作动作（如转动、拉、推等）的要求。

④ 通道口盖板或舱口盖板的固定连接形式，应根据维修工作的类型和频度以及尽量减少对工具的需用要求等因素来确定：

a. 使用前检查打开和日常维护需经常打开的口盖，应采用铰接形式的盖。用快速解脱卡锁固定的盖板，对于承力的盖板，应采用最少数量的快卸方式固定，盖板应不用工具或只需用单件工具（如解刀）即可开启或关闭。

b. 对于不经常打开的口盖，盖板固定的螺钉数量应尽可能少，并使用同样的螺钉，拆卸盖板的工具应与维修机件所用的工具相同。

⑤ 装备上所有保险机件应是可达的，应尽量避免更换保险机件时需拆下其他机件。

⑥ 供蓄电池出入的通道口的大小，应满足两手能同时操作的要求。

⑦ 在维修通道内使用手持工具的空间至少应满足下列要求：

a. 使用扳手的工作空间应允许扳手至少转 1/4 周，最好是半周。

b. 使用解刀时的工作空间应不少于解刀本身长度、螺钉长度以及至少为 7.6 cm 的手腕高度三者之和。

2）标准化和互换性

① 最大限度地采用国家标准、国家军用标准、行业标准中所列的标准件。

② 所有要求分解、更换的零件应做到标准化。

③ 装备上特别是在某一系统内，设备、组件之间连接所用的零件紧固件、连接件、导管和电缆等要标准化。

④ 具有同一件号的零件，包括研制设计或选用的通用零件，不论其制造或供应者是谁，都应具有功能和实体上的完全互换性。

⑤ 凡是存在实体互换性的机件，必须具有功能互换性；如果不想具有功能互换性，要确保产品没有实体互换性。

⑥ 如果产品完全互换性不能实现，则将产品设计成具有功能互换性，再用转接器使其具有实体互换性。

⑦ 产品的说明书和识别标志牌要提供足够的信息，能使使用维修人员正确地判断两件相似产品是否实际上具有互换性。

3）单元体与模块化

① 大型机械、机电设备应按实体与功能划分成单元，以便于拆卸和更换。

② 电子、电气设备应采用模块化设计，将设备划分成若干个模块以利于维修中的拆卸、更换和故障诊断，缩短维修停机时间。

③ 模块的大小和形状应尽量均匀一致。除结构上或功能上的限制外，尽可能使每一可更换模块能由一名维修人员完成拆卸、更换以及搬运或携带，可更换模块的质量应不超过 10 kg。

④ 各模块应具有最大限度的功能完整性，尽可能使每一模块能单独进行检查和测试。拆下的模块经测试合格装上设备后，应无须调整；若需调整，应使该模块的调整可独立进行。

⑤ 模块中的元器件只有个别的不可靠时，应将可靠性低的元器件放在封装的模块外部，以便于更换。

⑥ 模块的安装应采用导向锁定位，并应有防止装错的措施。模块的拆卸应尽量采用快速断开装置。

4）标记

① 装备上的各种标记应能准确地用来识别所标的机件。

② 机件上与机件旁所做标记的方式应一致。

③ 标记应持久，并与机件的寿命相同。标记应清晰，在柔和光线下距离约 70 cm 时能易于辨认。

④ 标记的位置应满足以下要求：标记应位于不用移开其他机件就能看见的部位上；封闭的或屏蔽的机件应能在机罩外部被识别；标记的方向定位应在

机件的正常装配位置上能读取。

⑤ 警告标记或标牌应标示出下列内容：存在何样危险；消除危险应遵守的操作程序或应采取的防范措施；操作中应注意防止的行为等。

⑥ 在成套的零部件、模块上所做的标记，应使它们能一一对应地加以识别。插入式组件、模块的固定部分与活动部分的标记应相同。

⑦ 镜像对称安装的机件，要分别予以清楚的标记。

5）安装、固定与连接

① 设备、组件的安装应尽可能采取单层布局，避免拆卸与更换设备、组件时需拆卸其他机件。若不能采取单层布局，则将故障率高、需经常拆换的设备、组件安排在外层。

② 设备、组件的安装，应便于紧固件、连接件的拆装。

③ 使用、维修中机件有可能装错、装反或安装不到位，所以一定要在设计上采取防差错措施，以保证"要么一装就对，要么不能装"，"要么一做就对，要么不能做"。

④ 机件上做出的防止装错、装反、安装不到位的标记，一定要醒目、明确并且是永久性的。

⑤ 在密集的成组接头之间，应有足够的空间以便于各接头能单独连接与断开。

⑥ 密集成组的接头应采用不同的尺寸，或不同的连接形式，或不同的标志，以便于识别并防止连接错误。

⑦ 应尽最大可能消除在基层级维修时对机件安装、固定与连接需要拧紧力矩的要求；如果不可避免，要采用力矩设定或力矩限制的措施，防止过大力矩带来的故障或损伤。

⑧ 管路、电缆或导线束的敷设，应便于目视检查和跟踪，一定要避免一根电缆隐藏在另一根电缆或者机件的后面。

⑨ 管路、电缆或导线束的敷设，应不会被舱门、盖板等结构件轧住或卡伤，距离装备的壳体、盖板等结构件内表面的距离应足够大，能防止因这些结构件的压坑等带来的损伤。

⑩ 导管、电缆等的固定间距和相互间的间隙要符合规定，与其他系统的活动件如连杆、操纵钢索等的距离要符合规定。

6）紧固件

① 装备上应最大限度地采用同一种拧紧方式的螺钉，尽量选用那些不需要特殊工具的紧固件，避免采用特殊紧固件或公差要求严的紧固件。

② 若结构允许，尽量采用粘接、共同固化、焊接等方式，以消除或尽可

能少地采用机械紧固件。

③ 紧固件的材料要有足够的防腐蚀性能，不能使用会引起电化学腐蚀的紧固件，如镁合金机件上不可用钛制紧固件。

④ 易腐蚀、磨损或损坏的紧固件要易于拆卸和更换，应避免把紧固件（如柱螺栓）作为机壳的组成部分。

⑤ 装备上应尽量使用一种紧固件标志，标志应标准化。一些特殊要求的紧固件，应有明显的标志，以保证它们能正确使用、更换。

⑥ 在同一舱口盖或维修口盖上，要采用相同直径和长度的紧固件，只有在极个别的情况下，才允许采用不同直径但长度也必须是不同的紧固件。

⑦ 有拧紧力矩要求的紧固件，应限定其种类、尺寸，应有明显的标志，在其固定部位应为调节力矩扳手留有足够的空间。

⑧ 紧固附件的要求。紧固附件是指垫圈、插销、开口销、保险丝、扣环与锁链等。装备上应尽量避免使用开口锁、保险丝、安全夹等紧固附件。紧固附件应满足下列要求：插销、保险丝、开口锁应易于装拆和更换；垫圈的使用要符合其使用环境条件要求；扣环应容易卸下，最好能一按就可卡住；在紧固件丢失后难以寻找的部位，可用锁链或使用能系留的紧固件。

7）保养

① 装备应尽量减少和统一油、液品种。

② 装备应使用最少数量的注油嘴，注油嘴应采用标准式样且尺寸相同。注油嘴的部位应能迅速可达。

③ 装备上所有用于检查燃油、润滑油（剂）、液压油、冷却剂等的注进或排出的保养点，应能迅速可达并有保护，检查时需打开的口盖或通用道门应最少，并尽量不用专用工具。

④ 显示油量的指示器应带刻度，并尽可能安装在维修人员不用打开口盖就能看到的位置。

⑤ 装备使用中应只需极少次数的定期调整，调整工作应简单，调整时无须专门工具，能由基层级维修人员完成。

⑥ 每一系统中的每一独立部分应能单独进行调整，调整时应不用分解机件，调整装置应具有适当精度和灵敏度，并避免调整装置微动会引起参数的巨大变化。

⑦ 调整装置的位置应便于观察显示器显示调整效果的同时，还应便于进行调整操作。任何易受振动影响的调整装置，应设有可靠的锁紧装置。

⑧ 装备上有可能积水的部位，应有足够大的排水孔。在装备的封闭结构内，如因水汽凝结或其他原因可能积聚水分时，应有排出措施。

8）维修环境

① 凡是影响维修人员完成维修任务所需能力的各种环境因素，如温度、湿度、照明、尘土等均应在设计时予以考虑。

② 当维修人员要在阳光直晒下的装备内部长时间工作时，若温度超过32 ℃，则应提供空调或其他的适当通风措施，为维修人员提供必要的工作条件。

③ 当经常维修的设备因温度过高而不可能进行维修时，应在该设备处提供降温措施，或另行设计使设备处于较冷的部位。

④ 在寒带环境下使用的装备，应尽量缩短露天场所下的维修时间，舱门开口和工作空间要足够大，能让穿戴冬装的人员进入；维修口盖的开口，应使维修人员戴着厚手套也能完成规定的维修工作。

⑤ 维修时有可能冻伤裸露肢体的部位，应保证有充分的工作空间使戴着手套的人员能够完成维修工作。

⑥ 在沙漠地区使用的装备，应有防止维修中因沙尘、太阳辐射等对人员和装备造成危害的措施。

9）维修安全

① 为了保护人员和装备的安全，应设置对人员警告危险情况和引起注意的标志，如"小心高压""严禁蹬踏"等。标志应耐久，位于装备的显著位置上。

② 装备上所有的机件、设备的棱角、锐边都应倒圆，或覆以橡胶、纤维等材料，以免人员碰伤或划伤。

③ 电压超过 70 V 的接线柱等裸露机件，要有防止人员遭受电击的安全措施。

④ 设备上的旋转或摆动机件，应有遮盖等防护措施；若不能采用这类措施，应设置适当的警告信号或标志。

⑤ 设备上的高温部分应有防护设施。防护设施的设计应尽可能不用将其拆下就能对设备进行检查。

⑥ 应采取有效预防措施，消除装备使用时产生毒烟的危害。

⑦ 在具有爆炸性气体的环境中使用的工具、设备，应是不产生火花的防爆型产品。

⑧ 对静电敏感的产品，或因静电会对装备造成损害时，维修人员和维修场所均应采取相应的防静电措施。

⑨ 维修过程中有可能因舱口盖等机件落下伤人时，应设有将其固定支撑的安全装置。

7.2.3　维修性试验方法

1. 试验方法的选择

待验证的指标和维修时间分布类型是选择试验方法的基本依据。实践表明，维修作业时间采用对数正态分布的假设在大多数情况下是合理的。当分布未知或为非对数正态时（如机内具有高度诊断能力的装备），可采用非参数法。采用序贯试验法所需样本量比固定样本量的试验可能少些，但一般只有当事先（或根据预测）已知装备维修性比合同指标好得多或差得多的情况下才使用。试验方法的选择还应考虑试验费用和延续的时间。维修性试验方法汇总如表 7.5 所示。

表 7.5　维修性试验方法汇总

编号	检验参数	分布假设	样本量	推荐样本量/个	作业选择
1—A	维修时间平均值	对数正态，方差已知			
1—B		分布未知，方差已知		≥30	
2	规定维修度的最大维修时间检验	对数正态，方差未知			自然故障或模拟故障
3—A	规定时间维修度的检验	对数正态			
3—B		分布未知			
4	装备修复时间中值检验	对数正态		20	
5	每次运行应计入的维修停机时间的检验	分布未知	见试验方法	50	自然故障
6	每百公里维修工时的检验	分布未知			
7	地面电子系统的工时率检验	分布未知		≥30	自然故障或模拟故障
8	维修时间平均值与最大修复时间的组合序贯试验	对数正态			自然故障或随机（序贯）抽样
9	维修时间平均值、最大修复时间的检验	分布未知		≥30	自然故障或模拟故障
		对数正态			
10	最大维修时间和维修时间中值的检验	分布未知		≥30	
11	预防性维修时间的专门试验	分布未知	全部任务完成		

维修性试验的受试品，对核查来说可取研制中的样机；对验证来说，应直接利用定型样机或在提交的等效产品中随机抽取。由于维修性试验的样本量是维修作业次数，而不是产品数，所以可以允许在同一台设备上进行多次维修试验作为多个样本。但在同一受试产品上不宜多次重复同一维修作业，以免多次拆卸使紧固件连接松弛，失去代表性。参试人员要经过训练，达到相应维修级别在编维修人员的中等技术水平。试验的环境条件、工具、设备、资料和备件等保障资源，都要符合实际使用维修情况。

2. 维修作业样本量

如上所述，维修性定量要求是通过参试维修人员完成维修作业来考核的。为了保证其结果有一定的置信度，减少决策风险，必须进行足够数量的维修作业，即要达到一定的样本量。但样本量过大，会使试验工作量费用及时间消耗过大。GJB 2072—1994《维修性试验与评定》制定了各种试验方法样本量，详见表 7.5。一般来说，维修性一次性抽样检验的样本要求在 30 个以上。

3. 作业样本的选择与分配

为保证试验具有代表性，所选择的维修作业样本最好是实际使用中进行的维修作业，即把对产品在功能试验、可靠性试验、环境试验或其他试验中发生故障需进行维修的作业，作为维修性试验的作业样本。当自然故障数不足或试验维修条件不充分时，可用专门的模拟故障产生维修作业，即人为制造故障，供参试维修人员排除。为缩短试验延续时间，也可全部采用模拟故障方法。

在模拟故障的情况下，维修作业样本量还要合理地分配到产品各部分、各种故障模式上。其原则是按与故障率成正比分配，即用样本量乘某部分、某模式故障率与故障率总和之比作为该部分、该模式故障数。

4. 维修方案的编写

坦克装甲车辆的维修方案一般与保障方案结合编写，形成维修保障方案。维修保障方案是对保障系统中装备维修保障功能的总体描述，如装备采用的修理级别、维修策略、各维修级别的主要工作等。详细的维修保障方案是对装备维修的详细说明，包括执行每一修理级别上的维修组织，执行每项维修工作的程序、方法和所需的保障资源等。完成维修是用户、承制方和第三方的共同职责。维修保障方案要对修理级别做出规划，明确各修理级别需承担的维修任务。通常修理级别分为基层级、中继级和基地级三级，也有的只分为基层级和基地级两级。

5. 维修级别的制定

迄今，三级维修仍是较为流行的维修体制，即将需完成的全部维修工作按故障件的复杂程度和修理的技术难度及对保障资源的需求由低至高分别送至基层级、中继级和基地级进行修理。

在基层级，其维修任务主要是将装备保持在能全面执行任务的状态，大体上可包括检查、保养、日常处理、一些预防性维修工作以及更换故障的（现场）最小可更换单元（LRU）等；在中继级，其维修任务主要是以最低的资源消耗就近地为受其保障的单位提供及时的装备保障，大体上包括对某些部件和成品进行有限的修理、为某些特定的需求提供支持、印制电路板的修理、软件维护以及某些备件和工夹具等的制造；在基地级，其维修任务主要是为低层次的修理级别提供技术支持和完成低层次的修理级别不能完成的维修工作，主要包括零件、组件和最终产品的翻修或全部的重新制造及进行改进与测试，还包括全部的软件维护。三级维修的主要任务区别如表 7.6 所示。

表 7.6　维修的主要等级区分

标准	基层级维修	中继级维修		基地级维修
维修站点	装备及主要部件所在的使用地点	卡车、货车、便携车等车载维修设备	固定的外场车间（维修设施）	装备承制方工厂/军方维修工厂
维修人员	装备使用人员或低维修技能人员	中等维修技能人员		较高维修技能人员
维修设备	军方拥有	军方/承制方/第三方拥有		军方/承制方/第三方拥有
维修工作类型	目视检查 操作性检查 小型维修 外部调节 设备拆卸与更换	详细检测与系统校验 中型维修 主要设备维修与修正 复杂的矫正 有限的校准 源于基层级维修的进一步操作		复杂的系统/装备调试 复杂设备维修和矫正 检查和重建 详细校准 源于中继级维修的进一步操作

如果是两级维修级别，就将中继级维修与基层级维修合并，纳入营一级维修编制中，使得部队的编成作战能力得到提高。

6. 模拟与排除故障

采用模拟故障时，可用将故障件替换正常件，拆除或接通不易查的元器件、

零件、电路，故意造成失调、变位等方法人为制造故障。这个过程要避开参试维修人员。然后，由参试维修人员按照技术文件规定程序和方法，使用规定设备器材等进行故障诊断与排除，同时记录其时间。

| 7.3　保障性试验与评价 |

保障性试验与评价是实现装备系统保障性目标的重要而有效的决策支持手段，它贯穿于装备的研制与生产的全过程并延伸到部署后的使用阶段，可保证及时掌握装备保障性的现状和水平，发现保障性的设计缺陷，并为军方接收装备及保障资源、建立保障系统提供依据。现将与保障性试验相关的主要名词术语介绍如下。

1. 装备完好率

装备完好率（Material readiness rate）是指能够随时遂行作战或训练任务的完好装备数与实有装备数之比，通常用百分数表示，主要用以衡量装备的技术现状和管理水平，以及装备对作战、训练和执勤的可能保障程度。

2. 使用可用度

使用可用度（Operational Availability）是指与能工作时间和不能工作时间有关的一种可用性参数。其一种度量方法为：产品能工作时间与能、不能工作时间之和的比值。

3. 可达可用度

可达可用度（Achieved Availability）是指仅与工作时间、修复性维修和预防性维修时间有关的一种可用性参数。其一种度量方法为：产品的工作时间与工作时间、修复性维修时间、预防性维修时间之和的比值。

4. 固有可用度

固有可用度（Inherent Availability）是指仅与工作时间和修复性维修时间有关的一种可用性参数。其一种度量方法为：产品的平均故障间隔时间与平均故障间隔时间、平均修复时间之和的比值。

5. 任务成功率

任务成功率（Dependability）是指任务成功性的概率度量，原称可信度。

6. 任务前准备时间

任务前准备时间（Setout Time to Mission）是指为使坦克装甲车辆进入任务状态所需的准备时间。通常包括战备车辆的启封、检修等时间。它是保障时间的组成部分。

7. 受油速度

受油速度是指在规定的条件（加油设备供油充足）下和规定的时间内，油箱接收油料的最大能力。其度量方法为：整车油箱的加油量与其加注时间之比（不包括打开油箱盖等辅助时间）。

8. 原有同类装备保障设备利用系数

原有同类装备保障设备利用系数是指原有同类装备的保障设备被利用的程度。度量方法为：利用原有同类装备的保障设备数量（含沿用和改进）与新型号需要的保障设备总数之比。

9. 保障设备通用化标准化系数

保障设备通用化标准化系数是指装甲车辆所需保障设备中，标准化通用化设备数与需要的设备总数之比。

10. 原有同类保障设施适用系数

原有同类保障设施适用系数是指现有同类装甲车辆的保障设施（包括库房、保养间、修理间和洗车台等）能被利用的程度。

11. 备件满足率

备件满足率是指在规定的时间周期内，在提出需求时能提供使用的备件数之和与需求的备件总数之比。

7.3.1　综合保障性要素

综合保障的组成部分一般包括：

① 维修规划：研究并制定系统和设备维修方案及要求的工作过程。

② 人员数量与技术等级：平时和战时使用与保障系统和设备所需人员的

数量及技术等级。

③ 供应保障：确定系统和设备补给品的采购、分类、接收、储存、转运、配发以及报废处理等所需要的全部管理活动、规程、方法与技术。它包括初始供应保障和补给供应保障。

④ 保障设备：保障系统和设备使用与维修所需要的全部设备（移动的、固定的和临时性的设备）。保障设备包括搬运设备、维修设备、工具、计量与校准设备、试验设备、测试设备及监测与故障诊断设备等。

⑤ 技术资料：将系统和设备要求转化为保障所需的各种工程与技术信息的记录。它包括工程图样、技术规范、技术手册、技术报告和计算机软件文档等。

⑥ 训练与训练保障：对系统和设备的使用维修与保障人员训练的过程、方法、规程、技术、训练器材与设备，以及这些器材与设备的研制及保障规划。

⑦ 计算机资源保障：使用与保障系统和设备内嵌入的计算机所需要的设施、硬件、软件及人力。

⑧ 保障设施：保障系统和设备所需要的永久性和半永久性的构筑物及其设备，如维修车间、训练场地及仓库、装卸台等。它包括对设施类型、设施设计与改进、选址、空间大小、环境要求及设备等方面的考虑。

⑨ 包装、装卸、储存和运输：为保证系统和设备及其保障设备、备件得到良好的包装、装卸、储存和运输所需的资源、程序、设计考虑和方法。其中包括环境考虑、对短期与长期的保管和运输型的要求。

⑩ 设计接口：有关保障性的设计参数（如可靠性和维修性）与装备完好性及保障资源要求之间的相互关系。这些保障性设计参数应该用使用值表示，并与系统战备完好性目标和保障费用有特定的关系。

7.3.2 保障性试验与评价的时机

1. 研制阶段

研制阶段的保障性试验与评价是装备研制过程的组成部分，用以验证是否达到了保障性要求中所规定的门限值。在一般情况下，进行研制阶段的保障性试验条件并不能完全代表装备在现场的使用情况。

这类试验中包括许多利用各种工程模型、试验模型等进行的非正式试验，可将试验中测定的性能参数、拆换活动数据和保养需求等结果用作保障性综合评价的输入。到了工程研制后期或定型阶段，通常要利用样机或试生产出的产品进行正式的演示试验，内容包括维修活动演示、保障设备相容性试验、人员的操作与评价、技术资料的验证及软件相容性试验等。此时，应尽可能地利用具有最终技术状态的测试与保障设备、初步的技术手册和按照正式的工程更改程序完成改进。在生产阶段后期，可由用户利用正式的测试与保障设备、备件，正式的使用与维修程序首次进行综合性的试验与评价，以验证主装备、软件和保障系统间的相容性及各种综合保障要素间的相容性。通过这样的试验可以测定诸如再次出动准备时间、供应保障时间、人员效率因素及使用可用度等参数值。

2. 使用阶段

进行使用试验与评价是为了评估装备的使用（作战）效能和适用性，包括对装备所提供保障的充分性。初始的使用试验与评价是在尽可能接近实际条件的环境中进行的。进行使用试验与评价时，应该在实际的使用环境中，由经过正式培训的具有代表性的装备使用方的使用与维修人员，利用正式的技术手册（或其草案）和供实际应用的保障设备，以有代表性的生产型装备为对象来完成试验。

7.3.3　保障性试验与评价的类型

保障性试验与评价的主要方法是保障资源的试验与评价、保障活动的试验与评价和装备系统的保障性仿真试验与评价。

保障资源的试验与评价主要针对人力和人员、保障设备、保障设施、技术资料等单一保障资源，结合每一类保障资源的特点，采用适用的方法给出定性、定量的评价结果。

保障活动的试验与评价主要是对关键的保障活动，如预防性维修、修复性维修、战场抢修、训练与训练保障、包装、装卸、储存、运输和供应保障等，按照事件-活动-作业层次进行实际的试验测试，给出针对每项关键保障活动定性、定量的评价结果。

装备系统的保障性仿真试验与评价主要针对装备及保障系统构成的大系统，根据装备的设计特性和保障系统的构成方案，建立相应的仿真模型，进行仿真试验，再根据仿真结果开展保障性综合要求（如战备完好性、持续性）的定性定量评价。上述两种试验与评价结果数据应作为保障性仿真的输入数据。

1. 关键保障资源试验与评价

1）人力和人员

按照想定，在真实或接近真实的使用环境中使用产品，记录使用人员完成

任务的情况；按各修理级别的维修机构布局，组织产品的维修，核实经历的时间和工时消耗情况。评价内容如下：按要求编配的装备使用人员数量、专业职务与职能、技术等级是否胜任作战和训练使用；按要求编配的各级维修机构的人员数量、专业职务与职能、技术等级是否胜任维修工作；按要求选拔或考录的人员文化水平、智能、体能是否适应产品的使用与维修工作。进行人力和人员评价的主要指标有：每百公里维修工时、平均维修人员规模［用于完成各项维修工作的维修人员的平均数（维修工时数/实际维修时间）］。通过评价确认已安排好人员和他们所具有的技能适合于在使用环境中完成装备保障工作的需要、所进行的培训能保证相关人员使用与维修相应的装备以及所提供的培训装置与设备的功能和数量是适当的。

2）保障设备

部分新研的测试与诊断设备、维修工程车、训练模拟器、试验设备等大型保障设备，本身就是一种产品。除要单独进行一般性例行试验，确定其性能、功能和可靠性、维修性是否符合要求外，还应与保障对象（产品）一起进行保障设备协调性试验，应特别注意各保障设备之间以及各保障设备与主装备之间的相容性，确定其与产品的接口是否匹配和协调，各修理级别按计划配备的保障设备数量与性能是否满足产品使用和维修的需要；保障设备的使用频次、利用率是否达到规定的要求；保障设备维修要求（计划与非计划维修、停机时间及保障资源要求等）是否影响正常的保障工作。

3）技术资料

通过试验与评价，确保所提供的技术资料是准确的、易理解和完整的，并能满足使用与维修工作的要求。

要组织既熟悉新研装备的结构与原理又熟悉使用与维修规程的专家，采用书面检查和对照产品检查的方法对提供的技术资料（如技术手册、使用与维修指南、有关图样等）进行格式、文体和技术内容上的审查，评价技术资料的适用性，确认其是否符合规定的要求。技术资料的审查结果一般给出量化的质量评价因素，如每100页的错误率。

在设计定型时，应组织包括订购方的专门审查组对研制单位提供的全套技术资料（包括随机的和各修理级别使用的）进行检查验收。通过检查验收，做出技术资料是否齐全、是否符合合同规定的资料项目清单与质量要求的结论。验收时特别要重视所提供的技术资料能否胜任完成各修理级别规定维修工作的信息。

4）计算机资源保障

这一要素既涉及装备的嵌入式计算机系统，也涉及自动测试设备。主要评价硬件的适用性和软件程序（包括机内测试软件程序）的准确性、文档的完备性与维护的简易性。

5）保障设施

通过评价确定设施在空间、场地，主要的设备和电力以及其他条件的提供等方面是否满足装备的使用与维修的要求，也要确定在温度、湿度、照明和防尘等环境条件方面以及存储设施方面是否符合要求。

6）保障资源的部署性评价

保障资源的部署性评价可采用标准度量单位，如标准集装箱数量、标准火车车皮数量、某型运输机数量等，通过各种可移动的保障资源（人力和人员资源除外）的总质量和总体积转化计算得到。还可以进一步按修理级别或维修站点分别计算。总之，要保障方案中描述的保障资源的数据信息足够，保障资源的部署性分析相对容易。

通过部署性评价，可以在宏观上比较新研制装备保障规模的大小，从中找出薄弱环节，进一步改进装备或保障资源的规划与设计工作。

2. 关键保障活动试验与评价

保障活动可以按照自底向上的层次实施保障活动的试验，根据试验结果对保障活动进行评价。然而，由于保障活动繁多，流程复杂，因此在实际工作中往往选择重要的保障事件进行实测评价，而其他保障活动的评价则采用估算的方法进行。例如，对于军用飞机，再次出动准备事件和发动机拆装事件就是两个非常典型的关键保障活动，一般采用现场实测方式进行。再如，装备的包装、装卸和运输事件也可以进行实际的测试。

这些实际测试可以在虚拟样机、工程样机和实际装备上进行，以发现并鉴别装备（备）设计和保障流程的设计缺陷，以及保障设备、保障设施、技术资料、人力和人员等保障资源与装备的适用和匹配程度。

通过评价可以得出每一项保障活动的时间，实施每一项活动所需保障设备、备件的种类和数量、人力和人员数量及其技术等级要求等结果。

3. 装备系统保障性仿真与评价

装备及其保障系统之间以及它们内部各组成部分之间存在着复杂的相互影响关系。在许多情况下，很难建立求解这些复杂关系的解析模型，这时就需要借助系统建模与仿真方法来解决相关问题，并在此基础上进行系统评价。

保障性仿真与评价就是依照装备的构成结构、设计特性、保障方案组成结

构及其各种资源要素特性，通过描述装备与保障系统及其内部各要素之间的逻辑关系建立起装备系统的保障性模型，借助于计算机试验，模拟装备的使用过程和维修过程，收集相关试验数据，对各种运行数据进行统计分析，再对装备系统保障性进行评价。

在保障性仿真与评价中，需要利用计算机模拟的主要过程如下：装备任务执行过程；装备预防性维修过程；装备故障过程；修复性维修过程；保障资源使用的供应过程。

根据仿真运行结果对装备系统的保障性进行评价，评价参数主要包括战备完好性参数和任务持续性参数。

通过分析找出装备系统保障性设计的薄弱环节，进而改进装备保障性设计，减少装备系统寿命周期使用和维护代价，提高装备系统的战备完好性和任务持续性。

7.3.4　保障性要求及检验方法

1. 定量要求

1）装备可达度

装备可达度（或称可达可用度）是仅与坦克装甲车辆工作时间和修复性维修与预防性维修时间有关的一种可用性参数。工作时间是指在规定的一个大修间隔期内，车辆实际工作累计小时数；预防维修时间包括各种保养、小修与中修时间，不包括大修、车场日和换季保养时间；修复性维修时间包括非计划的排除故障、检修和特修时间。例如，坦克一个大修间隔期行驶里程数为 1 000 km（对应部队训练摩托小时约为 1 000）。预防维修时间包含一级保养时间（含出车前检查和行驶间歇检查时间）、二级保养时间、小修时间、中修时间；修复性维修时间为一个大修期内修复所有故障的维修时间。装备可达度 $\hat{A}_a$ 计算方法如下：

$$\hat{A}_a = \frac{\sum\limits_{i=1}^{n} t_{oi}}{\sum\limits_{i=1}^{n} t_{oi} + \sum\limits_{i=1}^{n} t_{ci} + \sum\limits_{i=1}^{n} t_{pi}} \tag{7.18}$$

式中，n 为参试样车数；t_{oi} 为每台参试样车使用摩托小时；t_{ci} 为每台参试样车修复性维修时间；t_{pi} 为每台参试样车预防性维修时间。

判决规则：如果 $\hat{A}_a$ 大于指标值（现一般取 0.6），则可达可用度满足指标要求，订购方接受，否则判定为不满足指标要求。

2）战斗准备时间

单车战斗准备时间是与坦克装甲车辆战备完好性和快速反应能力有关的战备完好性参数，是指坦克装甲车辆在规定的条件（车辆本身各种技术性能符合规定要求，随车乘员全部参加工作，油料、弹药和车下单独保管的设备、机件到位）下，从受领任务开始至坦克装甲车辆具备规定的使用能力为止所经历的时间。

战斗准备时间包括：各种武器启封时间；各种弹药的补给时间；安装观瞄设备时间；安装电瓶时间；启封发动机时间；加注油料、冷却液时间；加温时间。例如，根据坦克结构特点，在进行单车战斗准备时需完成的主要工作包括：清理检查车辆；各种武器（火炮和机枪）的启封；各种弹药（枪弹和炮弹）的补给、装填；安装并校正瞄准镜（车长周视指挥镜、炮长准镜）；安装电瓶（主蓄电池和炮塔电瓶）；启封发动机；加注油料、冷却液和特种液；主要系统通电自检；电台联调；原地发动试车（冬季加温发动）。根据对单车战斗准备时间各项内容的统筹安排，统计从开始到结束所用的时间。

用提供定型的正样车，在常温地区进行验证试验，最后对试验结果根据统筹情况进行处理，计算单车战斗准备时间的点估计值。在计算单车战斗准备时间时，应统计各项内容的工作时间，对并行工作内容取用时最长的时间，最后将统筹工作时间相加结果作为单次试验时间。单车战斗准备时间点估计值 $\hat{T}$ 为

$$\hat{T} = \frac{1}{n}\sum_{i=1}^{n}T_i \qquad (7.19)$$

式中，n 为试验次数；T_i 为每次试验计算的最长工作时间。

对试验数据进行统计计算，然后对验证结果进行评估。当 $\hat{T}$ 小于等于指标值（现在一般取 6 h），则认为满足指标要求，否则判定为不满足。

3）装备完好率

装备完好率（Material Readiness Rate）是指能够随时遂行作战或训练任务的完好装备数与实有装备数之比，通常用百分数表示。主要用以衡量装备的技术现状和管理水平，体现装备对作战、训练和执勤的可能保障程度。

4）整车受油速度

整车受油速度是指在规定的条件（加油设备供油充足）下，燃油箱接收燃油的最大能力。其度量方法为：油箱的加油量与其加注时间之比（不包括打开油箱盖等辅助时间）。受油速度的验证结合设计定型试验，在现场试验中，按照规定的操作程序和方法进行加油试验，试验时要求加油口开启，油箱放油完全。使用标配油枪进行加油，燃油在加油过程中不能溢出、溅出油箱，直至所有油加满为止。验证 3～5 次，根据每次统计的加油时间，计算受油

速度样本均值 $\bar{T}$:

$$\bar{T} = \frac{n \times 油箱总容积}{\sum_{i=1}^{n} t_i} \qquad (7.20)$$

式中，n 为验证试验总次数；t_i 为各次油箱受油时间。

判决规则：如果 $\bar{T}$ 大于等于指标值（现一般取 140 L/min），订购方接收，否则拒收。

5）弹药补给时间

弹药补给时间是指乘员在弹药到位的情况下完成一个弹药基数补给所需要的时间。用提供的试验样车分别在各试验剖面内验证试验，取其平均值。

2. 定性要求

1）标准化、系列化、通用化

装备的保障设计要贯彻标准化、系列化、通用化的原则，以减少保障工作量和对保障资源品种、规格的要求。装备设计时应尽量选用与民用产品通用的零部件。

2）保障与维修

装备的保障要与装备维修方案相适应，要与相应维修级别上的人力和人员技能水平相一致。

3）自保障能力

尽可能提高装备的自保障能力，以减少对保障系统的依赖要求。

4）工具

工具设计应尽可能简单、实用并具有通用性，工具的种类、尺寸要减到最低限度；如果适用，工具应优先地从市面上现售的工具中选取；进行装备使用前检查，维修人员应不用工具或仅用一件工具就可完成；必须尽可能地减少专用工具的需要量，并应保证专用工具切实可用；在靠近超过 70 V 电压的部位进行维修作业时，工具的手柄及可能碰到的部分要绝缘；在有起火或爆炸危险的场所使用的工具，要有能防止其使用中产生火花的措施。

5）保障设备

尽可能将装备各系统、设备等的使用、维修要求相综合，设计出最低限度的保障设备；保障设备要与装备兼容，并能适应装备的使用、维修环境条件；保障设备应尽可能设计成单人操作或只需最低限度的人员就可操作，并且维修应简捷、方便，只需要少量的保养、调整等工作；保障自身应是可保障的，应随设备提供必备的备件与消耗品；保障设备的尺寸、质量、功率等应符合规定要求与限制条件；要针对各类保障设备提出详细的要求，这些保障设备包括（但不限于）：燃料加注/抽出设备；弹药运输、装填及维修设备；润滑剂、特殊液体等的加注设备；高压空气、氧气、氮气等的充填设备；专用和通用测试设备；自动测试设备；计量和标准设备；战伤修理成套工具和设备；辅助设备（包括工作平台、梯架、牵引杆等）；特殊使用、维修保障设备，如有毒气体或液体的灌充设备、无损检测设备、油料光谱分析设备、复合材料及隐形材料等的维修保障设备等。

6）供应保障

装备交付部队时，应同时提交装备的初始供应备件清单和消耗品清单。装备的备件和消耗品的清单要明确标明产品的名称、型号或品牌、数量、供应的厂家等。装备的初始供应备件量要满足装备×年的初期使用要求，保证装备完好率达到规定的目标。对于有毒的、易燃爆的、贵重的、需专门订货或超长供应时间的备件、消耗品，需在清单中予以标明。备件、消耗品有保质期要求的，应在清单中予以标明。装备的后续供应备件清单，应在新装备到部队服役×年提交给购方。

7）技术资料

技术资料的编写要符合规定的编写要求，确保技术资料准确、完整和清晰。装备交付部队时，应同时提交装备使用、维修和保障所需的成套技术资料。各类技术资料的内容要与所交付装备的技术状态相一致。配发的技术资料要满足规定维修级别上实施装备维修工作的需要。提交给部队使用的技术资料要经过实际操作验证。

8）训练和训练保障

新装备到部队服役前，必须对部队使用、维修、保障新装备的人员进行初始训练。研制单位要制订好训练计划、编写好训练教材、研制出教具和训练器材等。新装备的初始训练应按制订的训练计划实施，训练计划需经订购方认可，新装备的训练应做到与部队现有训练系统相结合。各类人员的训练，必须达到使他们能担负起相应的装备使用、维修、保障工作任务的目的。特殊维修工作的培训，应在训练计划中单独列出。

9）人力和人员

新装备的使用、维修人员的数量与编配，应尽可能与部队现有的编制、专业划分相一致。需要增加的人员和专业，应在装备部署前向订购方提出建议。维修人员的技能水平，应是具有高中文化水平的人员经过部队短期培训即可达到，所具有的技能应使维修人员完成装备的维修工作。如果新装备维修人员的技能水平已超出部队现有人员达到的最高技能水平，则应作出必要性说明，并

在装备部署前向订购方提出建议。需要专门技能的、特殊的维修工作，如隐形材料、复合材料等的维修人员的配备，应在装备部署前向订购方提出建议。

10）计算机资源保障

装备上装有嵌入式计算机时，其使用与保障所需的设备、软件、相关文档、附属机件等应随装备交付部队时同时交付。计算机保障资源要满足规定的使用与维修环境条件的要求。计算机保障资源要符合订购方有关装备计算机系统的安全保密规定，对敏感信息（如作战任务数据）要提供保护。嵌入式计算机的使用与保障软件在语言、结构、模块化、数据传递格式、人机接口等方面，要符合订购方的规定，并应与装备相适应。提交的软件必须按订购方的要求进行充分的测试与检验，并对其中的缺陷和不足进行及时有效的纠正。

11）运输、装卸、包装与储存

需由铁路、公路、空运、船运等运输部门运输的产品，其总重和外形尺寸应满足各部门对货物运输的规定。产品的运输、装卸、包装与储存，既要保证产品转移过程中完好无损，又要有良好的经济性。易碎、易燃、易爆和在运输、装卸过程中需要严格保持装配状态的产品，应在包装箱的明显部位做上标记，或以其他形式标明具体要求。导弹、弹药、核武器等的运输、装卸、包装和储存要按有关规定执行。用于保障机动作战的集装箱、方舱，空运时应符合现役军用运输机的装载质量和尺寸要求，并能用野战军车运输或在公路上机动运输。尽量采用通用的、标准的装卸设备。人力装卸的物品，其最大质量不应超过 50 kg。产品的包装应保证产品送交部队时完好、可用，其包装上应有明确的油封期、保质期或其他包装保护等级要求。对静电敏感的产品，应采用防静电放电损伤的包装，并在运输过程中采取防静电损伤的措施。

| 7.4　测试性试验 |

测试性（Testability）是产品能及时准确地确定其状态（可工作、不可工作或性能下降）并隔离其内部故障的一种设计特性。与测试性有关的参数主要包括以下项目。

1. 故障检测率

故障检测率（FDR）是指在规定时间内，用规定的方法正确检测到的故障

数与被测单元发生的故障总数之比，用百分数表示。其数学模型可表示为

$$\gamma_{FD} = \frac{N_D}{N_T} \times 100\%$$ （7.21）

式中，N_D 为正确检测到的故障数；N_T 为故障总数或在工作时间 T 内发生的实际故障数。

2. 关键故障检测率

关键故障检测率（CFDR）是指在规定时间内，用规定的方法正确检测到的关键故障数与被测单元发生的关键故障总数之比，用百分数表示。其数学模型可表示为

$$\gamma_{CFD} = \frac{N_{CD}}{N_{CT}} \times 100\%$$ （7.22）

式中，N_{CD} 为在规定的工作时间 T 内，用规定的方法正确地检测到的关键故障数；N_{CT} 为在工作时间 T 内发生的关键故障总数。

3. 故障覆盖率（故障模式检测率）

故障覆盖率（FCBR）是指用规定的方法正确检测出的故障模式数与故障模式总数之比，用百分数表示。其数学模型可表示为

$$\gamma_{FC} = \frac{N_{FMD}}{N_{FM}} \times 100\%$$ （7.23）

式中，N_{FMD} 为故障模式总数；N_{FM} 为正确检测出的故障模式数。

故障覆盖率与故障检测率的关系如下：故障检测率的计算中考虑了故障率的影响，故障覆盖率的计算中没有考虑故障率的影响。在故障模式等故障率的假设下，二者的计算结果相同。

4. 故障隔离率

故障隔离率（FIR）是指在规定的时间内，用规定的方法正确隔离到不大于规定的可更换单元数的故障数与同一时间内检测到的故障数之比，用百分数表示。其数学模型可表示为

$$\gamma_{FI} = \frac{N_L}{N_D} \times 100\%$$ （7.24）

式中，N_L 为在规定条件下用规定方法正确隔离到小于等于 L 个可更换单元的故

障数；N_D 为在规定条件下用规定方法正确检测到的故障数。

5. 虚警率

虚警率（FAR）是指在规定的工作时间发生的虚警数与同一时间内的故障指示总数之比，用百分数表示。FAR 的数学模型表示为

$$\gamma_{\mathrm{FA}} = \frac{N_{\mathrm{FA}}}{N} \times 100\% = \frac{N_{\mathrm{FA}}}{N_{\mathrm{F}} + N_{\mathrm{FA}}} \times 100\% \qquad (7.25)$$

式中，N_{FA} 为虚警次数；N_{F} 为真实故障指示次数；N 为指示（报警）总次数。

6. 平均虚警间隔时间

平均虚警间隔时间（MFHBFA）是指在规定工作时间内产品运行总时间与虚警总次数之比。其数学模型表示为

$$T_{\mathrm{BFA}} = \frac{T}{N_{\mathrm{FA}}} \qquad (7.26)$$

式中，T 为产品运行总时间；N_{FA} 为虚警次数。

7. 平均故障检测时间

平均故障检测时间（MFDT）是指从开始故障检测到给出故障指示所用时间的平均值。其数学模型可表示为

$$T_{\mathrm{FD}} = \frac{\sum t_{\mathrm{FD}i}}{N_{\mathrm{FD}}} \qquad (7.27)$$

式中，$t_{\mathrm{FD}i}$ 为检测并指示第 i 个故障所需时间；N_{FD} 为检测出的故障数。

8. 平均故障隔离时间

平均故障隔离时间（MFIT）是指从开始隔离故障到完成故障隔离所经历时间的平均值。其数学模型可表示为

$$T_{\mathrm{FI}} = \frac{\sum t_{\mathrm{FI}i}}{N_{\mathrm{FI}}} \qquad (7.28)$$

式中，$t_{\mathrm{FI}i}$ 为隔离第 i 个故障所用时间；N_{FI} 为隔离的故障数。

9. 平均诊断时间

平均诊断时间（MTD）是指从开始检测故障到完成故障隔离所经历时间的平均值。其数学模型可表示为

$$T_{\mathrm{D}} = \frac{\sum t_{\mathrm{D}i}}{N_{\mathrm{D}}} \qquad (7.29)$$

式中，$t_{\mathrm{D}i}$ 为诊断第 i 个故障所用时间；N_{D} 为诊断的故障数。

10. 平均 BIT 运行时间

平均 BIT 运行时间（MBRT）是指完成一个 BIT 测试程序所需的平均有效时间。其数学模型可表示为

$$T_{\mathrm{BR}} = \frac{\sum t_{\mathrm{BR}i}}{N_{\mathrm{B}}} \qquad (7.30)$$

式中，$t_{\mathrm{BR}i}$ 为第 i 个 BIT 测试程序的有效运行时间；N_{B} 为 BIT 测试程序数。

11. 误拆率

误拆率（FFR）是指由于 BIT 故障隔离过程造成的从系统中拆下的好的可更换单元（即实际上没有故障的可更换单元）数与隔离过程中拆下的可更换单元总数之比，用百分数表示。

$$\gamma_{\mathrm{FP}} = \frac{N_{\mathrm{FP}}}{N_{\mathrm{FP}} + N_{\mathrm{CP}}} \times 100\% \qquad (7.31)$$

式中，N_{FP} 为故障隔离过程中拆下的无故障的可更换单元数；N_{CP} 为故障隔离过程中拆下的有故障的可更换单元数。

12. 不能复现率

不能复现率（CNDR）是指在规定的时间内，由 BIT 或其他监控电路指示的而在外场维修中不能证实（复现）的故障数与指示的故障总数之比，用百分数表示。

13. 台检可工作率

台检可工作率（BCSR）是指在规定的时间内，基层级维修发现故障而拆卸的可更换单元，在中继级维修的试验台测试检查中是可工作的单元数与被测单元总数之比，用百分数表示。

14. 重测合格率

重测合格率（RTOKR）是指在规定的时间内，在基地级维修的测试中，发现因"报告故障"而拆卸的产品是合格的产品数与被测产品总数之比，用百分数表示。

15. 剩余寿命

剩余寿命是指通过预测得到的产品故障前的剩余工作时间长度，又称为故障前置时间、残余寿命、剩余工作寿命。

测试性试验主要包括测试性设计核查、测试性研制试验、测试性验证试验、测试性分析评价和使用期间测试性信息收集与评价 5 种。

7.4.1 测试性设计核查

1. 测试性设计核查内容

通过测试性设计核查，识别出测试性设计缺陷，以便采取必要的设计改进措施。根据具体装备和产品特点，确定测试性设计核查的内容，经过订购方认可。测试性设计核查的内容通常包括：

① 对于规定开展的测试性设计分析工作项目的核查。

② 结合测试性分配、建模仿真与预计等进行定量要求落实情况的核查。

③ 结合系统级诊断方案、测试性设计准则符合性检查等进行定性要求落实情况的核查。

④ 必要时，可以结合产品样机进行定性要求的设计核查。

⑤ 针对具有中央测试系统设计的装备，还应对中央测试系统相关设计分析工作进行核查。

2. 测试性设计核查程序

测试性设计核查程序包括：

① 建立测试性设计核查工作组。

② 制定测试性设计核查大纲。

③ 测试性设计核查实施。

④ 完成测试性设计核查报告。

3. 测试性设计核查大纲

根据产品类型、设计核查时机和设计核查要求，制定测试性设计核查大纲，大纲的内容包括：

① 对测试性设计核查的目的与适用产品范围进行说明。

② 对测试性设计核查依据的标准规范和文件进行说明。

③ 对被核查产品的技术状态和测试性要求进行说明。

④ 给出测试性设计核查的具体核查内容。

⑤ 依据核查内容确定核查方法。

⑥ 确定测试性设计核查工作组的组成与分工、核查方式、相关资源工具和进度安排等。

⑦ 规定测试性设计核查报告的编写与交付要求。

4. 测试性设计核查方法和实施要求

1）测试性设计核查方法

测试性设计核查的可选用方法包括加权评分核查方法、建模仿真核查方法以及订购方认可的其他核查方法。

2）加权评分核查

当对测试性设计情况进行全面核查时，应采用加权评分核查方法，并明确以下各项：加权评分的计算模型；具体核查项目的权值和评分方法；评分表格；评分的合格标准。加权评分核查的主要步骤包括：收集测试性设计资料；资料审查，并填写核查评分表格；加权评分计算；形成核查结论。对涉及接口、人机交互的设计核查，在条件具备时，应补充必要的实物检查。

3）建模仿真核查

当对故障检测与隔离效果进行核查时，可采用建模仿真核查方法，并明确以下各项：用于测试性建模分析或者仿真分析的模型类型；适用的建模分析工具或仿真分析工具。建模仿真核查的主要步骤包括：建模仿真核查的数据准备；建立模型；模型分析或者仿真分析；形成核查结论。

5. 测试性设计核查报告

在测试性设计核查工作结束后，应完成测试性设计核查报告。报告的内容包括：目的与适用范围、依据、核查产品说明、核查内容与核查方法说明、核查的实施情况、核查评分表或建模仿真分析结果、存在问题改进建议和核查结论。

7.4.2　测试性研制试验

1. 测试性研制试验考查内容

通过测试性研制试验，确认测试性设计特性和设计效果，发现测试性设计缺陷，以便采取必要的设计改进措施。应根据具体装备特点和试验要求，确定测试性研制试验的考查内容。测试性研制试验的考查内容通常包括：故障检测

与故障隔离设计对产品故障模式的诊断覆盖情况；设计的测试是否按预期正确检测与隔离故障；测试性定量要求和定性要求的设计实现情况。

2. 测试性研制试验程序

测试性研制试验程序包括：建立测试性研制试验工作组；测试性研制试验准备，包括故障样本集建立、测试性研制试验大纲制定、故障注入操作程序编制和试验设备准备等内容；测试性研制试验实施；试验结果分析；改进措施落实；完成测试性研制试验报告。

3. 测试性研制试验准备

1）故障样本集建立

应根据受试产品的故障模式影响及危害性分析报告和相似产品外场故障数据，确定受试产品在规定层次各组成单元的功能故障模式、诱发功能故障模式的物理故障模式及故障率。对每个单元的功能故障模式，在其诱发原因的物理故障模式中至少选取一个作为故障样本，构成故障样本集。分析故障样本集是否可以检验受试产品要考查的全部测试，当存在不能检验的测试时，应补充故障样本，使全部测试都可以被检验。对故障样本集中的每个故障样本应确定：故障样本的直接或等效的注入和模拟方法；故障样本的成功注入与撤销判据，判据应具有明确性和唯一性，确保故障样本重复注入效果一致；当故障样本不能直接注入和等效注入时，可以考虑设计和研制测试性试验件以支持故障注入。故障样本集应采用表格方式进行描述，内容至少包括：组成单元标识、功能故障模式名称、物理故障模式名称、注入方法类型、故障注入位置、注入成功判据、撤销成功判据和测试项目相关信息。

2）测试性研制试验大纲

根据产品类型、试验目的、试验时机和研制要求，制定测试性研制试验大纲。大纲的内容包括：对测试性研制试验的目的与适用产品范围进行说明；对测试性研制试验依据的标准规范和文件进行说明；对受试产品的功能和结构组成、工作原理、技术状态、数量、测试性要求和试验考核内容等进行说明；对故障样本集列表进行说明；对试验所用设备组成、型号、数量、设备提供者及其与受试产品的基本交联关系进行说明；给出故障注入操作程序的编制要求；确定测试性研制试验的实施步骤和相关要求；确定试验结果的分析要求；确定测试性研制试验的环境条件要求；确定受试产品在试验中故障注入前和撤销后应恢复到完好状态的要求；确定测试性验证工作组的组成、人员数量与分工、试验场地、试验进度安排和试验质量管理措施等；确定测试性研制试验报告的编写与交付要求；确定未预料事项的处理方法。

3）故障注入操作程序

应依据通过评审的测试性研制试验大纲，设计和编制测试性研制试验的故障注入操作程序；测试性研制试验的故障注入操作程序中应明确每个故障样本的注入（模拟）和撤销的具体操作程序。

4）试验设备准备

应依据通过评审的测试性研制试验大纲，完成受试产品、注入设备和采集设备等准备工作；当存在专用接口装置需求时，应完成专用接口装置的研制和测试。

4. 试验实施

1）测试性研制试验实施步骤

对受试产品进行连接和测试，检查确认受试产品与试验设备或交联环境的交联完备，正确无误，受试产品状态满足技术规范要求；依据故障注入操作程序，实施故障注入，执行规定的测试项目并记录数据，撤销故障注入等；当所有故障样本注入完毕后，结束试验。

2）数据记录与判读

在测试性研制试验过程中，应对故障诊断结果进行记录。针对机内测试（BIT）和自动测试设备（ATE）进行试验时，必须记录故障注入前、注入后和撤销后的 BIT 和 ATE 的原始诊断输出信息；根据 BIT 或 ATE 的原始诊断输出信息，判定 BIT 或 ATE 是否正确检测和正确隔离，判定原则包括：故障成功注入后，BIT 或 ATE 给出明确的故障指示，判为正确检测；故障指示信息符合隔离模糊组要求，判为正确隔离；故障未注入或者成功撤销后，BIT 或 ATE 给出故障指示，由试验工作组确认是否发生自然故障，或者 BIT 或 ATE 出现虚警；根据人工测试结果，判定人工测试程序是否正确检测和正确隔离。判定原则如下：故障成功注入后，按照人工测试程序能够给出故障结果，判为正确检测；故障结果符合隔离模糊组要求，判为正确隔离。

3）自然发生故障和虚警的处理

当试验中出现自然发生故障或虚警时，应进行单独记录。对自然发生故障应进行故障修复处理。

4）不可注入故障的处理

对于不可注入故障，试验工作组应组织开展受试产品的设计资料分析和审查，确认是否可以正确检测和隔离。

5）数据汇总

对所有故障样本的故障检测与隔离判定结果进行汇总。

5. 试验结果分析

分析故障检测与故障隔离对产品故障模式的诊断覆盖情况，确定测试性未能覆盖的故障模式；分析各测试的故障检测与隔离执行效果，确定存在的问题；进行故障检测率、故障隔离率的估计。

6. 改进措施落实

对发现的问题和不足进行分析，确定和落实改进措施；在改进后，应补充进行试验，确认改进措施有效。

7. 测试性验证试验报告

在测试性验证试验结束后，应完成测试性研制试验报告。报告的内容包括：目的与适用范围、依据、受试产品说明、试验组织与实施情况、试验数据汇总、试验结果分析、改进措施落实和试验结论。

7.4.3 测试性验证试验

1. 测试性验证试验考核内容

通过测试性验证试验，考核是否符合规定的测试性定性要求和定量要求，并发现测试性设计缺陷。测试性验证试验的内容应由订购方确定或经订购方认可。测试性验证试验的考核内容通常包括：

① 技术合同规定的测试性定量要求，重点是对故障检测率和故障隔离率进行考核。虚警率和平均虚警间隔时间可以不作为测试性验证试验的定量考核内容。对其他测试性指标，可以根据需要开展评价。

② 技术合同中规定的测试性定性要求，如测试点要求、性能监测要求、故障指示与存储要求、原位检测、兼容性要求和人工诊断资料与文档的适用性要求等。

2. 测试性验证试验程序

测试性验证试验程序包括：建立测试性验证试验工作组；测试性验证试验准备，包括备选故障模式库建立、验证试验方案确定、故障样本集建立、测试性验证试验大纲编制、故障注入操作程序设计和试验设备准备等；测试性验证试验实施；试验结果分析；完成测试性验证试验报告。

3. 测试性验证试验准备

1）备选故障模式库建立

应根据受试产品的 FMECA 报告、相似产品外场故障数据和订购方认可的其他故障模式来源，确定受试产品在规定层次各组成单元的功能故障模式、诱发功能故障模式的物理故障模式及故障率，建立备选故障模式库。

2）验证试验方案确定

应根据受试产品的测试性指标和功能结构特性，确定验证试验方案，即样本量与合格判据。可选用验证试验方案类型包括：定数试验方案；最低可接受值试验方案；截尾序贯试验方案；考虑充分性的参数估计方案；订购方认可的其他验证试验方案。

3）故障样本集建立

采用定数试验方案、最低可接受值试验方案或考虑充分性的参数估计方案时，应进行样本量分配，根据分配结果在备选故障模式库中，按故障率比例进行抽样，建立满足样本量要求的故障样本集。采用截尾序贯试验方案时，应按故障率比例对备选故障模式库进行直接抽样，建立满足最大样本量要求的故障样本集，并记录故障样本的抽样次序。对故障样本集中的每个故障样本，应确定故障注入方法类型、故障注入位置、注入与撤销成功判据等。故障样本集应采用表格进行描述。

4）测试性验证试验大纲

根据产品类型、验证要求等制定测试性验证试验大纲。大纲的内容包括：对测试性验证试验的目的与适用产品范围进行说明；对测试性验证试验依据的标准规范和文件进行说明；对受试产品的功能和结构组成、工作原理、技术状态、数量、测试性要求和试验考核内容进行说明；对备选故障模式库的建立情况进行说明；对确定的验证试验方案进行说明；对建立的故障样本集进行说明；对试验所用设备组成、型号、数量、设备提供者及其与受试产品的基本交联关系进行说明；给出故障注入操作程序的编制要求；确定测试性验证试验的实施步骤和相关要求；确定试验结果的分析要求；确定测试性验证试验的环境条件要求；确定受试产品在测试性试验中故障注入前和撤销后应恢复到完好状态的要求；确定测试性验证工作组的组成、人员数量与分工、试验场地、试验进度安排和试验质量管理措施等；确定测试性验证试验报告的编写与交付要求；确定未预料事项的处理方法。

5）故障注入操作程序设计

应依据通过评审的测试性验证试验大纲，设计和编制测试性验证试验的故障注入操作程序；测试性验证试验的故障注入操作程序中应明确试验样本集中每个故障样本的注入（模拟）和撤销的具体操作程序。

6）试验设备准备

应依据通过评审的测试性验证试验大纲，完成受试产品、注入设备和采集设备等准备工作；当存在专用接口装置需求时，应完成专用接口装置的研制和测试。

4. 试验实施

1）测试性验证试验实施步骤

对受试产品进行连接和测试，检查确认受试产品与试验设备或交联环境的交联完备，正确无误，受试产品状态满足技术规范要求；依据故障注入操作程序，实施故障注入，执行规定的测试项目并记录数据，撤销故障注入；当所有故障样本注入完毕后，结束试验。对于截尾序贯试验方案，应注意以下要求：应按照预定的故障样本抽样次序开展试验；当能够给出判决结果时，可以提前结束试验。

2）数据记录与判读

在测试性验证试验过程中，应对故障诊断结果进行记录。针对机内测试和自动测试设备进行试验时,必须记录故障注入前、注入后和撤销后的 BIT 和 ATE 的原始诊断输出信息。根据 BIT 或 ATE 的原始诊断输出信息，判定 BIT 或 ATE 是否正确检测和正确隔离，判定原则包括：故障成功注入后，BIT 或 TAE 给出明确的故障指示，判为正确检测；故障指示信息符合隔离模糊组要求，判为正确隔离；故障未注入或者成功撤销后，BIT 或 ATE 给出故障指示，由试验工作组确认是否发生自然故障，或者 BIT 或 ATE 出现虚警。根据人工测试结果，判定人工测试程序是否正确检测和正确隔离，判定原则如下：故障成功注入后，按照人工测试程序能够给出故障结果，判为正确检测；故障结果符合隔离模糊组要求，判为正确隔离。

3）自然发生故障和虚警的处理

当试验中出现自然发生故障或虚警时，应进行单独记录。对自然发生故障应进行故障修复处理。对符合可靠性试验规定的责任故障应计入故障样本。

4）不可注入故障的处理

对于不可注入故障，可采用的处理方式包括：受试产品承制方代表确认故障不可检测或不可隔离时，可以直接作为不可检测或不可隔离故障处理；受试产品承制方代表不能确认时，试验工作组应组织进行受试产品的设计资料分析和审查，确认是否可以正确检测和（或）隔离。

5）数据汇总

对所有故障样本的故障检测与隔离判定结果进行汇总。

5. 试验结果分析

测试性验证试验的结果分析内容包括：依据预定的验证试验方案，进行故障检测率和故障隔离率的合格判定；对发现的虚警现象进行分析，确定虚警可能原因；对于测试性定性要求，依据具体要求条款评价是否符合要求；确定存在的测试性设计缺陷。

6. 测试性验证试验报告

在测试性验证试验结束后，应完成测试性验证试验报告，报告的内容包括：目的与适用范围、依据、受试产品说明、验证试验方案、试验组织与实施情况、试验数据汇总、试验结果分析和试验结论。

7.4.4　测试性分析评价

1. 测试性分析评价考核内容

在设计定型阶段，对未进行测试性验证试验的产品，应利用研制阶段的测试性信息进行综合分析评价，确定产品是否达到规定的测试性要求。测试性分析评价的考核内容包括技术合同规定的测试性定性、定量要求。

2. 测试性分析评价程序

测试性分析评价程序包括：建立测试性分析评价工作组；制定测试性分析评价大纲；信息收集与判别；综合评价；完成测试性分析评价报告。

3. 测试性分析评价大纲

根据产品类型、分析评价要求等制定测试性分析评价大纲。大纲的内容包括：目的与适用范围；对测试性分析评价的目的与适用产品范围进行说明；对测试性分析评价依据的标准规范和文件进行说明；对分析评价产品的功能、结构、技术状态和测试性要求进行说明；对分析评价的测试性要求进行说明；确定分析评价的样本量要求、数据来源和类型、收集表格、数据判别准则、测试性参数评估方法与合格判据、定性要求分析评价方法；确定测试性分析评价工

作组的组成与分工、工作场所和进度安排等；确定测试性分析评价报告的编写与交付要求。

4. 信息收集与判别

1）信息收集

应收集与整理产品研制阶段的故障检测、故障隔离和虚警等有关测试性信息。信息来源包括：产品及组成单元各种试验、试运行中的测试性信息；相似产品试验、试用与使用中的测试性信息；产品测试性设计核查的仿真核查信息。

2）信息判别与筛选

应对收集的测试性信息进行判别和筛选，确定出测试性分析评价可用的测试性信息，并进行汇总。

5. 综合评价

测试性分析评论内容包括：综合故障检测与隔离数据，计算故障检测率和故障隔离率的单侧置信下限，置信度应得到订购方认可；当单侧置信下限不低于最低可接受值时，判为合格，否则不合格；对发现的虚警问题进行汇总；当存在试运行数据时，可根据需要进行虚警参数的定量估计；对于测试性定性要求，依据具体要求条款分析评价是否符合要求；确定存在的测试性设计缺陷。

6. 测试性分析评价报告

在测试性分析评价结束后，应完成测试性分析评价报告。报告的内容包括：目的与适用范围、依据、产品说明、分析评价实施情况、信息汇总和综合评价、分析评价结论。

7.4.5　使用期间测试性信息收集与评价

1. 使用期间测试性信息收集与评价内容

使用期间测试性信息收集与评价的主要内容包括：收集装备在使用期间的测试性信息，重点是故障检测与隔离信息、虚警信息；依据收集的信息进行测试性评价，确定是否满足使用要求，并明确存在的问题。

2. 使用期间测试性信息收集与评价程序

使用期间测试性信息收集与评价程序包括：建立使用期间测试性信息

收集与评价工作组；制定使用期间测试性信息收集与评价大纲；使用期间测试性信息收集；使用期间测试性评价；完成使用期间测试性信息收集与评价报告。

3. 使用期间测试性信息收集与评价大纲

根据装备类型、使用评价要求等制定使用期间测试性信息收集与评价大纲。大纲的内容包括：对使用期间测试性信息收集与评价的目的与适用范围等进行说明；对依据的标准规范和文件进行说明；给出测试性信息收集的范围要求；给出测试性评价的相关要求；确定使用期间测试性信息收集与评价工作组的组成与分工、进度安排等；确定使用期间测试性信息收集与评价报告的编写与交付要求。

4. 使用期间测试性信息收集

应按装备使用管理规定的要求和程序，完整、准确地收集使用期间的测试性信息，并定期进行审核和汇总。使用期间测试性信息收集应按 GJB 1686、GJB 1775 等标准的规定统一信息分类、信息单元和信息编码。使用期间测试性信息内容包括：

① 产品在使用和维修中的故障诊断信息、有关虚警的信息、人工测试程序与测试设备的使用信息等。

② 对每个证实的故障，其信息应包括测试的环境条件（使用中、基层级或中继级）、测试方法（BIT、ATE 或人工）、故障隔离的模糊度和产品层次、信息的显示与存储、BIT 与 ATE 检测结果的一致性。

③ 对每个故障报警或指示而未证实的故障，其信息应包括报警的类型（假报、错报）、产生报警的频度、引起报警的原因、忽视报警的潜在后果、虚警对维修工作和装备使用的影响。

④ 使用中发现的其他测试性问题。

⑤ 装备的累计运行时间。

5. 使用期间测试性评价

应根据收集的数据，进行测试性评价，其包括：计算故障检测率、故障隔离率和虚警率（或平均虚警间隔时间）等参数的点估计、置信下限估计或区间估计，并确定是否满足要求；评价有关诊断技术资料、测试设备等是否满足使用要求；确定存在的问题。

6. 使用期间测试性信息收集与评价报告

在使用期间测试性信息收集与评价工作结束后，应完成使用期间测试性信息收集与评价报告。报告的内容包括：目的与适用范围、依据、使用期间测试性信息收集与评价的实施情况、信息汇总与评价和评价结论。

| 7.5 安全性试验 |

车辆安全性，即车辆在使用过程中，不发生车辆损坏和人员伤亡的能力。现将与安全参数相关的主要参数介绍如下。

1. 事故率或事故概率

事故率或事故概率（Accident Rate or Accident Probability）是安全性的一种基本参数。其度量方法为：在规定的条件下和规定的时间内，系统的事故总次数与寿命单位总数之比，即

$$P_A = \frac{N_A}{N_T} \tag{7.32}$$

式中，P_A 为事故率或事故概率，次/单位时间或百分数（%）；N_A 为事故总次数，包括由于装备或设备故障、人为因素及环境因素等造成的事故总次数；N_T 为寿命单位总数，表示装备总使用持续期的度量，如工作小时、工作循环次数等。

当寿命单位总数 N_T 用时间（如工作小时）表示时，P_A 称为事故率；当 N_T 用次数（如工作循环次数）表示时，P_A 称为事故概率。

2. 安全可靠度

安全可靠度（Safety Reliability）是与安全有关的安全性参数。其度量方法为：在规定的条件下和规定的时间内，装备在执行任务过程中不发生由于设备或附件故障造成的灾难性事故的概率，即

$$R_S = \frac{N_W}{N_{T_2}} \tag{7.33}$$

式中，R_S 为安全可靠度；N_W 为不发生由于装备或设备故障造成灾难性事故的任务次数；N_{T_2} 为用使用次数、工作循环次数等表示的寿命单位总数。

3. 损失率或损失概率

损失率或损失概率（Loss Rate or Loss Probability）是安全性的一种基本参数。其度量方法为：在规定的条件下和规定的时间内，系统的灾难性事故总次数与寿命单位总数之比，即

$$P_L = \frac{N_L}{N_T} \qquad (7.34)$$

式中，P_L 为损失率或损失概率，次/单位时间或%；N_L 为由于系统或设备故障造成的灾难性事故总次数；N_T 为寿命单位总数，表示系统总使用持续期的度量，如工作小时、工作循环次数等。

当寿命单位 N_T 用时间（如工作小时）表示时，P_L 称为损失率；当 N_T 用次数（如工作循环次数）表示时，P_L 称为损失概率。

4. 平均事故间隔时间

平均事故间隔时间（MTBA）是安全性的一种基本参数。其度量方法为：在规定的条件下和规定的时间内，系统的寿命单位总数和事故总数之比，其表达式为

$$T_{BA} = \frac{N_{T_i}}{N_A} \qquad (7.35)$$

式中，T_{BA} 为平均事故间隔时间；N_{T_i} 为用工作小时等表示的寿命单位总数；N_A 为事故总次数。

5. 安全事故预警率

安全事故预警率是指在规定的条件下和规定的时间内，在执行任务过程中，对未来可能发生的安全事故发出预警的次数占事故发生次数的比例，其表达式为

$$P_P = \frac{N_P}{N_A} \qquad (7.36)$$

式中，P_P 为安全事故预警率；N_P 为预警的次数；N_A 为事故总次数（包括预警的和实际发生的安全事故）。

6. 安全裕度

安全裕度是与安全性有关的一种设计参数。其度量方法为：系统实际状态（或可能达到的实际状态）与某种破坏极限的状态之间特定参数值之差。

7.5.1 安全性设计基本要求

1. 一般要求

① 车内随同炮塔回转的部位不得超出旋转底板（或吊栏）的直径范围，旋转底板和火炮俯仰角最大活动半径处与车体固定的部件或物品的间隙不得小于 20 mm。

② 车辆内部活动件与活动件应有适当间隙，不得妨碍正常工作。

③ 当火炮回转到车辆后部不能达到规定俯角时，应有自动抬炮机构。

④ 驾驶员前方应安装火炮示界信号灯，当火炮运动超出车宽时，该信号灯应自然亮。

⑤ 车辆外部除装有示廓灯外，必要时还应安装转向灯、刹车灯和后视镜。

⑥ 车辆外部应有便于乘员上、下车的扶手和脚蹬，车辆乘员应有方便的专门扶手。必要时应设安全带。

⑦ 驾驶室与炮塔旋转电路应有互锁装置。

⑧ 车上的开关、按钮应有保险措施，以防误动。对于按程序操作的开关、按钮，应有容错技术，即当违反程序操作时，不会造成人身和设备事故。

2. 对防火和防静电的要求

① 车体内应安装灭火装置，灭火瓶应便于接近和更换。

② 所有油箱等易产生静电部位应有良好的搭铁措施。

③ 车内所采用的电缆应为屏蔽线或热塑电缆。电缆线的连接处应牢固可靠。

3. 对制动系统的要求

① 制动系统应保证在规定的速度下，能可靠制动。拖车系统应是在无油、无气压下处于制动状态。

② 应有手动的停车制动器。

4. 灯光显示和音响报警

① 当出现危及车辆及乘员安全和影响车辆正常工作的情况时，应同时使用灯光显示和音响报警。

② 灯光显示颜色为红色，也可用红色闪光灯。音响报警的声音，乘员戴上坦克帽应能听到。

5. 应急措施

① 装甲车辆应有一个应急出口，即安全门。安全门的位置必须保证车内乘员都能接近。安全门的关闭应可靠，开启必须方便，安全门附近不得有妨碍其开启的物品。

② 具有水上性能和潜渡能力的车辆必须有紧急堵漏和机动与手动两种排水设备以及乘员救生措施。

③ 具有水上性能的车辆应保证不经准备即可下水，并必须具有紧急堵漏和排水设备及乘员救生设备。

6. 二次效应防护

除另有规定外，战斗室内应安装灭火抑爆装置。布置条件许可的车辆，应采用密封弹舱的结构，或有良好的弹药隔离措施。

7.5.2 安全性试验的分类

安全性试验一般分为实验室试验和现场试验两种。

1. 实验室试验

实验室试验是指在实验室内模拟产品的实际使用环境条件或在使用方规定的环境条件下，对产品的安全性要求通过试验来予以验证。

1）实验室试验适用的产品

实验室试验由于受到试验设施、试品数量、试验经费等条件的限制主要适用于以下产品：

① 产品层次为设备级或小规模功能系统，其中主要是二类设备和一些关键、重要部件。

② 产品类型为电子产品、部分机电产品和部分成败型产品。

2）试验前产品应具备的条件

① 受试产品的技术状态应为设计定型状态或订购方批准的技术状态。

② 试验前应对受试产品进行安全性分析，辨识所有可能发生的潜在危险。

3）试验工作流程

试验单位应根据试验大纲的要求编写试验程序，试验程序的主要内容：

① 一般要求：应说明试验程序的目的、编写试验程序的依据及本试验程序的适用范围。

② 受试产品说明及数量：内容与试验大纲中的内容相同。

③ 试验方案及说明：内容与试验大纲中试验方案的内容相同，但为便于试验人员理解，在此应对试验方案作进一步的解释。

④ 危险识别：借鉴安全性分析工作结果，明确可能出现的危险及危险描述。

⑤ 试验设备和仪表：应详细说明本次试验所使用的试验设备和仪表的型号、生产厂、能力和尺寸、检定周期等。可能时，还应给出试验设备的连接图。

⑥ 试验应力及其施加方式：应对大纲中规定的应力种类和试验剖面实施作进一步的详细说明，并规定出每种应力的施加方式和时机。

⑦ 试验前准备工作：应规定试验前应完成的工作项目以及这些工作项目的完成方式。

⑧ 试验实施程序：应给出试验的详细实施步骤，包括试验过程中在每一时间点试验设备和操作人员的工作内容和要求。

⑨ 试验检测：应明确受试产品的检测点、检测监控和记录要求。

⑩ 危险处理程序：应根据大纲中的规定，明确试验过程中产品发生危险时的处理步骤。

⑪ 测试系统试验设备故障处理程序：应规定在试验过程中试验设备一旦发生故障应如何处理，以及对替代设备的要求。

4）试验剖面的确定

① 主要环境应力分析。装备在其寿命周期内的环境条件取决于设备的使用运行条件、储存条件、运输条件与报废条件。影响设备安全性的环境因素有温度、湿度、振动、冲击、盐雾和霉菌等。

② 选取环境应力的基本原则。安全性试验的目的是验证产品在实际使用中的安全性水平是否满足产品研制总要求或合同的规定。因此，安全性试验剖面应尽可能真实地、时序地模拟产品在实际使用中经历的最主要的环境应力，这是安全性试验剖面需要遵循的基本原则。

5）试验步骤

① 开始试验。检查试验设备是否按照指定要求规划好，按程序中规定，做好准备，启动设备。

② 施加试验应力。按程序施加试验剖面中规定的应力。

③ 试验中的测试和检测。试验过程中，承试方和委托方应与研制方人员共同进行检测，记录检测结果，并对检测结果进行会签。试验过程中，承试方应对试验装置进行连续检测，以保证电应力、温度应力、湿应力及振动应力等在规定的容差范围内，并对检测结果进行连续记录。

④ 危险识别与处理。

⑤ 编写试验报告。试验结束后，应按相应的试验要求编写受试产品安全性试验报告。

⑥ 编写试验工作总结报告。在编写完试验报告后，承试方针对本次试验的完成情况编写试验工作总结报告。在该报告中，对试验的计划安排、组织管理、使用的设备、安全性鉴定试验过程、存在的问题和建议进行详细说明。

⑦ 试验后评审。需要时，试验结束后应及时对试验结果进行评审以评定试验结果是否符合合同、产品的规范及试验大纲的要求。

2. 现场试验

现场试验是在指定试验单位（如试验基地、靶场、适应性试验部队、试用部队等），按照批准的试验大纲，在实际使用环境或接近实际使用环境下，通过装备级产品进行的各种试验（如装甲车辆的定型试验等），以确定装备安全性水平是否达到规定要求的一种验证方法。现场试验既包括针对装备的某项安全性要求专门进行的试验，也包括运用试验方案，通过装备级现场试验所得到信息进行验证的方法。如果装备级现场试验的数据能满足功能系统、分系统、设备统计试验方案的要求，也可以用来评价其安全性水平是否达到规定程度。坦克装甲车辆定型试验阶段安全性试验主要为现场试验，试验内容主要有：

1）安全性试验

① 制动性能试验。

② 转向性能试验。

③ 纵坡与侧坡通过性能试验。

④ 夜间行驶试验。

⑤ 潜渡性能试验。

⑥ 水上静态参数测定。

⑦ 质量和质心测定。

⑧ 视界测定。

⑨ 车内有害气体测定。

⑩ 野外振动试验。

⑪ 噪声测量。

⑫ 三防装置性能试验。

2）安全性检查

① 装载检查。乘员护身和急救用品是否便于取出；弹药固定是否牢固和便于取出；车内所有装载是否影响各种卡紧和松开装置及操作手柄的正常工作；车辆外部装载是否有对付意外火灾的防火措施；易燃器材是否远离发动机排气

部位；大型设备或装置的装载部分是否合理，有无明显偏载现象，固定是否可靠；各种设备或装置的安装是否稳固可靠。

② 履带检查。定期检查履带的损坏、裂纹情况，并记录有效使用时间和行驶情况；不定期检查固定螺栓的紧固及履带裂纹情况。

③ 炮塔部分的检查。炮塔固定机构工作是否可靠；舱盖固定器在开和关两个位置上锁止是否可靠；甲板内侧面上所有的部件安装是否牢固可靠，当受到冲击振动时是否会对车辆或乘员造成危害；有无防止因炮塔或火炮的运动引起危害的防护装置；车辆行驶中，炮塔或火炮运动时，有无对乘员的潜在危害因素；火炮摇架止动器是否有效可靠；转动炮塔时，是否有擦伤电线或信号线的现象；当驾驶员门未关闭时，有无保证不能转动炮塔的保护电路或装置；火炮操纵台或手柄操作是否灵活方便，有无干涉现象；枪炮发射保险装置是否有效，防止火炮发射时产生的后座危害乘员的措施是否适当，有无防止弹壳伤害乘员的措施和装置。

④ 人员安全防护的检查。梯子和人员站立的地方有无防滑措施；车门有无可靠的开启锁止装置，操作是否方便；乘员接近处有无伤害人员的尖角、锐边；安全门是否便于出进，开启机构是否灵活和便于操作；座位安全带和装具是否有效和便于使用；手提式灭火器固定是否牢靠，便于接近和取下；靠近人员的热表面是否有防护措施。

⑤ 其他检查。有无危险信号报警器，工作是否正常；车辆转弯、刹车的信号指示灯和音响报警器工作是否正常可靠；雨刮器刮拭的视野是否适当；观察装置是否便于乘员使用；车辆在涉渡、水上行驶或停留在水面上时，能否把车内积水及时排出；在容易发生危害的地方，有无特殊的警告标志和文字说明；使用 20 V 或 380 V 交流电源的车辆（高压），有无漏电或过压保护装置，工作是否可靠。

3）安全性分析评价

① 评价方法。评价方法是针对装备安全性定量要求，按照使用方认可的计算、分析、评价模型和计算方法，利用试验或现场使用中已经得到的数据，以及本产品的所有相关数据等进行评价分析，以判定产品的安全性水平是否满足规定要求。主要评价方法如下：

a. 现场安全性评价。它是当验证对象的现场试验数据充分时，仅利用现场试验所得到的数据，根据使用方认可的评价模型，对产品安全性水平进行评价的一种方法。

b. 安全性综合评价。它是当验证对象为复杂系统，而且该复杂系统本身的试验数据不充分，又对组成该复杂系统的分系统和设备进行了较多的试验时，根据该复杂系统的事故风险计算模型，将系统不同层次产品的可靠性、维修性等领域的试验数据，以及使用中的环境与人为因素的数据，进行"金字塔"式的综合，以评价系统事故风险的一种方法。

② 类比分析方法。类比分析方法是针对安全性定量要求，对受验产品和已经通过验证或实际使用结果证明满足要求的相似产品，进行结构、功能、制造工艺、采用的原材料、使用环境条件、维修工艺与方法、维修人员的技术水平、维修环境条件、保障资源、保障系统运作方式、保障环境条件等方面的对比分析，并根据相应的验证结果做出受验产品安全性水平是否满足规定要求的结论。

类比分析方法一般可适用于设备级或功能系统级的产品，包括相似型号中已用过的产品或功能及性能相近而仅对部分接口、外观进行改进的产品，因为这类产品的相似产品在前期型号中已有应用，或者已经有安全性试验的结论，或者已经过了现场试验验证或考核取得了风险评价的结论等。能否采用类比分析方法取决于如下因素：

　　a. 对产品的相似性进行分析的合理性。

　　b. 已经通过验证的相似产品的验证结果或数据的可信性。

③ 模拟仿真方法。模拟仿真方法是用实物仿真器或数字仿真器代替实际系统，进行模拟仿真的安全性验证和分析，以评价装备安全性水平是否满足规定要求的一种验证方法。该方法适合不能或无法进行实际试验验证，以及涉及人员操作的安全性验证。

| 7.6　其他适应性试验 |

7.6.1　电磁兼容性试验

电磁兼容是指设备在共同的电磁环境中能一起执行各自功能的共存状态和能力，即该设备不会由于受到处于同一电磁环境中其他设备的电磁发射影响而产生不允许的降级，也不会因电磁发射而使同一电磁环境中其他设备产生不允许的降级。

任何电磁兼容问题都是围绕电磁干扰源、耦合途径、敏感设备 3 个要素进行的，所以我们称之为电磁兼容三要素。电磁干扰超过敏感设备的敏感度时，

就会产生电磁干扰。这一作用过程及其效果，称为电磁干扰效应。

电磁活动产生电磁干扰的方式和途径不一，其中电磁辐射、传导是产生电磁干扰的主要电磁活动方式或途径。有的电磁干扰既以辐射方式也以传导方式传播。事实上，这两类干扰的传播和耦合方式都不是单独存在的，而经常是在一定的条件下，某传播和耦合方式起主导作用。

实现电磁兼容的技术关键在于有效地控制电磁干扰，只有掌握电磁干扰的抑制技术，并在系统或设备的设计、生产过程中合理应用，才能实现电磁兼容。实际工程中常用的抑制电磁干扰的技术有接地、搭接、滤波和屏蔽。除了上述措施之外，抑制电磁干扰还可采用对消与限幅、电路去耦、阻尼和阻抗匹配、合理布线和捆扎，以及应用各种抑制干扰的电路和器件等技术。

早期电磁兼容测量处于电磁干扰诊断阶段。测量手段通常使用电子仪器设备，如早期生产的示波器和频谱分析仪等。这个阶段的电磁兼容技术处于发现问题、解决问题的初级阶段。人们在科学实践中花费大量精力研究、制定了各种电磁兼容标准。这些标准规定了测量方法，也规定了电磁兼容的极限值。这一阶段电磁兼容技术已进入标准规范阶段。此阶段配套的测量仪器和设备得到进一步发展。电磁兼容技术发展的新阶段是系统设计发展阶段。系统设计是指电子设备或系统在进行设计以前，运用电磁场理论分析和计算方法以及相关数据来预测系统内的电磁环境，在电性能和电磁兼容同步设计中对电磁兼容标准进行剪裁，根据预估的电磁环境下达设备、分系统电磁兼容设计指标，使设备或系统实现最佳设计。

在装甲车辆电磁兼容试验中，设备和分系统级试验是重要内容。相关国家标准规定了控制军用电子、电气、机电等设备和分系统的电磁发射和敏感度特性及系统电磁兼容性的要求。

7.6.2 复杂电磁环境试验

战场复杂电磁环境是指交战各方在作战过程中，在激烈对抗条件下，有意或无意使用雷达、光电、通信、导航制导敌我识别、无线电引信、电子干扰等设备所产生的多类型、全频谱、高密度的电磁活动和观象（辐射、反射和散射）的总和，在一定的战场空间构成空域上电磁场分布纵横交错，时域上电感信号突发多变，频域上电磁频谐密集重叠，能量域上功率分布参差不齐，极化域上特性分布错综复杂，调制域上方式丰富多彩的相互影响和干扰的战场电磁环境条件。

电磁环境适应性是指武器装备、系统以及平台受战场复杂电磁环境影响时的技战术使用适应能力。战场复杂电磁环境主要由自然电磁辐射、人为电感辐射和辐射传播因素等构成。

美军的电子战试验场一直处于世界领先水平，数目多、规模大、综合试验训练能力强，三军各自拥有自己的电子战试验场，其中海军的电子战在美国三军中发展最早，至今已有 90 多年的历史，并已经建立一整套完整的电子战作战训练、组织、计划和科研管理机构，成为当前世界上最强大的军队电子战力量。美空军的电子战在三军中处于领先水平，它有完善的领导机构、雄厚的试验实力和先进的技术装备，而陆军的电子战则是美国三军中发展最慢的。

当前美军电子战试验场建设发展有以下几个特点：组建时间长；试验场区域辽阔；拥有专用机场、飞机和飞行部队；设施设备多，试验能力强，承担多种试验任务。未来美军电子战试验场建设发展趋势主要表现在以下几个方面：

① 电子对抗装备的电磁兼容性和电子对抗性试验已成为电子战试验场试验的重点和难点。

② 重视试验与鉴定武器装备的电子战性能技术指标及其任务效能指标。

③ 努力向电磁环境逼真化、测量设备现代化、试验方法标准化和试验场设施机动化发展。

④ 外场试验、混合模拟和分析模型 3 种基本手段综合运用，但仍以外场试验为主体。

⑤ 建立标准化的试验鉴定过程。

⑥ 专用试验场向综合化方向发展，试验、训练和科研一体化，任务范围不断扩展。

我国目前正加大复杂电磁环境建设力度，某基地建立了全军的电子靶场，各军兵种建立了武器装备常规测试试验场，各军区建立了相应的合同训练基地，但试验场、靶场、训练基地的建设规模、测试指标覆盖性、试验和训练能力与功能多样性等方面与世界主要军事强国相比还存在较大差距，缺乏动态调配、构建不同场景下的复杂电磁环境的能力。

7.6.3　环境适应性试验

自然环境是指大气层内对武器装备产生影响的各种环境条件。构成大气环境的因素很多，对装备的影响也很复杂，要从多方面进行分析。

1. 气温

气温有高气温和低气温之分。高气温是指高于标准室温的一种环境；低气温是指低于标准室温的一种环境。绝大多数材料的性能都与温度影响有关，热胀冷缩是基本的影响机制。

1）高温效应

高温能引起材料和机械性能改变。不同材料的热胀，能引起产品尺寸全部或局部改变，使结构配合之间产生黏合、卡死或松动现象；变压器和机电部件过热，绝缘或导电性能改变；有机材料褪色、裂开或出现裂纹，产品工作寿命缩短；包装、衬垫、密封、轴承和轴等发生变形、黏结、失效，引起机械性故障或者破坏完整性，引起外罩充填物和密封条损坏；温度梯度不同和不同材料膨胀系数不一致，使电子电路的稳定性发生变化；电阻器件阻值变化，继电器和磁动、热动装置的接通/断开范围发生变化；复合材料放气，固体火药或药柱起裂纹，爆炸物或推进剂的燃烧加速；浇注的炸药在其壳体内膨胀，炸药熔化和硫化；炮弹、炸弹等密封壳体内部产生很高的内压力；油脂变稀，润滑作用降低，密封性能变差，出现摩擦体故障和密封失效等问题；设备工作寿命降低。

2）低温效应

低温会造成湿气冷凝，出现霜冻和结冰现象，使材料硬化和脆化；电气和机械性能变化，强度下降，抗冲击载荷能力减弱，易断裂；普通润滑剂黏度增加、变稠或固化，影响润滑特性；防冻液冻结，影响机械动作的质量和精度，尤其是液压动作系统最敏感；材料发硬变脆，低温引起材料收缩，配合间隙变化，使机械动作迟缓或停止，内部水、气冻结，使功能失灵；电阻、电容数值变化，电容器损坏，电器仪表、自动控制系统的性能和可靠性降低；橡胶、塑料制品机械强度减弱，产生硬化、龟裂现象，失去弹性，使减振和密封失效；固体炸药产生裂纹，使固体火药燃烧速度改变，弹药性能下降，电动机、内燃机起动困难，蓄电池容量降低，性能下降，使用寿命缩短；影响光学仪器的观测性能；橡胶变脆，电缆损坏，玻璃产生静疲劳。

2. 湿度

空气湿度对器材的影响机制有多种，其效果与湿度值、持续性、干湿交替变化等有关，同时还和气温、有机微生物、盐雾、植被、振动、污染物等发生联合作用。湿度的存在是促使装备性能恶化的重要因素。据统计，在环境因素引起装备的故障中，由湿度造成的约占19%。

1）高湿度效应

空气中的湿度过高，会在装备表面附着一层由肉眼看不到的水膜，水膜与空气中的酸性气体（CO_2、SO_2、NO_2 等）作用而具有稀酸性质，腐蚀金属表面；器材含水量增加，使木材、纸张、纺织品、纤维板和亲水性塑料发生变质，材料膨胀，丧失机械强度，改变电气性能；引起器材表面起雾，影响仪表判读效果，表面的水分吸收可以改变其电气性能（特别是绝缘性能），若有化学吸附现象，虽经长期干燥也难以返回原来状态；影响金属腐蚀的主要因素是相对湿度超过临界湿度值的时间长短，而平均相对湿度只能提供一个可靠性更低的腐蚀速度指示，但交替出现冷凝和蒸发时腐蚀速度最快，促进有机涂层（涂料、油漆、磁漆、硝基漆等）破坏，特别是高温高湿环境更是如此；对光学仪器有害。低温高湿或湿度变化很大时，水汽凝结在玻璃上并向密封组件中渗透，温度升高时会有部分水汽截留在组件内，加上水分促进微生物的生长，加速了密封组件的破坏作用；热带地区的高湿度对玻璃能产生化学作用，使玻璃性能严重恶化；电子设备和精密仪表因元器件焊点被腐蚀而引起断路或改变电气性能，造成设备、仪器性能下降或失灵；高温高湿循环能使电子设备及部件产生严重事故；炸药和推进剂吸潮，性能降低；对材料其他性能的影响，如物理强度降低、润滑性能下降、电气绝缘和隔热特性变化、复合材料分层、弹性或塑性改变、吸湿材料性能降低等。

2）低湿度效应

使木材、皮革和织物等有机材料变得易碎和不耐用，木材和纸张易燃；导致静电荷存积，生成臭氧；促进粉尘聚集，造成绝缘击穿。

3. 大气压力

大气压力的影响主要是低气压的效应，特点是爆炸性减压的效应影响较大。由于大气压力随着高度的增加而单调减小，所以当地势增高时，气压降低；航空、航天装备升空时，气压的变化率与高度变化率相联系。低气压环境对武器装备的影响可参考下列方面进行分析：

① 内燃机性能下降。试验表明，每升高 1 000 m，功率要下降 9%～13%，油耗量增加 6%，冷却水沸点下降 3.3 ℃。

② 密封组件内漏出气体或液体，密封容器变形、破裂或爆炸，引起密封失效。

③ 点火困难。

④ 低压下电弧或电晕放电能引起设备误动作或出现故障；低压下热传递效能降低使装备产生过热。

⑤ 低密度材料的物理化学性能变化；滑润剂挥发；发动机起动和燃烧不稳定。

⑥ 有机材料分解、放气和蒸发，污染光学玻璃。

⑦ 轴承、齿轮等活动部件磨损加快；两种金属表面会黏合，产生冷焊现象。

4. 盐雾

盐雾是海洋、近海和咸水湖地区的一种环境。盐雾使金属材料产生化学和电化学腐蚀、老化、性能改变，降低机械设备的性能和效率，缩短寿命。海洋环境盐雾最严酷，其次为沿海地区等。高温会加强其影响。有关试验表明，金属材料处于海水中的全浸区时，年腐蚀率约为 0.1 mm/a，在飞溅区的年腐蚀率为 0.3～0.5 mm/a。盐雾影响可参考下列方面进行分析：

① 腐蚀效应。电化学反应能造成装备锈蚀、霉变；加速应力腐蚀；加速金属的生锈；水中的盐电离形成酸碱溶液的腐蚀。

② 电效应。绝缘性能降低，防护涂层因电解而出现气泡；盐的沉积产生导电层，使电子装备损坏；绝缘材料和金属受腐蚀而影响其电性能，并引起或加速绝缘材料和金属的腐蚀而产生导电层。

③ 物理效应。密封橡胶老化，密封性能下降，光学、精密机械、电子器件性能降低；机械部件及组合件活动部分发生阻塞、黏结或卡死；电解作用导致漆层起泡、脱落；夹带着沙尘和盐颗粒的大风可以造成材料的保养层和涂镀层受到磨损而加速腐蚀过程。

5. 沙尘

风引起的沙尘能擦伤金属表面并渗入缝隙，使装备表面磨损，使装备活动部件受腐蚀或卡死。在潮湿情况下，沙尘会引起酸性或碱性反应，产生化学腐蚀。沙尘的影响可参考下列方面进行分析：

① 充满尘埃的大气环境对装备的运行和维护造成困难，沙尘能使表面磨蚀和磨损，使器材损坏，污染燃料和润滑剂；使传动装置磨损。

② 沙尘侵入枪管能使子弹卡壳，不能连续射击；侵入炮管能严重影响射击精度和射击次数；据有关资料统计，坦克装甲车辆在沙尘中高速行驶，其上安装的机枪只能打 1 000 发子弹。

③ 风驱动沙尘能使绝缘物质和绝缘体的表面变粗糙，损害表面的电磁性能。

④ 沙尘侵入车辆制动系统，会增大制动器的磨损速度；渗透到密封组件中，使密封性能降低。

⑤ 沙尘能使通道口和过滤器阻塞，活动件卡死。

⑥ 能使电路性能降低，开口和过滤装置堵塞；在连接器上沙尘的作用能使连接器连接和切断困难；通过摩擦作用腐蚀连接器表面，增加连接器上的接触电阻。

⑦ 降低冷却系统效率，增加润滑表面摩擦速度，能引起过热或发生起火事故，能使漆膜产生缺陷并降低电阻和膜的耐蚀性能。

⑧ 使空气滤清器堵塞，甚至击穿，降低发动机功率，严重时影响发动机寿命。

6. 太阳辐射

到达地面的太阳辐射包括直接辐射和漫射辐射，而漫射辐射又包括天空辐射和地面辐射。天空辐射是大气散射辐射和云层反射辐射。地面辐射是地面和地物的反射辐射。到达地球水平表面的太阳直接辐射和漫射辐射之和称为太阳总辐射。太阳辐射效应主要包括以下内容：

1）紫外线辐射效应

波长在 $0.28 \sim 0.4\ \mu m$ 的紫外线辐射虽然只有太阳总辐射量的 1% 左右，但其作用很大。它的光电效应能使金属表面电位升高，干扰电磁系统；紫外线照射会使光学玻璃、卫星太阳能电池盖板等改变颜色，影响光谱透过率；紫外线会改变瓷质绝缘的介电性质；紫外线的光量子能破坏高分子聚合物的化学键，造成分子量降低、材料分解、裂析、变色、弹力和抗张力性能降低等；紫外线和臭氧会影响橡胶、环氧树脂黏合剂和甲醛异丙烯气动密封剂性能的稳定性；紫外线辐射会改变温控涂层的光学性质。

2）太阳辐射的加热效应

太阳辐射的加热效应与被照射表面的粗糙度、颜色有关；太阳辐射强度的变化，使设备产生过热，导致各部件膨胀和收缩的速率不同，造成危险的应力作用。其主要的影响有：引起合成材料和炸药热析；破坏结构的完整性；使元件损坏，焊缝开裂，焊点脱开。

3）其他效应

太阳辐射的其他效应对装备的影响也很多。例如，武器装备结构发生变化，引起零部件的卡死或松动；焊缝和黏结件强度降低；橡胶件、塑料件产生膨胀或断裂；材料强度和弹性发生变化；连接装置准确度降低或失灵；密封完整性降低；产生热老化，使电气和电子零部件性能变化，或绝缘失效；电触点接触电阻增大，动作失常；金属氧化，表面锈蚀，涂层和其他保护层龟裂、褪色、起泡和剥落。

7.6.4　人机适应性试验

车辆人–机–环境系统试验的目的主要是考核人与车辆及其车内微气候的适应性，即人与车辆及车内微气候的匹配。需要对车内舱室的结构参数、环境

参数以及人体的静态参数和动态功能参数进行测试，并以此为依据评价车辆的人机适应性。

车辆人-机-环境系统试验主要在车辆舱室内进行，它包含机械系统人机界面的测试、舱室内微气候的测试、乘坐舒适性测试、车辆乘员的生理/心理机能测试等方面内容。机械系统人机界面的测试主要依据有关标准，通过对车辆舱室内各类操控、座椅和显示装置等结构及布局参数的测量，结合人体测量模型，评价其总体布局的合理性以及各系统尺寸是否符合人机工效学的要求。舱室内微气候测试包括舱室温度、有害气体、照明和噪声等项内容的测试。乘坐舒适性包括静态和动态舒适性，动态舒适性主要结合车辆的平顺性试验进行，评价人体对座椅振动的反应,而静态舒适性结合机械系统人机界面的相关测试进行。车辆乘员的生理/心理机能测试，一般结合实车试验进行，由于军用车辆用途特殊、使用环境恶劣，对人的生理/心理机能有较高要求。因此，车辆乘员生理/心理机能测试对于军用车辆的人-机-环境系统评价是十分重要的。

第8章

测试信号的采集与分析处理

在实际装甲车辆试验中，所观测到的测试信号蕴含着反映研究对象状态或属性的有用信息，但由于种种原因，其中经常夹杂有许多不需要的成分。为了削弱信号中的多余内容，滤除混杂的噪声和干扰，或是将信号变换成容易分析与识别的形式，便于估计和选择它的特征参量，都需要对信号进行必要的分析与处理，只有这样才能比较准确地提取信号中所含的有用信息。

信号分析与处理是互相关联的，两者之间没有明确的界限。通常把研究信号的构成和特征值称为信号分析，而把信号经过必要的变换或运算（滤波、变换、增强、压缩、估计、识别等）以获得所需信息的过程称为信号处理。广义的信号处理可把信号分析包括在内。

信号分析与处理无论是在理论基础上，还是在处理技术上，发展都是十分快的。特别是随着计算机技术的迅速发展，信号分析与处理的技

术手段发生了较大变化。现在，不但发展了多种适用于各种计算机的数字信号处理软件，而且专用信号处理机的功能也日趋完善。大容量、多功能以及可做实时分析与控制的信号处理机已经投入使用，处理的速度和精度还在不断提高。近年来，信号分析与处理已发展成为现代科学中的一个分支和重要的技术工具，在各个学科的实验研究和工程技术领域中都得到了广泛应用。

| 8.1　模拟信号的采集 |

在现代测试领域中，广泛应用数字方法处理模拟信号。这是计算机技术和数字信号处理（digital signal processing，DSP）技术飞速发展的必然结果。数字信号处理具有精度高、灵活性大、可靠性强和易于集成等优点，能实现模拟信号处理很难或无法获得的功能。数字信号处理可以在专用的信号处理仪上进行，也可以在通用计算机上通过编写应用软件来实现。

用数字方法处理模拟信号的步骤如图 8.1 所示。模拟信号经过调理（如放大、滤波、隔直、解调等）后变成适于模数（A/D）转换的形式，A/D 转换装置将其转换成在时间上离散、幅值上量化、长度上有限的离散序列 $x(n)$，然后可在通用计算机或专用数字信号处理器中进行分析处理，运算结果可以直接以数字方式输出，也可经数模（D/A）转换以模拟方式输出。

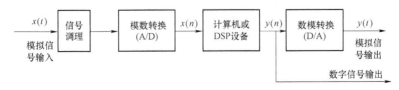

图 8.1　用数字方法处理模拟信号的基本步骤

8.1.1 连续时间信号的采样

1. 采样过程的描述

模拟信号 $x(t)$［图 8.2（a）］在连续定义域处处有值，必须将自变量的取值进行离散。用于采样的采样器，一般由电子开关组成，其工作过程如图 8.2（b）所示。采样开关每隔 T_s 短暂闭合一次，接通连续时间信号 $x(t)$，实现一次取样。若每次开关闭合时间为 τ，则取样器的输出将是一周期为 T_s、宽度为 τ 的矩形脉冲序列 $s(t)$，其波形如图 8.2（c）所示。取样时的幅度等于该脉冲所在时刻相应连续时间信号 $x(t)$ 的幅度，即矩形脉冲序列信号 $s(t)$ 被连续时间信号 $x(t)$ 所调制。这种信号称为采样信号，记为 $x_s(t)$，可表示为

$$x_s(t) = x(t)s(t) \tag{8.1}$$

其波形如图 8.2（e）所示。

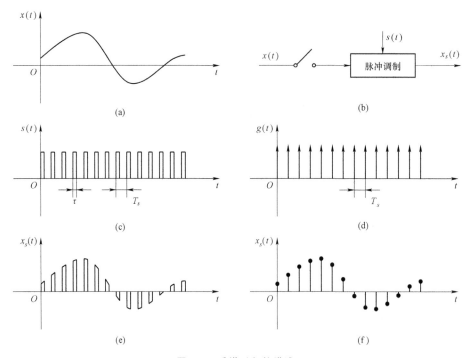

图 8.2　采样过程的描述

由于脉冲宽度 $\tau \ll T_s$，当 $\tau \to 0$ 的情况下，矩形脉冲序列将成为冲激序列，如图 8.2（d）所示。用于采样的理想冲激序列可表示为

$$g(t) = \sum_{n=-\infty}^{\infty} \delta(t-nT_s), n = 0, \pm 1, \cdots$$

式中，T_s 为冲激序列的周期，又称采样间隔。

如果没有特殊说明，本书所涉及的采样问题均为等间隔采样。若记 $f_s = 1/T_s$，称为采样频率。采样信号可进一步表示为

$$x_s(t) = x(t)g(t) = x(t)\sum_{n=-\infty}^{\infty} \delta(t-nT_s) = \sum_{n=-\infty}^{\infty} x(nT_s)\delta(t-nT_s) \qquad （8.2）$$

用理想的冲激序列来描述实际采样过程，是对实际采样过程一种科学的抽象。冲激序列不仅能够准确确定采样时刻，而且还能够集中反映采样过程的本质特性，为后续分析带来极大便利。

2. 采样频率对采样信号的影响

在信号采样过程中，采样间隔 T_s 对采样信号 $x_s(t)$ 有重要的影响。对于一定时间长度 T 的模拟信号 $x(t)$，若采样间隔 T_s 小，亦即采样频率 f_s 高时，则采样的数据量 $N = T/T_s$ 就大，采样信号 $x_s(t)$ 也就越接近原信号 $x(t)$，但采样信号中可能含有较多的冗余数据，处理这样的信号要求计算机具有较大的内存，所需处理时间也较长，不利于实时处理。反之，若采样间隔 T_s 大，亦即采样频率 f_s 低，则采样的数据量 $N = T/T_s$ 就小，利于实时处理，但采样信号有可能不能真正反映原始信号的波形特征。

图 8.3 所示为对 3 个不同连续时间信号采样，如果事先不知道其母体信号的波形，那么仅从采样结果来看，我们根本无法断定其真正的母体信号，除非在相邻的采样点之间再增加采样点，即提高采样频率。因此，采样频率过低会丢失原信号 $x(t)$ 的某些信息，甚至歪曲 $x(t)$ 的本来面目，使后续处理可能得出错误的分析结果。

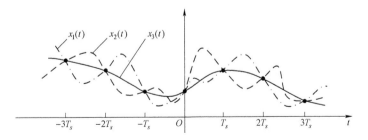

图 8.3　采样频率低对采样信号的影响

下面再来看正弦信号采样的不确定性。已知正弦信号 $x(t) = A\sin(2\pi f_0 t + \theta)$，令

$$f_k = f_0 + kf_s, \quad k = \pm 1, \pm 2, \cdots$$

并由此得到一组正弦信号

$$x_k(t) = A\sin(2\pi f_k t + \theta)$$

如果记 $x_s(t)$ 是用 f_s 对 $x(t)$ 的采样，那么 $x_s(t)$ 也是用 f_s 对 $x_k(t)$ 的采样。这是因为用 f_s 对 $x(t)$ 采样时，有

$$x_s(nT_s) = x(t)|_{t=nT_s} = A\sin(2\pi f_0 nT_s + \theta) = A\sin(2\pi n f_0 / f_s + \theta)$$

用 f_s 对 $x_k(t)$ 采样时，有

$$
\begin{aligned}
x_{ks}(nT_s) = x_k(t)|_{t=nT_s} &= A\sin(2\pi f_k nT_s + \theta) \\
&= A\sin[2\pi n(f_0 + kf_s) / f_s + \theta] \\
&= A\sin(2\pi n f_0 / f_s + 2\pi nk + \theta) \\
&= A\sin(2\pi n f_0 / f_s + \theta)
\end{aligned}
$$

所以 $x_s(nT_s) = x_{ks}(nT_s)$。

由此可见，用给定的采样频率 f_s 对频率为 f_0 的正弦信号采样时，所得到的离散时间序列所对应的连续时间信号并不唯一，该现象称为正弦信号采样的不确定性。由此，极有可能把一个原本高频正弦信号，在采样后误认为是一个低频正弦信号，从而产生频率混叠现象。如图 8.4 所示，两个不同频率的正弦信号，$x_1(t)$ 的频率为 10 Hz，$x_2(t)$ 的频率为 90 Hz，若以 $f_s = 80$ Hz 进行采样，会得到相同的采样结果，我们无法分辨出这些采样点到底来源于 $x_1(t)$，还是 $x_2(t)$。如果要用这些采样点恢复（重建）原信号，直接恢复出的只能是 $x_1(t)$。

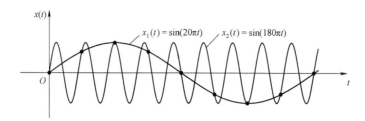

图 8.4　不同采样频率对采样信号产生的影响

3. 采样信号频谱的周期延拓

对采样信号 $x_s(t)$ 进行傅里叶变换时，记其频谱为 $X_s(f)$。由频域卷积定理可知，时域乘积对应频率卷积，即

$$X_s(f) = F[x_s(t)] = F[x(t)g(t)] = X(f) * G(f)$$

$$= X(f) * \frac{1}{T_s} \sum_{n=-\infty}^{\infty} \delta(f - nf_s) \qquad (8.3)$$

$$= \frac{1}{T_s} \sum_{n=-\infty}^{\infty} X(f - nf_s)$$

此式表明，将连续信号 $x(t)$ 经采样变成 $x_s(t)$ 后，由于 $g(t)$ 的频谱 $G(f)$ 仍为一冲激序列，频域卷积的结果是将原信号的频谱 $X(f)$ 依次平移至各频域冲激序列点处，然后叠加而成，如图 8.5 所示。也就是说，在频域各冲激序列点上复制。这样 $x_s(t)$ 的频谱 $X_s(f)$ 将变成周期的，且周期为频域冲激序列的周期，即 $f_s = 1/T_s$，该现象称为频谱的周期延拓。

通过以上分析可以得到以下结论：时域信号经过采样后，在频域形成周期频谱，且频谱周期等于采样频率 f_s。对于一个离散时间信号，可以认为它是由一个连续时间信号经过抽样而得，因此离散时间信号的频谱将是周期的。由于周期信号的频谱是离散的，而离散信号的频谱是周期的，同时非周期信号的频谱是连续的，而连续时间信号的频谱是非周期的，周期与离散，非周期与连续构成了时域和频域的两种对应关系。

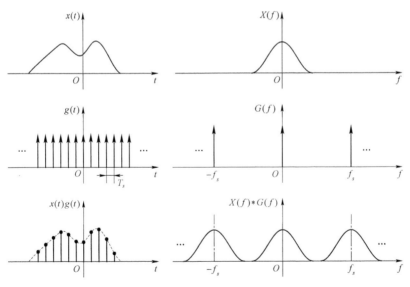

图 8.5　采样信号频谱的周期延拓

4. 频率混叠

在采样信号频谱的周期延拓过程中，当 $x(t)$ 的频谱 $X(f)$ 的频带较宽时，如

果 $X(f)$ 的平移距离 f_s 过小，即采样时间间隔 T_s 过大，那么移至各频域冲激序列点处的频谱叠加时就会有一部分交叠，这种现象称为频率"混叠"（aliasing），如图 8.6 所示。由此产生的结果使我们无法从 $x_s(t)$ 恢复出 $x(t)$，有可能使频谱分析时的谱值出现较大偏差，也有可能出现虚假频谱成分。

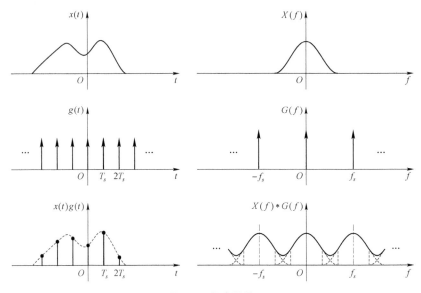

图 8.6　频率混叠

如果 $x(t)$ 的频谱 $X(f)$ 本身就是无限带宽的，那么直接对这样的信号采样肯定会发生频率混叠。因此，出现频率混叠现象主要有以下两种情形：信号为无限带宽的；信号为有限带宽，但采样频率太低。

5. 采样定理与抗混频滤波

为了避免频率混叠，希望采样间隔 T_s 要小，这样采样信号频谱周期延拓时，其频谱周期 f_s 就大。由此带来的问题是，单位时间内采集到的数据量大。频率混叠是我们所不希望的，采样信号中含有过多的冗余数据也是我们所不希望的。对于有限带宽信号 $x(t)$，不妨设其最高频率为 f_m，其频谱如图 8.7（a）所示。如果用 f_s 进行时域采样，其频谱在周期延拓过程中，若 $f_s/2 < f_m$，则会发生频率混叠，如图 8.7（b）所示；若 $f_s/2 > f_m$，则不会发生频率混叠，如图 8.7（d）所示；若 $f_s/2 = f_m$，则会进入发生混叠和不发混叠的临界状况，如图 8.7（c）所示。为此，有以下采样定理（sampling theory）：

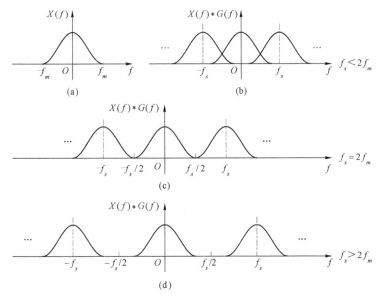

图 8.7　不产生频率混叠的条件

若连续信号 $x(t)$ 是有限带宽的，其频谱的最高频率为 f_m，对 $x(t)$ 采样时，若保证采样频率

$$f_s \geqslant 2f_m \qquad (8.4)$$

那么，可由 $x_s(t)$ 恢复出 $x(t)$，即 $x_s(t)$ 保留了 $x(t)$ 的全部信息。采样定理是由奈奎斯特（Nyquist）和香农（Shannon C. E.）分别于 1928 年和 1949 年提出的，所以又称奈奎斯特采样定理或香农采样定理。该定理给我们指出了对信号进行抽样时所必须遵守的基本原则。

在实际对 $x(t)$ 采样时，首先要明确所关心的最高截止频率 f_c，以确定应采用的采样频率。若 $x(t)$ 不是有限带宽的或频带较宽时，在采样前应对 $x(t)$ 进行低通滤波，以去掉 $f > f_c$ 的高频部分。这种用以防混叠的模拟滤波器又称"抗混叠（anti–aliasing）滤波器"。使频谱不发生混叠的最小采样频率，即 $f_s = 2f_c$ 称为"Nyquist 率"。信号频谱中任何大于 $f_s / 2$ 的分量，都将以 $f_s / 2$ 为对称点折叠回来，因此称 $f_s / 2$ 为折叠频率。

工程上，对于最高频率为 f_m 的带限信号，当采样点数为 1 024 时，为了使频谱分析的频谱图上从零到信号最高频率 f_m 之间有 400 条谱线，则取 $f_s = 2.56 f_m$。一般情况下，采样频率可取 $f_s = (2.56 \sim 4) f_m$。如果使用了抗混叠滤波器，且低通滤波器的截止频率为 f_c，则有

$$f_s = (2.56 \sim 4) f_c \qquad (8.5)$$

8.1.2 量化和量化误差

模拟信号要变成适合于计算机处理的数字信号，除了在时间上离散外，还需要对 $x(t)$ 在 $t = nT_s$ 时刻的幅值用数字值表示，即对其幅值进行量化，解决值域密集的问题。量化方法采用二进制编码的形式。我们知道值域连续信号的幅度可取它本身最大值与最小值之间的所有值，而计算机用二进制表示数字，比特数（byte）限制了它所能表示的数的大小和精度，同时它表示的数是不连续的。

若 A/D 转换装置的位数为 N，最大标定模拟范围为 A，它对模拟信号编码时，每个采样值必须编码为 2^N 个编码电平之一。相邻编码电平的间隔为

$$R = \frac{A}{2^N} \tag{8.6}$$

称为量化步长（quantization step），又称为 A/D 转换装置的分辨率（resolution）。当采样信号 $x(t)$ 落在某一小间隔内，经过截尾或舍入方法变为有限值时，自然而然会带来误差，这种量化过程中引入的误差称为量化误差，其值等于量化后的值与该采样点的实际值之差，即

$$量化误差 = 量化值 - 实际值 \tag{8.7}$$

截尾量化方案如图 8.8（a）所示，舍入量化方案如图 8.8（b）所示。采用截尾量化时，当信号的幅度达不到上一个量化电平时会量化为与模拟信号幅度邻近的下一个电平值，如图 8.9（a）所示。很明显，截尾时的最大量化误差可达到一个量化步长 $-R$。采用舍入量化方案时，当信号的幅度处于两个量化电平之间时会量化为与幅度值最相近的那个量化电平上，如图 8.9（b）所示。因此，舍入量化的最大量化误差为半个量化步长 $\pm 0.5R$。

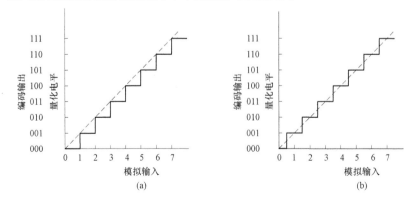

图 8.8 截尾量化方案和舍入量化方案

（a）截尾量化方案；（b）舍入量化方案

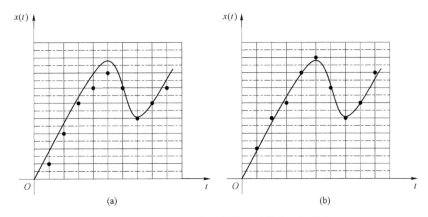

图 8.9　截尾量化与舍入量化对采样信号的影响

　　因为在量化范围一定的情况下，最大量化误差由量化步长的大小决定，所以增加 A/D 转换装置的位数，可以减小误差，但不能完全消除。我们可以把量化误差看成模拟信号在数据采集处理时的附加噪声，故又称为量化噪声（quantization noise）。A/D 转换装置的标定范围越小，位数越高，量化步长就越小，所带来的量化误差越小，转换精度也就越高。如果记 A/D 转换装置的量程为 1，那么不同位数 A/D 转换装置的量化电平数、量化步长和转换精度的关系如表 8.1 所示。

表 8.1　A/D 转换装置位数、量化步长和转换精度的关系

A/D 转换装置位数	量化电平数	量化步长	转换精度/%
8	256	0.003 9	±（0.5～1）
10	1 024	0.000 98	±（0.1～0.2）
12	4 096	0.000 24	±（0.025～0.05）
14	16 384	0.000 061	±（0.006～0.012）
16	65 536	0.000 015	±（0.001 5～0.003）
24	16 777 216	0.000 000 06	±（0.000 006～0.000 012）

　　这里以目前常用的十六位双极性 A/D 转换装置为例进行说明：假设其允许的输入电压范围为 $-10 \sim 10$ V，采用截尾量化方式，共有 2^{16} 个二进制编码，其中首位为符号位，则可表示的十进制整数范围为 $-32\,768 \sim 32\,767$。若记某时刻对输入模拟信号量化后得到的十进制整数为 X，再通过换算即可得到 A/D 转换后的采样值：

$$Y = \frac{X}{2^{15}} \times 10 = \frac{X}{3\,276.8} \tag{8.8}$$

如果输入模拟信号的幅值超出了 A/D 转换装置的有效量化范围，那么会出现"削波"现象，输入幅值高于 10 V 的都会量化为 9.999 7 V，低于−10 V 的都会量化为−10 V。

8.1.3 截断与频谱泄漏

1. 加窗截断

许多信号在时间历程上是无限的，而我们无法对无限长的信号一直观测或记录下去。因此，必须将无限长或较长时间历程的信号进行截断。截断相当于对信号进行加窗，这样可以把截断过程看作信号 $x(t)$ 与一个有限长窗函数 $w(t)$ 的乘积，即

$$x_w(t) = x(t)w(t) \tag{8.9}$$

"窗"的意思是指通过窗口我们能够看到原始信号 [图 8.10（a）] 的一部分，原始信号在时窗以外的部分均视为零 [图 8.10（b）]。

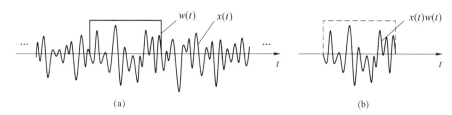

(a)   (b)

图 8.10　信号截断示意

2. 频谱泄漏

由频域卷积定理可知，信号加窗截断后的傅里叶变换为原信号傅里叶变换与窗函数傅里叶变换的卷积，即

$$X_w(f) = X(f) * W(f) \tag{8.10}$$

此时有可能产生频谱泄漏。

这里就以矩形窗截断余弦函数 $x(t) = \cos(2\pi f_0 t)$ 为例进行说明。余弦函数 $x(t)$ 及其频谱 $X(f)$ 如图 8.11（a）、（b）所示，矩形窗函数 $w(t)$ 及其频谱 $W(f)$ 如图 8.11（c）、（d）所示，截断后得到时限信号 $x_w(t)$ 及其频谱 $X_w(f)$ 如图 8.11（e）、（f）所示。因为矩形窗的频谱是 sinc 型函数，为无限带宽，所以截断后信号 $x_w(t)$ 的频谱 $X_w(f)$ 也为无限带宽的。原先集中于频率 f_0 处的能量现在分散到 f_0 附近

一个很宽的频带上了，这一现象便称为"泄漏"效应。

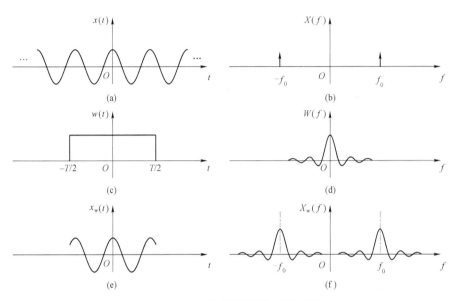

图 8.11　余弦信号的截断与频谱泄漏

　　同理，如果在频域进行加窗截断，使频谱带宽变为有限的，则在时域将变为时间无限长，因此"有限"和"无限"也成为时、频域相互之间信号特点的一种对应关系。

　　由冲激函数的卷积特性可知，如果 $W(f)$ 是理想的冲激函数，那么 $X(f)$ 与 $W(f)$ 卷积还是 $X(f)$ 本身。对于矩形窗来说，如果增加矩形窗的宽度，那么 sinc 型函数的主瓣就会变窄，旁瓣向主瓣密集；虽然在理论上其频谱范围仍为无限宽，但可使中心频率以外的频率分量较快衰减，泄漏将减少。当 $T \to \infty$ 时，$W(f)$ 将变为 $\delta(f)$ 函数，它与 $X(f)$ 的卷积还是 $X(f)$ 本身，这也说明没有截断也就没有泄漏。

|8.2　测试信号的幅域分析|

　　在信号幅值上进行的各种处理称作幅域分析。信号的幅域分析主要研究信号的幅值分布以及一些幅域参数，如均值、均方根值等。

8.2.1 概率密度函数

1. 概率密度函数的定义

随机信号一般无法用明确的数学关系来描述，但其幅值的变化服从统计规律，通常用概率密度函数来描述。概率密度函数反映了信号的幅值在某一指定范围内出现的概率。如图 8.12 所示，在观察时间长度 T 内，幅值落在 $(x, x+\Delta x]$ 范围内的时间总和为

$$T_x = \Delta t_1 + \Delta t_2 + \cdots + \Delta t_n = \sum_{i=1}^{n} \Delta t_i \qquad (8.11)$$

当样本函数的观察时间 $T \to \infty$ 时，比值 T_x / T 的极限称为随机信号 $x(t)$ 的幅值出现在 $(x, x+\Delta x]$ 范围内的概率，即

$$P[x < x(t) \leqslant x + \Delta x] = \lim_{T \to \infty} \frac{T_x}{T} \qquad (8.12)$$

概率密度函数 $p(x)$ 定义为随机信号 $x(t)$ 的瞬时值落在指定区间 $(x, x+\Delta x]$ 内的概率对 Δx 比值的极限值，即

$$p(x) = \lim_{\Delta x \to 0} \frac{P[x < x(t) \leqslant x + \Delta x]}{\Delta x} = \lim_{\substack{\Delta x \to 0 \\ T \to \infty}} \frac{T_x}{\Delta x T} \qquad (8.13)$$

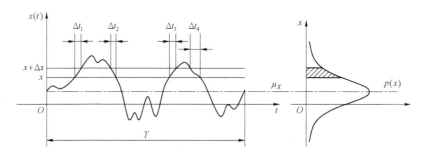

图 8.12 随机信号的概率密度函数

概率密度和概率分布函数的关系为

$$p(x) = \lim_{\Delta x \to 0} \frac{P(x + \Delta x) - P(x)}{\Delta x} = \frac{\mathrm{d}P(x)}{\mathrm{d}x} \qquad (8.14)$$

$$P(x) = P[x(t) \leqslant x] = \int_{-\infty}^{x} p(\lambda)\mathrm{d}\lambda \qquad (8.15)$$

$x(t)$ 的值落在 $(x_1, x_2]$ 内的概率为

$$P[x_1 < x(t) \leqslant x_2] = \int_{x_1}^{x_2} p(\lambda)\mathrm{d}\lambda = P(x_2) - P(x_1) \qquad (8.16)$$

幅值概率分布 $P(x)$ 表示 $x(t)$ 的瞬时值低于某一给定值 x 的概率。概率密度函数的物理解释如图 8.13 所示。

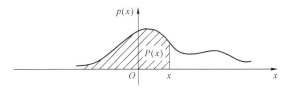

图 8.13   概率密度函数的物理解释

2. 典型信号的概率密度函数

1）正态分布随机信号的概率密度

正态分布又叫高斯分布，是一种应用广泛的常见分布形式。大多数随机信号的概率密度函数均近似或完全符合正态分布，如随机振动、窄带随机噪声等。正态随机信号的概率密度函数为

$$p(x) = \frac{1}{\sqrt{2\pi}\sigma_x} \exp\left[-\frac{(x-\mu_x)^2}{2\sigma_x^2}\right] \quad (-\infty < x < \infty) \qquad (8.17)$$

式中，μ_x 为随机信号的均值；σ_x 为随机信号的标准差。

正态随机信号的分布函数为

$$P(x) = \int_{-\infty}^{x} p(\lambda)\mathrm{d}\lambda = \frac{1}{\sqrt{2\pi}\sigma_x} \int_{-\infty}^{x} \mathrm{e}^{\frac{(\lambda-\mu_x)^2}{2\sigma_x^2}} \mathrm{d}\lambda \qquad (8.18)$$

正态分布的概率密度函数曲线和概率分布函数曲线如图 8.14（a）、（b）所示。正态分布概率密度曲线在 x 轴的位置由 μ_x 确定，形状由 σ_x 确定。它具有以下特点：

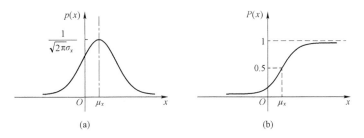

(a)   (b)

图 8.14   正态分布密度函数和分布函数

① 曲线有单一峰值，峰值 $\dfrac{1}{\sqrt{2\pi}\sigma_x}$ 在 $x = \mu_x$ 处取得。

② 曲线以 $x = \mu_x$ 为对称轴，当 $x \to \pm\infty$ 时，$p(x) \to 0$。

③ 曲线在 $x = \mu_x \pm \sigma_x$ 处存在拐点。

④ x 的值落在 $[u_x - \sigma_x,\ u_x + \sigma_x]$、$[u_x - 2\sigma_x,\ u_x + 2\sigma_x]$、$[u_x - 3\sigma_x,\ u_x + 3\sigma_x]$ 区间的概率分别为 0.68、0.95 和 0.997。

2）正弦信号的概率密度

正弦信号的表达式为

$$x(t) = A\sin(\omega t)$$

由于正弦信号为周期函数，因此在观察时间 $t \in (-\infty,\ \infty)$ 上进行的概率密度函数求解等效于在一个完整周期上进行求解，并且与初相位无关。如图 8.15（a）所示，设正弦信号的周期为 T，其概率密度函数可表示为

$$p(x) = \lim_{\Delta x \to 0} \frac{2\Delta t}{\Delta x T} \approx \frac{2\mathrm{d}t}{\mathrm{d}x T}$$

将

$$\mathrm{d}x = A\omega\cos(\omega t)\mathrm{d}t = A\omega\sqrt{1 - (x/A)^2}\,\mathrm{d}t$$

代入上式，化简得

$$p(x) \approx \frac{2\mathrm{d}t}{\mathrm{d}x T} = \frac{2\mathrm{d}t}{A\omega T\sqrt{1 - (x/A)^2}\,\mathrm{d}t} = \frac{1}{\pi\sqrt{A^2 - x^2}}$$

因此正弦信号的概率密度函数为

$$p(x) = \frac{1}{\pi\sqrt{A^2 - x^2}} \quad (-A < x < A) \tag{8.19}$$

如图 8.15（b）所示。其特点是：$p(x)$ 为偶函数；在均值 $x = 0$ 处，取得最小值；当 $p(0) = 1/(\pi A)$；当 $x = \pm A$ 时，$p(\pm A) = \infty$ 为两条渐近线。

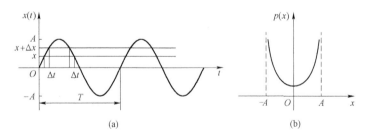

图 8.15　正弦信号及其概率密度函数

3. 概率密度函数的估计

取 N 点实测数据 $x(n)$，$n = 0, 1, \cdots, N-1$，其采样间隔为 T_s，采样时间长度

$T = NT_s$，将信号幅值进行平行于时间轴的等间距分段，如图 8.16 所示。设 $x(n)$ 的最大值为 x_{max} 和最小值为 x_{min}，则间距 Δx 与段数 K 之间的关系为

$$\Delta x = \frac{1}{K}(x_{max} - x_{min})$$

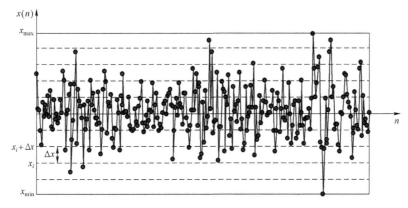

图 8.16 信号的概率密度函数的估计方法

统计 $x(n)$ 落入区间 $(x_i, x_i + \Delta x]$ 的点数，并记为 N_i，则信号幅值落入该区间的概率为

$$P[x_i < x(t) \leqslant x_i + \Delta x] = \lim_{T \to \infty} \frac{T_x}{T} = \lim_{N \to \infty} \frac{N_i T_s}{N T_s} = \lim_{N \to \infty} \frac{N_i}{N} \qquad (8.20)$$

当 $\Delta x \to 0$ 时，即可得到信号概率密度函数的估计

$$p(x_i) = \lim_{\Delta x \to 0} \frac{P[x_i < x(t) \leqslant x_i + \Delta x]}{\Delta x} = \lim_{\substack{\Delta x \to 0 \\ N \to \infty}} \frac{N_i}{\Delta x N} \qquad (8.21)$$

在实际应用中，$x(n)$ 的长度 N 和分段间距 Δx 总是有限的，前者不能是无穷大，后者也不能是零。因此，数据长度 N 尽可能大一些，并选择合适的 Δx。我们知道 A/D 转换器的位数是有限的，对连续信号的幅值进行量化时，转换器存在量化步长 R，如果 $\Delta x < R$，就会出现有的幅值区间内没有数据点。同一测试数据，由于分段数目的不同，得到的概率密度曲线形状差别可能会较大。在工程上，常用如下经验公式确定分段数目，即

$$K = 1.87(N-1)^{0.4} \qquad (8.22)$$

4. 概率密度函数分析的应用

信号的概率密度函数提供了信号幅值的分布信息，不同的信号有不同的概率密度函数，根据 $p(x)$ 的图形可以鉴别信号的性质。图 8.17（a）、（b）所示为

某型坦克发动机在不同转速下同一测点振动信号及其概率密度分布曲线。可以看出，高转速状态相对于低转速状态振动信号的幅值整体偏大，表现在概率密度分布曲线上，其幅值分布范围增大，而概率密度函数峰值下降，曲线趋于平坦。

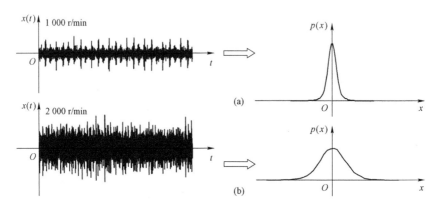

图 8.17　发动机在不同转速下振动信号及其概率密度分布曲线

8.2.2　幅域参数

通过概率密度函数可以定义信号的一些基本幅域参数，如均值、均方根值、方根幅值、绝对平均值、方差、斜度和峭度等。设信号 $x(t)$ 的幅值概率密度函数为 $p(x)$，则有

均值

$$\overline{X} = \int_{-\infty}^{\infty} x p(x) \mathrm{d}x \tag{8.23}$$

均方根值

$$X_{rms} = \sqrt{\int_{-\infty}^{\infty} x^2 p(x) \mathrm{d}x} \tag{8.24}$$

方根幅值

$$X_r = \left[\int_{-\infty}^{\infty} \sqrt{|x|} p(x) \mathrm{d}x \right]^2 \tag{8.25}$$

绝对平均值

$$|\overline{X}| = \int_{-\infty}^{\infty} |x| p(x) \mathrm{d}x \tag{8.26}$$

斜度

$$\alpha = \int_{-\infty}^{\infty} x^3 p(x) \mathrm{d}x \tag{8.27}$$

峭度

$$\beta = \int_{-\infty}^{\infty} x^4 p(x) \mathrm{d}x \tag{8.28}$$

随机信号的概率密度函数是很难准确确定的，因此在实际应用中，通常是假定信号是平稳的、各态历经的，从而直接利用观测数据来计算这些参数。

1. 有量纲幅域参数

对于 N 点离散数据， $x(n), n = 0, 1, \cdots, N-1$, 则基本幅域参数的计算式为

均值
$$\bar{X} = \frac{1}{N} \sum_{n=0}^{N-1} x(n) \tag{8.29}$$

平均幅值
$$|\bar{X}| = \frac{1}{N} \sum_{n=0}^{N-1} |x(n)| \tag{8.30}$$

最大值
$$|X|_{\max} = \max_{0 \leqslant n \leqslant N-1} [|x(n)|] \tag{8.31}$$

最小值
$$|X|_{\min} = \min_{0 \leqslant n \leqslant N-1} [|x(n)|] \tag{8.32}$$

峰–峰值
$$X_{P-P} = \max_{0 \leqslant n \leqslant N-1} [x(n)] - \min_{0 \leqslant n \leqslant N-1} [x(n)] \tag{8.33}$$

均方根值
$$X_{rms} = \sqrt{\frac{1}{N} \sum_{n=0}^{N-1} x^2(n)} \tag{8.34}$$

方差
$$D_x = \frac{1}{N-1} \sum_{n=0}^{N-1} [x(n) - \bar{X}]^2 \tag{8.35}$$

方根幅值
$$X_r = \left[\frac{1}{N} \sum_{n=0}^{N-1} \sqrt{|x(n)|} \right]^2 \tag{8.36}$$

斜度
$$\alpha = \frac{1}{N} \sum_{n=0}^{N-1} x^3(n) \tag{8.37}$$

峭度
$$\beta = \frac{1}{N} \sum_{n=0}^{N-1} x^4(n) \tag{8.38}$$

2. 无量纲幅域参数

有量纲幅域参数容易受测试对象工作条件（如负载、转速和仪器灵敏度等）的影响，为此引入一些无量纲幅域参数。

波形指标
$$S_f = \frac{X_{rms}}{|\bar{X}|} = \frac{\sqrt{\dfrac{1}{N} \sum\limits_{n=0}^{N-1} x^2(n)}}{\dfrac{1}{N} \sum\limits_{n=0}^{N-1} |x(n)|} \tag{8.39}$$

峰值指标
$$C_f = \frac{|X|_{\max}}{X_{rms}} = \frac{\max\limits_{0 \leqslant n \leqslant N-1} [|x(n)|]}{\sqrt{\dfrac{1}{N} \sum\limits_{n=0}^{N-1} x^2(n)}} \tag{8.40}$$

脉冲指标 $\qquad I_f = \dfrac{|X|_{\max}}{|\bar{X}|} = \dfrac{\max\limits_{0 \leqslant n \leqslant N-1} [|x(n)|]}{\dfrac{1}{N} \sum\limits_{n=0}^{N-1} |x(n)|}$ （8.41）

裕度指标 $\qquad CL_f = \dfrac{|X|_{\max}}{X_r} = \dfrac{\max\limits_{0 \leqslant n \leqslant N-1} [|x(n)|]}{\left[\dfrac{1}{N} \sum\limits_{n=0}^{N-1} \sqrt{|x(n)|} \right]^2}$ （8.42）

斜度指标 $\qquad SK_f = \dfrac{\alpha}{X_{rms}^3} = \dfrac{\dfrac{1}{N} \sum\limits_{n=0}^{N-1} x^3(n)}{\left[\sqrt{\dfrac{1}{N} \sum\limits_{n=0}^{N-1} x^2(n)} \right]^3}$ （8.43）

峭度指标 (Kurtosis Value) $\qquad K_v = \dfrac{\beta}{X_{rms}^4} = \dfrac{\dfrac{1}{N} \sum\limits_{n=0}^{N-1} x^4(n)}{\left[\sqrt{\dfrac{1}{N} \sum\limits_{n=0}^{N-1} x^2(n)} \right]^4}$ （8.44）

斜度指标反映了信号幅值概率密度函数的不对称性，峭度指标反映了信号幅值分布偏离正态分布的程度。对于像正弦波和三角波，不管幅值和频率为多大，这些参数值是不变的，如表 8.2 所示。因为对这类信号，频率不会改变其幅值概率密度函数，振幅的变化对这些计算式中分子和分母的影响相同，其比值就可以消除振幅的影响。

表 8.2　典型信号的无量纲幅域参数

参数\信号	波形指标 (S_f)	峰值指标 (C_f)	脉冲指标 (I_f)	裕度指标 (CL_f)	斜度指标 (SK_f)	峭度指标 (K_v)
正弦波	1.11	1.41	1.57	1.73	0	1.50
三角波	1.15	1.73	2.00	2.25	1.30	1.80

3. 幅域参数分析的应用

信号的幅域参数计算简单，在故障诊断中对机械状态的变化有一定的敏感性。根据实际工作经验，常用于机械状态监测与诊断的幅域参数及其敏感性和稳定性比较如表 8.3 所示。

以上参数中，均方根值 X_{rms} 与信号的能量关系密切，它反映了设备整体振动的强弱，并且受振动频率成分变化的影响较小，稳定性较好。在国际标准中，如 ISO 2372—1974 和 ISO 3945—1985（见表 8.4），通常选用振动烈度（振动

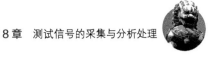

速度的均方根值）作为评定机械振动等级的标准。

表 8.3　幅域参数对故障的敏感性和稳定性比较

幅域参数	敏感性	稳定性	幅域参数	敏感性	稳定性
峰–峰值 (X_{P-P})	好	差	脉冲指标 (I_f)	较好	一般
均方根值 (X_{rms})	较差	较好	裕度指标 (CL_f)	好	一般
波形指标(S_f)	差	好	斜度指标(SK_f)	一般	一般
峰值指标(C_f)	一般	一般	峭度指标(K_v)	好	差

表 8.4　ISO 3945—1985

振动烈度		支承类型	
V_{rms}/（mm·s⁻¹）	V_{rms}/（in·s⁻¹）	刚性支承	柔性支承
0.45	0.018	良好	良好
0.71	0.028	满意	良好
1.12	0.044	满意	良好
1.8	0.071	满意	满意
2.8	0.11	不满意	满意
4.6	0.18	不满意	满意
7.1	0.28	不满意	不满意
11.2	0.44	不合格	不满意
18.0	0.71	不合格	不满意
28.0	1.10	不合格	不合格
45.0	1.77	不合格	不合格
71.0	2.80	不合格	不合格

8.3　测试信号的时域分析

时域分析是信号分析中一种基本而又常用的方法，其最重要的特点是观察信号的取值随时间变化的情况。在信号的幅域分析中，虽然各种幅域参数可以用样本数据来计算，但其取值对应的时间信息不起作用。因为数据是任意排列

的，所以计算的结果是一样的。本节主要介绍时域波形分析和相关分析等方法。

8.3.1　波形分析

　　常见的测试信号一般是时间波形的形式。时间波形具有直观、易于理解、信息量大等优点。对于一些波形简单或具有明显特征的信号，可以通过时域波形分析发现一些信息，但对复杂信号就不太容易看出所包含的信息。

　　图 8.18（a）所示为某型坦克变速箱箱体正常状态振动信号，图 8.18（b）所示为断齿时变速箱箱体振动信号。通过对比不难看出，变速箱存在断齿故障时，振动信号存在周期性较大幅值的冲击。经计算该冲击频率与断齿齿轮的公转频率相同。也就是说，断齿齿轮每转一周较大幅值的冲击会出现一次。由此可以断定，这种周期性冲击信号是由齿轮啮合过程的冲击振动引起的。

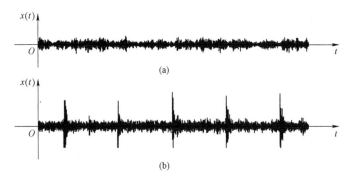

图 8.18　变速箱箱体断齿前后的振动信号
（a）断齿前；（b）断齿后

8.3.2　相关分析

　　由概率统计理论可知，相关是用来描述一个随机过程自身在不同时刻的状态间或者两个随机过程在某个时刻状态间线性依从关系的重要统计量。在信号处理中应用相关分析就是要研究两个信号的相关性，或某信号经过一段延迟后与自身的相关性，以实现信号的检测、提取与识别等，故相关分析又称时差域分析。

1. 相关函数的定义

　　定义

$$R_{xy}(\tau) = \int_{-\infty}^{\infty} x(t)y(t+\tau)dt \tag{8.45}$$

为信号 $x(t)$ 和 $y(t)$ 的互相关函数。该式表明 $R_{xy}(\tau)$ 在 τ 时刻的值等于 $x(t)$ 不动，

将 $y(t)$ 移位 τ 后两个信号相乘再积分的结果。

如果 $x(t)=y(t)$，上面互相关函数就变成自相关函数，即

$$R_x(\tau) = \int_{-\infty}^{\infty} |x(t)x(t+\tau)\mathrm{d}t \tag{8.46}$$

自相关函数 $R_x(\tau)$ 反映了信号 $x(t)$ 和其自身做了一段移位后 $x(t+\tau)$ 的相似程度。

由式（8.46）可知，当 $\tau=0$ 时，$R_x(0)=\int_{-\infty}^{\infty}|x(t)|^2\,\mathrm{d}t$，即 $R_x(0)$ 等于信号 $x(t)$ 自身的能量。如果 $x(t)$ 不是能量信号，$R_x(0)$ 将趋于无穷大。为此，功率信号的相关函数定义为

$$R_{xy}(\tau) = \lim_{T\to\infty} \frac{1}{T} \int_{-T/2}^{T/2} x(t)y(t+\tau)\mathrm{d}t \tag{8.47}$$

$$R_x(\tau) = \lim_{T\to\infty} \frac{1}{T} \int_{-T/2}^{T/2} x(t)x(t+\tau)\mathrm{d}t \tag{8.48}$$

上述相关函数的定义都是针对实信号的。如果信号 $x(t)$、$y(t)$ 是复信号，那么相关函数也是复值的。此时复能量信号的相关函数定义为

$$R_{xy}(\tau) = \int_{-\infty}^{\infty} x^*(t)y(t+\tau)\mathrm{d}t \tag{8.49}$$

复功率信号的相关函数定义为

$$R_{xy}(\tau) = \lim_{T\to\infty} \frac{1}{T} \int_{-T/2}^{T/2} x^*(t)y(t+\tau)\mathrm{d}t \tag{8.50}$$

如果采用 $x(t)$、$y(t)$ 的互协方差函数来定义相关系数

$$\rho_{xy}(\tau) = \frac{E\{[x(t)-u_x][y(t+\tau)-u_y]\}}{\sqrt{E\{[x(t)-u_x]^2\}}\sqrt{E\{[y(t)-u_y]^2\}}} \tag{8.51}$$

则互相关系数和自相关系数分别定义为

$$\rho_{xy}(\tau) = \frac{R_{xy}(\tau)-\mu_x\mu_y}{\sigma_x\sigma_y} \tag{8.52}$$

$$\rho_x(\tau) = \frac{R_x(\tau)-\mu_x^2}{\sigma_x^2} \tag{8.53}$$

式中，μ_x、μ_y 分别为 $x(t)$、$y(t)$ 的均值；σ_x、σ_y 分别为 $x(t)$、$y(t)$ 的标准差。

2. 相关函数的性质

自相关函数 $R_x(\tau)$ 和互相关数 $R_{xy}(\tau)$ 的主要性质有：

① 根据定义，若 $x(t)$ 是实信号，则自相关函数 $R_x(\tau)$ 为实偶函数，即 $R_x(-\tau)=R_x(\tau)$；若 $x(t)$ 是复信号，则 $R_x(\tau)$ 满足 $R_x(\tau)=R_x^*(-\tau)$。互相关函数 $R_{xy}(\tau)$ 通常不是自变量 τ 的偶函数，也不是奇函数，但有 $R_{xy}(-\tau)=R_{yx}(\tau)$。

② 自相关函数 $R_x(\tau)$ 总是在 $\tau=0$ 时取得最大值，即 $R_x(0) \geq R_x(\tau)$，并且

$R_x(0) = \mu_x^2 + \sigma_x^2$，而互相关函数的最大值一般不在 $\tau = 0$ 处。

③ 在整个时移域 $(-\infty < \tau < \infty)$ 内，自相关函数的取值范围为 $\mu_x^2 - \sigma_x^2 \leqslant R_x(\tau) \leqslant \mu_x^2 + \sigma_x^2$，互相关函数的取值范围为 $\mu_x\mu_y - \sigma_x\sigma_y \leqslant R_{xy}(\tau) \leqslant \mu_x\mu_y + \sigma_x\sigma_y$。

④ 当 $\tau \to \infty$ 时，自相关函数 $R_x(\tau) \to \mu_x^2$，互相关函数 $R_{xy}(\tau) \to \mu_x\mu_y$。这是因为当 $\tau \to \infty$ 时，信号 $x(t)$ 的自相关性以及 $x(t)$ 和 $y(t)$ 的互相关性不断变差，自相关系数 $\lim_{\tau \to \infty} \rho_x(\tau) = 0$，互相关系数 $\lim_{\tau \to \infty} \rho_{xy}(\tau) = 0$。对于能量信号，其均值一定为零，因此，若 $x(t)$ 和 $y(t)$ 都是能量信号，则 $\lim_{\tau \to \infty} R_x(\tau) = 0$，$\lim_{\tau \to \infty} R_{xy}(\tau) = 0$。

⑤ 互相关函数 $R_{xy}(\tau)$ 满足 $|R_{xy}(\tau)| \leqslant \sqrt{R_x(0)R_y(0)}$。

证明：由施瓦兹（Schwartz）不等式直接可得：

$$|R_{xy}(\tau)| = \left| \int_{-\infty}^{\infty} x(t)y(t+\tau)\mathrm{d}t \right| \leqslant \sqrt{\int_{-\infty}^{\infty} x^2(t)\mathrm{d}t \int_{-\infty}^{\infty} y^2(t)\mathrm{d}t} = \sqrt{R_x(0)R_y(0)}$$

⑥ 周期函数的自相关函数仍为周期函数，且与原信号的频率相同。如果两信号 $x(t)$ 和 $y(t)$ 具有相同的频率成分，则它们的互相关函数中即使 $\tau \to \infty$，也会出现该频率的周期成分，因而不收敛。

典型的自相关函数和互相关函数曲线及其有关性质如图 8.19（a）、（b）所示。

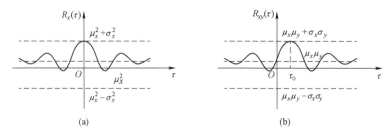

图 8.19　典型的自相关函数和互相关函数曲线

3. 相关函数的估计

离散信号 $x(n)$ 和 $y(n)$ 相关函数的表达式为

$$R_{xy}(m) = \sum_{n=-\infty}^{\infty} x(n)y(n+m) \tag{8.54}$$

由于测试信号总是有限长的，对于离散数据 $x(n)$、$y(n)$，$n = 0, 1, \cdots, N-1$，实际的计算式常写为

$$R_{xy}(m) = \frac{1}{N} \sum_{n=0}^{N-1-|m|} x(n)y(n+m) \tag{8.55}$$

式中，m 的范围是 $-(N-1) \sim (N-1)$，通常仅计算 $0 \sim (N-1)$ 部分。显然 m 越大，使用的信号有效长度越短，估计出的 $R_{xy}(m)$ 就越差。因此，一般取 $m \ll N$。另外，不管 $x(n)$、$y(n)$ 是能量信号还是功率信号，一般都要除以数据的长度 N；为了保证无偏估计，也可除以 $N-|m|$。

除了利用直接法进行相关函数的估计外，也可以先利用傅里叶变换估计出信号的功率谱，然后再进行逆傅里叶变换进行间接估计。

4. 相关分析的应用

相关分析主要是应用相关函数的性质，解决工程中的一些实际问题。互相关函数比自相关函数包含的信息更多，用途也更广泛，主要包括以下几方面。

1）不同类别信号的辨识

工程中常会遇到各种不同类别的信号，利用自相关函数可以对信号的类别加以辨识。图 8.20 给出了几种典型信号的自相关函数的波形。图 8.20（a）为一正弦信号，其自相关函数为一余弦函数，不衰减；图 8.20（b）为周期信号与随机噪声叠加的波形，其自相关函数一部分是不衰减的周期信号，一部分是随机噪声所确定的衰减部分，而衰减的速度取决于信号的信噪比；图 8.20（c）为窄带随机信号，它的自相关函数衰减较慢；图 8.20（d）为宽带随机信号，其自相关函数衰减很快。

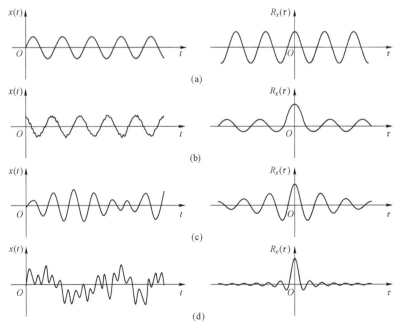

图 8.20　常见信号的自相关函数曲线

利用信号的自相关函数来区分其类别这一点在工程应用中有着重要的意义。例如，在分析汽车驾驶座位置上的振动信号时，利用自相关分析来检测该信号中是否含有某种周期成分（比如由发动机工作所产生的周期振动信号），从而可进一步改进座椅的结构设计来消除这种周期性振动的影响，达到改善舒适度的目的。

2）相关测速和测距

利用互相关函数测量物体运动或信号传播的速度和距离，工程上常用两个间隔一定距离的传感器 A 和 B 来不接触测量运动物体的速度。具体做法是利用两个光电信号传感器，在固定距离 L 上测得物体运动的两个信号 $x(t)$ 和 $y(t)$，经互相关处理得到相关函数 $R_{xy}(\tau)$。根据峰值的滞后时间 τ_0，即可求得运动速度 $v = L / \tau_0$。测量原理如图 8.21（a）所示，测得波形如图 8.21（b）所示。由于这种方法可实现非接触测量，故适合于轧制钢带、炮弹、汽车等的运动速度测量。

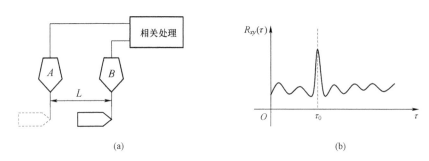

图 8.21　相关测速的基本原理

3）传递通道的确定

相关分析方法可以应用于剧场音响传递通道的分析和音响效果的完善，以及复杂机器振动传递途径和振源的判别等。

图 8.22（a）所示为汽车座椅振动传递途径的识别示意图。在发动机、座椅、后桥放置 3 个加速度传感器 A、B、C，将测得的测点 B 与 C 和 B 与 A 振动信号进行相关分析，如图 8.22（b）、（c）所示。可以看到，发动机与座椅的相关性差，而后桥与座椅的相关性较大，可以认为座椅的振动主要是由汽车后桥的振动引起的。

相关分析除了以上具体应用之外，还应用于噪声中信号的检测、系统传输滞后时间的测定以及功率谱估计等其他方面。

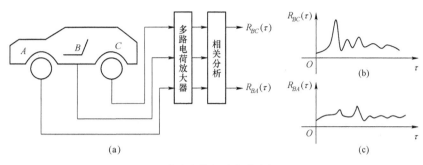

图 8.22　汽车座椅振动传递途径的识别

| 8.4　测试信号的频域分析 |

信号的时域描述是时间历程的自然记录，频域描述则反映了信号的频谱结构。这两种描述是相互对应的，其包含的信息内容也是等价的。我们知道，傅里叶变换是一种常用的数学方法，在信号处理与分析中具有重要的地位，原因就在于它为我们提供了将信号在时域与频域之间相互转换的有效手段。基于傅里叶变换的经典频域分析方法，包括幅值谱、自功率谱、互功率谱、传递函数和相干函数等。这些分析方法长期以来一直是信号分析者使用的有效工具。这里主要介绍自功率谱、互功率谱和相干函数 3 种方法。

8.4.1　自功率谱

1. 自功率谱密度函数的定义

对于零均值随机信号 $x(t)$ 的自相关函数 $R_x(\tau)$，当 $|\tau| \to \infty$ 时，自相关函数 $R_x(\tau) \to 0$。这样自相关函数 $R_x(\tau)$ 满足傅里叶变换的条件，由维纳–辛钦（Wiener—Khinchine）定理可知，$x(t)$ 的自功率谱密度的函数 $S_x(f)$ 定义为

$$S_x(f) = \int_{-\infty}^{\infty} R_x(\tau) e^{-j2\pi f\tau} d\tau \qquad (8.56)$$

其逆变换为

$$R_x(\tau) = \int_{-\infty}^{\infty} S_x(f) e^{j2\pi f\tau} df \qquad (8.57)$$

由于 $R_x(\tau)$ 为偶函数，所以

$$S_x(f) = \int_{-\infty}^{\infty} R_x(\tau)\cos(2\pi f \tau)\mathrm{d}\tau \qquad (8.58)$$

因此，自功率谱密度为实偶函数，故有

$$S_x(-f) = S_x(f) \qquad (8.59)$$

式（8.56）定义在 $(-\infty, \infty)$ 范围内，但负频率在工程上无实际意义，因此可用 $(0, \infty)$ 频率范围来表示信号的全部功率谱，即

$$G_x(f) = \begin{cases} 2S_x(f) & f \geqslant 0 \\ 0 & f < 0 \end{cases} \qquad (8.60)$$

通常把 $S_x(f)$ 称为双边功率谱，$G_x(f)$ 称为单边功率谱。

2. 自功率谱密度函数的物理意义

根据功率信号相关函数的定义，有

$$R_x(\tau) = \lim_{T \to \infty} \frac{1}{T}\int_{-T/2}^{T/2} x(t)x(t+\tau)\,\mathrm{d}t \qquad (8.61)$$

当 $\tau = 0$ 时，有

$$R_x(0) = \lim_{T \to \infty} \frac{1}{T}\int_{-T/2}^{T/2} |x(t)|^2\mathrm{d}t \qquad (8.62)$$

上式表明，$R_x(0)$ 为信号的功率。

在式（8.57）中，令 $\tau = 0$，则

$$R_x(0) = \int_{-\infty}^{\infty} S_x(f)\mathrm{e}^{\mathrm{j}2\pi f \cdot 0}\mathrm{d}f = \int_{-\infty}^{\infty} S_x(f)\mathrm{d}f \qquad (8.63)$$

比较式（8.62）和式（8.63），即可得

$$\int_{-\infty}^{\infty} S_x(f)\mathrm{d}f = \lim_{T \to \infty} \frac{1}{T}\int_{-T/2}^{T/2} |x(t)|^2\mathrm{d}t \qquad (8.64)$$

式（8.64）表明，$S_x(f)$ 在频率轴上的积分，也就是曲线下的面积等于信号的功率。如图 8.23 所示，这一总功率是由无数在不同频率上的功率元 $S_x(f)\mathrm{d}f$ 组成的，因此 $S_x(f)$ 反映了信号的功率沿频率轴的分布情况，故又称 $S_x(f)$ 为功率谱密度函数。

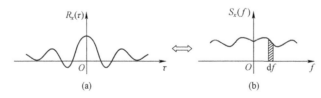

图 8.23　自功率谱的图形解释

下面说明自功率谱密度函数 $S_x(f)$ 和 $X(f)$ 之间的关系。根据能量守恒定律可知

$$\int_{-\infty}^{\infty} |x(t)|^2 \, \mathrm{d}t = \int_{-\infty}^{\infty} |X(f)|^2 \, \mathrm{d}f \qquad (8.65)$$

上式两边同乘以 $1/T$，并对 T 取极限，则有

$$\lim_{T\to\infty} \frac{1}{T} \int_{-\infty}^{\infty} |x(t)|^2 \, \mathrm{d}t = \lim_{T\to\infty} \frac{1}{T} \int_{-\infty}^{\infty} |X(f)|^2 \, \mathrm{d}f = \int_{-\infty}^{\infty} \lim_{T\to\infty} \frac{1}{T} |X(f)|^2 \, \mathrm{d}f$$

由式（8.64）可见

$$\int_{-\infty}^{\infty} S_x(f)\mathrm{d}f = \int_{-\infty}^{\infty} \lim_{T\to\infty} \frac{1}{T} |X(f)|^2 \, \mathrm{d}f \qquad (8.66)$$

由 $X(f)$ 的任意性，可得

$$S_x(f) = \lim_{T\to\infty} \frac{1}{T} |X(f)|^2 \qquad (8.67)$$

3. 自功率谱的计算

利用数字方法计算信号自功率谱主要有间接法和直接法两种。间接法又称自相关法，这种方法是先由 $x(n)$ 估计出自相关函数 $R_x(m)$，然后对自相关函数进行傅里叶变换得到功率谱。直接法又称周期图法，它是从信号中取 N 点观察数据 $x(n)$，直接对 $x(n)$ 进行傅里叶变换，得 $X(k)$，然后取其幅值的平方并除以 N 作为 $x(n)$ 的功率谱估计。直接法谱估计的公式为：

双边谱估计　　　　　　　$$S_x(k) = \frac{1}{N} |X(k)|^2 \qquad (8.68)$$

单边谱估计　　　　　　　$$G_x(k) = \frac{2}{N} |X(k)|^2 \qquad (8.69)$$

直接法估计出的谱与间接法估计出的谱相比，后者要平滑、方差小、分辨率低，但偏差大，同时当数据段 $x(n)$ 的长度 N 较大时，后者的计算量也会明显增加。因此，自 FFT 出现之后，前者不用计算信号的自相关函数，计算效率较高，成为经典谱估计的一个常用方法。

直接法估计出的谱的性能与数据长度 N 有较大关系，当 N 太大时，谱曲线的起伏加剧，当 N 太小时，谱的分辨率下降。为了对其方差特性进行改进，不少学者提出了多种措施，平均法就是其中的一种。它的主要思想是把一较长的数据进行分段，分别求出每一段的功率谱后加以平均，具体算法有 Bartlett 法、Welch 法和 Nuttall 法等。

4. 自功率谱的应用

自功率谱密度 $S_x(f)$ 反映了信号的频域结构，这一点和幅值谱 $A(f)$ 相似，但 $S_x(f)$ 所反映的是信号频谱幅值的平方，能够突出幅值较大的频率成分。当然，为了突出幅值较小的频率成分，也可以使用对数坐标。图 8.24（a）为实测某型坦克发动机转速在 1 000 r/min 时的排气噪声信号，图 8.24（b）为排气噪声信号的幅值谱，图 8.24（c）为排气噪声信号的自功率谱。

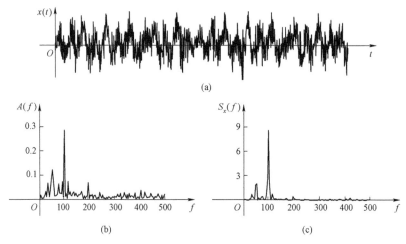

图 8.24　发动机噪声信号、其幅值谱和自功率谱
（a）排气噪声信号；（b）幅值谱；（c）自功率谱

8.4.2　互功率谱

1. 互功率谱密度函数的定义

如果信号 $x(t)$ 和 $y(t)$ 的互相关函数 $R_{xy}(\tau)$ 满足傅里叶变换的条件，则二者互功率谱密度函数 $S_{xy}(f)$ 定义为

$$S_{xy}(f) = \int_{-\infty}^{\infty} R_{xy}(\tau) \mathrm{e}^{-\mathrm{j}2\pi f \tau} \mathrm{d}\tau \tag{8.70}$$

其逆变换为

$$R_{xy}(\tau) = \int_{-\infty}^{\infty} S_{xy}(f) \mathrm{e}^{\mathrm{j}2\pi f \tau} \mathrm{d}f \tag{8.71}$$

互功率谱密度函数 $S_{xy}(f)$ 一般是复数，可以写成

$$S_{xy}(f) = |S_{xy}(f)| \mathrm{e}^{\mathrm{j}\phi_{xy}(f)} \tag{8.72}$$

式中，

$$|S_{xy}(f)| = \sqrt{[\operatorname{Re} S_{xy}(f)]^2 + [\operatorname{Im} S_{xy}(f)]^2} \qquad (8.73)$$

$$\varphi_{xy}(f) = \arctan \frac{\operatorname{Im} S_{xy}(f)}{\operatorname{Re} S_{xy}(f)} \qquad (8.74)$$

下面说明互功率谱密度函数 $S_{xy}(f)$ 和 $X(f)$、$Y(f)$ 之间的关系：

$$R_{xy}(0) = \int_{-\infty}^{\infty} S_{xy}(f)\mathrm{d}f = \lim_{T\to\infty} \frac{1}{T} \int_{-T/2}^{T/2} x(t)y(t)\mathrm{d}t = \lim_{T\to\infty} \frac{1}{T} \int_{-T/2}^{T/2} x(t) \left[\int_{-\infty}^{\infty} Y(f)\mathrm{e}^{\mathrm{j}2\pi ft}\mathrm{d}f \right]\mathrm{d}t$$

$$= \int_{-\infty}^{\infty} Y(f) \left[\lim_{T\to\infty} \frac{1}{T} \int_{-T/2}^{T/2} x(t)\mathrm{e}^{\mathrm{j}2\pi ft}\mathrm{d}t \right]\mathrm{d}f = \int_{-\infty}^{\infty} \lim_{T\to\infty} \frac{1}{T} X^*(f)Y(f)\mathrm{d}f$$

由 $X(f)$、$Y(f)$ 的任意性，可得

$$S_{xy}(f) = \lim_{T\to\infty} \frac{1}{T} X^*(f)Y(f) \qquad (8.75)$$

同理

$$S_{yx}(f) = \lim_{T\to\infty} \frac{1}{T} Y^*(f)X(f) \qquad (8.76)$$

$R_{xy}(\tau)$ 并非偶函数，因此 $S_{xy}(f)$ 通常不是 f 的实函数，因为 $R_{xy}(\tau) = R_{yx}(-\tau)$，所以 $S_{xy}(f)$ 和 $S_{yx}(f)$ 互为共轭，即 $S_{xy}(f) = S_{yx}^*(f)$，故 $S_{xy}(f)$ 与 $S_{yx}(f)$ 之和为实函数。如果仅考虑频率 f 在 $[0, \infty)$ 范围内的变化，则可以用单边互功率谱密度函数 $G_{xy}(f) = 2S_{xy}(f)$ 表示全部功率谱。

2. 互功率谱密度函数的计算

信号 $x(n)$、$y(n)$ 的互功率谱密度函数的计算可以先计算互相关函数 $R_{xy}(m)$，然后对互相关函数进行傅里叶变换得到互功率谱，也可以直接对 $x(n)$、$y(n)$ 进行离散傅里叶变换，得到 $X(k)$、$Y(k)$，然后按下式进行计算：

$$S_{xy}(k) = \frac{1}{N} X^*(k)Y(k) \qquad (8.77)$$

$$S_{yx}(k) = \frac{1}{N} Y^*(k)X(k) \qquad (8.78)$$

3. 互功率谱密度函数的应用

互功率谱的一个典型应用是求系统的频响函数，有关频响函数的概念已在测试系统的动态特性中详细叙述，这里仅给出频响函数的计算方法。

对于一个线性系统，其输出 $y(t)$ 为输入 $x(t)$ 和系统的单位冲激响应函数 $h(t)$ 的卷积，即

$$y(t) = x(t) * h(t) \qquad (8.79)$$

由时域卷积定理可知，在频域有

$$Y(f) = H(f)X(f) \qquad (8.80)$$

式中，$H(f)$ 为系统的频响函数。

频响函数反映了系统的一种传输特性，它是系统的一种固有属性，利用频响函数可以检测系统的内部状态的变化。

式（8.80）两边同乘以 $Y^*(f)$，有 $Y(f)Y^*(f) = H(f)X(f)H^*(f)X^*(f)$，即

$$S_y(f) = |H(f)|^2 S_x(f) \qquad (8.81)$$

由于 $S_y(f)$ 和 $S_x(f)$ 都是实偶函数，因此无法得到系统的相频信息。

如果在式（8.80）两边同乘以 $X^*(f)$，则有 $Y(f)X^*(f) = H(f)X(f)X^*(f)$，进而有

$$S_{xy}(f) = H(f)S_x(f) \qquad (8.82)$$

由于 $S_x(f)$ 为实偶函数，因此频响函数的相位变化完全取决于互谱密度函数相位的变化，完全保留了输入、输出的相位关系，且输入信号并不一定限制为确定性信号，也可以是随机信号。通常一个测试系统往往受到内部和外部噪声的干扰，从而输入也会带入干扰。但输入信号和噪声是独立无关的，因此它们的互相关为零。这一点说明，在用互谱和自谱求取系统的频响函数时不会受到系统干扰的影响。

8.4.3　相干函数

若信号 $x(t)$ 和 $y(t)$ 的自谱分别为 $S_x(f)$、$S_y(f)$，互谱为 $S_{xy}(f)$，与互相关函数的不等式类似，互谱也有下列不等式成立：

$$|S_{xy}(f)|^2 \leqslant S_x(f)S_y(f) \qquad (8.83)$$

根据上述不等式，定义

$$\gamma_{xy}^2(f) = \frac{|S_{xy}(f)|^2}{S_x(f)S_y(f)} = \frac{|G_{xy}(f)|^2}{G_x(f)G_y(f)} \qquad (8.84)$$

为 $x(t)$ 和 $y(t)$ 的相干函数。$\gamma_{xy}^2(f)$ 为一个量纲为 1 的系数，取值范围为 $0 \leqslant \gamma_{xy}^2(f) \leqslant 1$。

相干函数 $\gamma_{xy}^2(f)$ 是频率函数，是相关性在频域中的一种表示。若在某些频率上 $\gamma_{xy}^2(f) = 1$，则表示 $x(t)$ 和 $y(t)$ 在这些频率上是完全相干的；若在某些频率上 $\gamma_{xy}^2(f) = 0$，则表示 $x(t)$ 和 $y(t)$ 在这些频率上是完全不相干（不凝聚）的。事实上，若 $x(t)$ 和 $y(t)$ 是统计独立的，则对所有的频率 $\gamma_{xy}^2(f) = 0$。

相干函数是在频域内鉴别两个信号相关程度的重要指标，可以用它进行系

统输入信号和输出信号之间的因果性检验，以及鉴别不同响应信号之间的关联性。图 8.25 所示为船用柴油机机油润滑泵的油压与油压管道振动两信号间的相干分析。润滑油泵转速为 781 r/min，油泵齿轮的齿数为 $z = 14$，所以油压脉动的基频是

$$f_0 = \frac{nz}{60} = 182.24 \text{ Hz} \tag{8.85}$$

所测得油压脉动信号 $x(t)$ 的功率谱 $S_x(f)$ 如图 8.25（a）所示，它除了包含基频谱线外，还存在二、三、四次甚至更高的谐波谱线。此时在油压管道上测得的振动信号 $y(t)$ 的功率谱 $S_y(f)$ 如图 8.25（b）所示。将 $x(t)$ 和 $y(t)$ 作相干分析，得到图 8.25（c）所示曲线。由相干函数图可见，当 $f = f_0$ 时，$\gamma_{xy}(f) \approx 0.9$；当 $f = 2f_0$ 时，$\gamma_{xy}(f) \approx 0.37$；当 $f = 3f_0$ 时，$\gamma_{xy}(f) \approx 0.8$；当 $f = 4f_0$ 时，$\gamma_{xy}(f) \approx 0.75$；……。可见，由于油压脉动引起各谐波所对应的相干函数值都比较大，而在非谐波的频率上相干函数值很小。因此可以确定，油管的振动主要是由油压的脉动引起的。

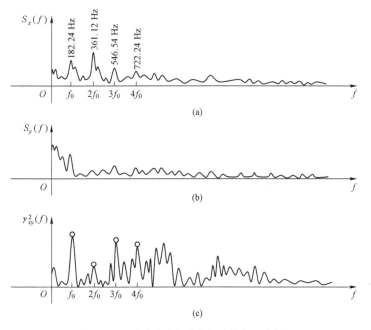

图 8.25 油压脉动与油管振动的相干分析

8.4.4 三维谱阵图

对于旋转机械，转子的转速或其他过程参数在变化过程中，转子的振动呈

动态变化，许多情况下需要连续观察并对比这种变化，因此将转子振动信号的频谱随转速或其他过程参数的变化过程表示在一个谱阵中，称为三维谱阵图。常用的谱阵图有三维转速谱阵图和三维时间谱阵图。

1. 三维转速谱阵图

当转子升、降速时，各转速下都对应有反映转子频域特性的频谱图，将这些谱图按转速大小顺序排列，组成了一个横轴为频率、纵轴为转速、垂直轴为谱幅度的三维谱阵图，称为"级联图""瀑布图"。它可以描述频谱随转速的变化情况，谱阵上有的峰值呈一条斜线，这是与转速成正比的频率成分，有的峰值形成与频率轴垂直的直线，这些频率与转速无关，代表系统的固有频率。图 8.26（a）、（b）所示为某型坦克传动箱输入轴转速从 800 r/min 升到 1 800 r/min 时振动信号时域波形及其转速谱阵。

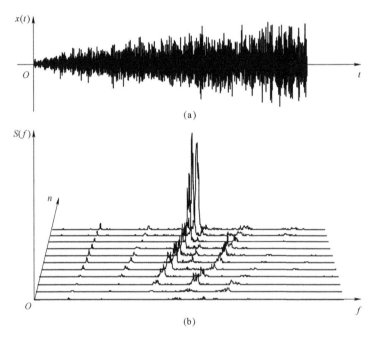

图 8.26　三维转速谱阵图的应用实例

转速谱阵表示出了机械整个运转范围内的振动特征，从而可反映设备在各转速下、各频率处的工作状况，可进一步判别出设备是否有问题。

2. 三维时间谱阵图

机械正常运行时，不同时段的振动信号也对应有反映转子频域特性的频谱图，如果将这些谱图按时间顺序排列，同样可以组成一个横轴为频率、纵轴为时间、垂直轴为谱幅度的三维谱阵图，称为三维时间谱阵。它描述的是频谱随时间的变化。图 8.27（a）、（b）所示为某型坦克发动机原位空挡条件下，在600 r/min 时，猛踩油门踏板到底，然后松开踏板，发动机自动熄火过程的振动信号时域波形及其时间谱阵。

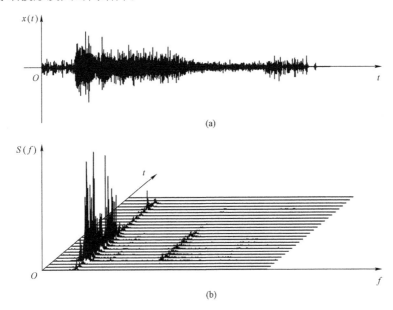

图 8.27　三维时间谱阵图的应用实例

8.5　测试信号的解调分析

　　在机械运行过程中产生的振动信号往往表现为调制形式。为了提取信号的包络特征，以及实现瞬时频率的检测，往往需要对调制信号进行解调处理。因此，解调分析就成为一种常用信号分析方法。包络解调的方法大致有 5 种：绝对值算子解调法、线性算子解调法、平均算子解调法、Hilbert 算子解调法和能量算子解调法。其中，Hilbert 变换解调方法应用较多，而时延解调分析能量算子是 Teager 在研究非线性语音建模时引入的一个数学算法，用于分析和跟踪窄带信号的能量。近年来，许多学者将其应用于调幅和调频信号的解调分析，取得了不错的应用效果。

8.5.1 Hilbert 变换解调法

1. Hilbert 变换的定义

连续时间信号 $x(t)$ 的 Hilbert 变换定义为 $x(t)$ 与 $1/(\pi t)$ 的卷积，即

$$\hat{x}(t) = x(t) * \frac{1}{\pi t} = \frac{1}{\pi} \int_{-\infty}^{\infty} \frac{x(\tau)}{t - \tau} \mathrm{d}\tau \qquad (8.86)$$

由线性系统的输入、输出和系统特性之间的关系可知，$\hat{x}(t)$ 可被看作 $x(t)$ 通过一个单位脉冲响应为 $h(t) = 1/(\pi t)$ 滤波器的输出。

符号函数 $\text{sgn}(t)$ 的傅里叶变换为 $-2\mathrm{j}/\omega$，$-\mathrm{j}\text{sgn}(t)$ 的傅里叶变换为 $-2/\omega$，根据傅里叶变换的对偶特性 $X(\pm t) \leftrightarrow 2\pi x(\mp \omega)$ 可知，$h(t) = 1/(\pi t)$ 的傅里叶变换是 $-\mathrm{j}\text{sgn}(\omega)$。因此，Hilbert 变换器的频率响应为

$$H(\mathrm{j}\omega) = -\mathrm{j}\text{sgn}(\omega) = \begin{cases} -\mathrm{j}, & \omega > 0 \\ \mathrm{j}, & \omega < 0 \end{cases} \qquad (8.87)$$

其幅频特性和相频特性分别为

$$A(\omega) = |H(\mathrm{j}\omega)| = 1 \qquad (8.88)$$

$$\varphi(\omega) = \begin{cases} -\pi/2, & \omega > 0 \\ \pi/2, & \omega < 0 \end{cases} \qquad (8.89)$$

可见，Hilbert 变换器是幅频特性为 1 的全通滤波器。信号 $x(t)$ 通过 Hilbert 变换器后，所有频率成分均不衰减，但负频率成分作 +90° 相移，而正频率成分作 −90° 相移。

2. Hilbert 变换分离算法

信号可以广义地分为单分量信号和多分量信号两大类。单分量信号在任意时刻只有一个频率，该频率称为其瞬时频率。多分量信号则在某些时刻具有各自的瞬时频率。具有时变幅值 $a(t)$ 和时变相位 $\phi(t)$ 的信号称为调幅和调频信号（AM–FM 信号），其一般表达式为

$$x(t) = a(t)\cos[\phi(t)] \qquad (8.90)$$

式中，$a(t)$ 为 $x(t)$ 的瞬时幅值；$\phi(t)$ 为 $x(t)$ 的瞬时相位。

对 $\phi(t)$ 求导即 Ville 给出的瞬时频率的定义

$$\omega(t) = \frac{\mathrm{d}\phi(t)}{\mathrm{d}t} = 2\pi f(t) \qquad (8.91)$$

以 $x(t)$ 为实部，以 $\hat{x}(t)$ 为虚部，构造解析信号

$$z(t) = x(t) + \mathrm{j}\hat{x}(t) = r(t)\mathrm{e}^{\mathrm{j}\theta(t)} \qquad (8.92)$$

式中，

$$r(t) = |z(t)| = \sqrt{x^2(t) + \hat{x}^2(t)} \qquad (8.93)$$

$$\theta(t) = \arg[z(t)] = \arctan\frac{\hat{x}(t)}{x(t)} \qquad (8.94)$$

$z(t)$ 的模 $r(t)$ 和相位 $\theta(t)$ 的微分可认为是信号 $x(t)$ 的瞬时幅值的绝对值 $|a(t)|$ 和瞬时相位 $\theta(t)$ 的估计量。因为 $r(t) \geqslant |a(t)|$，故 $r(t)$ 又称为 $x(t)$ 的包络。瞬时频率的估计值也可以改写为

$$f(t) = \frac{1}{2\pi}\frac{\mathrm{d}}{\mathrm{d}t}\theta(t) = \frac{1}{2\pi}\frac{x(t)\dot{\hat{x}}(t) - \hat{x}(t)\dot{x}(t)}{x^2(t) + \hat{x}^2(t)} \qquad (8.95)$$

N 点离散信号 $x(n)$ 的 Hilbert 变换及其瞬时幅值和瞬时频率可按如下方法求出：

① 计算 $x(n)$ 的离散傅里叶变换（DFT），得到 $X(k)$ $(k = 0,1,\cdots,N-1)$。

② 令 $Z(k) = \begin{cases} X(k), & k = 0, N/2 \\ 2X(k), & k = 1, 2, \cdots, N/2-1 \\ 0, & k = N/2+1, N/2+2, \cdots, N-1 \end{cases}$。

③ 对 $Z(k)$ 作逆离散傅里叶变换（IDFT），得到解析信号 $z(n)$，$z(n)$ 的实部为 $x(n)$，虚部为 $\hat{x}(n)$。

④ $x(n)$ 的包络为

$$|a(n)| = \sqrt{x^2(n) + \hat{x}^2(n)}$$

⑤ 用二阶中心差商代替导数，得到归一化的瞬时频率为

$$f(n) = \frac{1}{4\pi}\frac{x(n)[\hat{x}(n+1) - \hat{x}(n-1)]}{x^2(n) + \hat{x}^2(n)} - \frac{1}{4\pi}\frac{\hat{x}(n)[x(n+1) - x(n-1)]}{x^2(n) + \hat{x}^2(n)}$$

以上就是 Hilbert 变换分离算法（Hilbert Transform Separation Algorithm，HTSA）的基本原理和实现方法。

8.5.2　Teager 能量算子解调法

1. 连续信号 Teager 能量算子解调法

连续时间信号 $x(t)$ 的能量算子定义为

$$\psi_c[x(t)] = [\dot{x}(t)]^2 - x(t)\ddot{x}(t) \qquad (8.96)$$

该算子可实现对任意 AM–FM 信号调幅和调频信息检测，以及瞬时幅值和瞬时

频率有效分离。对式（8.96）求导，得

$$\dot{x}(t) = \dot{a}(t)\cos[\phi(t)] - a(t)\sin[\phi(t)]\dot{\phi}(t)$$

再次求导，得

$$\ddot{x}(t) = \ddot{a}(t)\cos[\phi(t)] - 2\dot{a}(t)\sin[\phi(t)]\dot{\phi}(t) - a(t)\cos[\phi(t)][\dot{\phi}(t)]^2 - a(t)\sin[\phi(t)]\ddot{\phi}(t)$$

将 $\dot{x}(t)$ 和 $\ddot{x}(t)$ 代入式（8.96），得

$$\psi_c[x(t)] = [a(t)\dot{\phi}(t)]^2 + \frac{1}{2}a(t)\ddot{\phi}(t)\sin[2\phi(t)] + \cos^2[\phi(t)]\{[\dot{a}(t)]^2 - a(t)\ddot{a}(t)\}$$

由调制解调的基本知识可知，调制信号的变化比载波的变化慢得多，此时 $a(t)$ 和 $\omega(t)$ 相对于载波的变化而言是缓变的，因此可以近似视为常数。这样有：$\dot{a}(t) = 0$，$\ddot{a}(t) = 0$，$\ddot{\phi}(t) = 0$，于是上式可近似为

$$\psi_c[x(t)] \approx [a(t)\dot{\phi}(t)]^2 = a^2(t)\omega^2(t) \tag{8.97}$$

同理，可以得到

$$\psi_c[\dot{x}(t)] \approx a^2(t)\omega^4(t) \tag{8.98}$$

联合式（8.97）和式（8.98）可得

$$\omega(t) = \sqrt{\frac{\psi_c[\dot{x}(t)]}{\psi_c[x(t)]}} \tag{8.99}$$

$$|a(t)| = \frac{\psi_c[x(t)]}{\sqrt{\psi_c[\dot{x}(t)]}} \tag{8.100}$$

由式（8.99）和式（8.100）可见，AM-FM 信号 $x(t)$ 的瞬时幅值 $a(t)$ 和瞬时频率 $\omega(t)$ 由信号的能量函数 $\psi_c[x(t)]$ 和信号微分能量函数 $\psi_c[\dot{x}(t)]$ 近似确定。

2. 离散信号 Teager 能量算子解调法

对于离散信号 $x(n)$，其能量算子定义为

$$\psi_d[x(n)] = [x(n)]^2 - x(n-1)x(n+1) \tag{8.101}$$

记 $x(n) = a(n)\cos[\phi(n)]$，瞬时频率 $\omega(n)$ 可定义为相位函数 $\phi(n)$ 的向后差分，即

$$\omega(n) = \phi(n) - \phi(n-1)$$

对 $x(n)$ 进行非线性算子运算，得

$$\psi_d[x(n)] = a^2(n)\cos^2[\phi(n)] - a(n-1)\cos[\phi(n-1)]a(n+1)\cos[\phi(n+1)] \tag{8.102}$$

因为调制信号的变化比载波的变化慢得多，此时 $a(n)$ 和 $\omega(n)$ 相对于载波的变化而言是缓变的，因此近似有

$$\left.\begin{array}{l} a(n-1) = a(n+1) = a(n) \\ \phi(n+1) - \phi(n-1) = 2\omega(n) \\ \phi(n+1) + \phi(n-1) = 2\phi(n) \end{array}\right\} \tag{8.103}$$

式（8.102）可以化简为

$$\psi_d[x(n)] = a^2(n)\sin^2[\omega(n)] \qquad (8.104)$$

若记

$$y(n) = x(n) - x(n-1)$$

则可以得到

$$\psi_d[y(n)] = 4a^2(n)\sin^2\left[\frac{\omega(n)}{2}\right]\sin^2[\omega(n)] \qquad (8.105)$$

联合式（8.104）和式（8.105），可得

$$\omega(n) = \arccos\left[1 - \frac{\psi_d[y(n)]}{2\psi_d[x(n)]}\right] \qquad (8.106)$$

$$|a(n)| = \sqrt{\frac{\psi_d[x(n)]}{1 - \left[1 - \dfrac{\psi_d[y(n)]}{2\psi_d[x(n)]}\right]^2}} \qquad (8.107)$$

以上就是 Teager 能量算子分离算法（Teager Energy Operator Separation Algorithm，TEOSA）的基本原理和实现方法。

8.5.3　两种解调分析方法的应用实例

图 8.28（a）所示为某型装甲车辆综合传动箱原位检测 1 挡 800 r/min 时振动速度信号，信号的频谱中有幅度较大的频率成分 340 Hz。在该信号中截取 8 192 点，利用窗函数法设计 FIR 滤波器在（320～360）Hz 频率范围内进行滤波，提取的窄带信号如图 8.28（b）所示。利用 Hilbert 变换分离算法提取的窄带信号的瞬时幅值和瞬时频率分别如图 8.28（c）、（d）所示。利用 Teager 能量算子分离算法提取的窄带信号的瞬时幅值和瞬时频率分别如图 8.28（e）、（f）所示。

通过对比可以看出，利用 HTSA 解调得到的瞬时幅值和瞬时频率两端都出现了明显的端点效应，并且原始信号中部频率的微小变化，也引起了变化点附近瞬时幅值和瞬时频率的较大波动，这些部位的解调误差较大，解调效果不是十分理想。利用 TEOSA 解调得到的瞬时幅值和瞬时频率没有产生端点效应，并且原始信号中部频率的微小变化，在瞬时幅值和瞬时频率波形中反映非常明显，但没有引起变化点附近瞬时幅值和瞬时频率的变化，曲线较为光滑，解调效果比较理想。以上实例表明，Teager 能量算子解调方法能够抑制 Hilbert 变换解调方法容易产生的端点效应，解调效果较好，且计算简单。用数值方法计算

信号的瞬时频率和瞬时幅值时，用差分代替导数带来以下问题：一是采用的差分形式的不同，瞬时频率和瞬时幅值的表达式也不相同；二是由于离散数据的表示受计算机字长的限制，在某些点上有可能出现较大误差，甚至无意义，因此计算过程中要重视对特殊点的控制。为了使瞬时幅值和瞬时频率的输出曲线变得光滑些，可对计算结果进行适当平滑处理或低通滤波。

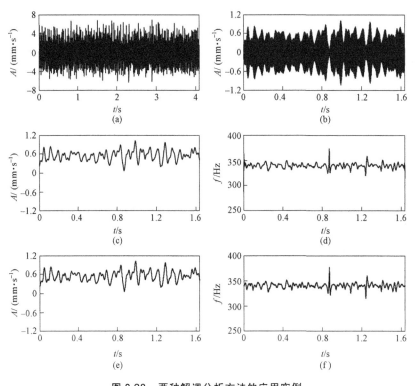

图 8.28　两种解调分析方法的应用实例

| 8.6　测试信号的细化谱分析 |

复杂机械的振动、噪声信号所包含的频率成分往往非常丰富，频谱分布范围也较宽。识别这种谱图中较宽频带上的细微结构，就必须要求频谱分析方法既要有较高的频率分辨率，又要有较宽的频带范围，这对于常规 FFT 谱分析来说，两者难以同时兼顾。为此，频谱细化技术应运而生，成为解决该问题的有效手段之一。

从 FFT 谱分析理论中可知，频率分辨率 Δf 与信号时间长度 T_0、采样时间间隔 T_s、采样频率 f_s 和点数 N 之间的关系为

$$\Delta f = 1/T_0 = 1/NT_s = f_s/N \qquad (8.108)$$

因为有 $N/2$ 条谱线分布在 $0 \sim f_s/2$ 频率范围内，Δf 越小，频谱的分辨率越高，为此应该使用尽可能小的 f_s 和尽可能大的 N。但在实际工程应用中，受采样定理的限制，采样频率 f_s 不能过低。另外，受存储空间、计算效率和谱估计质量的限制，点数 N 也不能太大。这就是常规 FFT 谱分析在频率分辨率方面存在的固有缺陷。

细化谱分析是一种高分辨率傅里叶分析方法，能够以指定的、足够高的分辨率分析频率轴上任一窄带内信号的频谱结构。它是 20 世纪 70 年代信号处理领域发展起来的一项新技术。频谱细化一般可以通过两种途径实现：一种是在保留细化频带中所有频率分量且不产生频谱混叠的前提下，对原信号进行抽取，降低采样频率，然后再对低采样率数据进行频谱分析；另一种是直接在细化频带内致密取值，增加输出频率点数，并计算出相应的频谱值。对比这两种实现途径，后者相对于前者，优点在于：无须进行滤波器设计，细化结果不受滤波器性能的影响；处理过程相对简单，避免了滤波、重抽、频率调整等过程；细化倍数和输出谱线条数选择灵活。

8.6.1 Zoom-FFT 频谱细化方法

传统的 Zoom-FFT 频谱细化方法的基本原理如图 8.29 所示，主要包括复调制移频、低通数字滤波、重抽样、FFT 及谱分析、频率成分调整和细化谱输出等处理步骤。

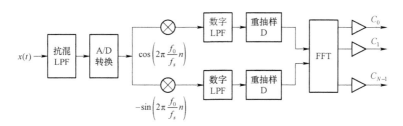

图 8.29 Zoom-FFT 频谱细化方法原理框图

连续信号 $x(t)$ 经抗混频低通滤波器，去掉高于 $f_s/2$ 的频率成分，以采样频率 f_s 采样，得到 N 点数字信号 $x(n)$。假定要在频带 (f_1, f_2) 范围内进行细化分析，则欲观测频带的中心频率为

$$f_0 = (f_1 + f_2)/2 \tag{8.109}$$

用 $e^{-j2\pi n f_0/f_s}$ 对 $x(n)$ 进行复调制，得到移频信号

$$x_0(n) = x(n)e^{-j2\pi n f_0/f_s} \tag{8.110}$$

根据离散傅里叶变换的移频性质，$x(n)$ 的离散频谱 $X(k)$ 和 $x_0(n)$ 的离散频谱 $X_0(k)$ 的关系为

$$X_0(k) = X(k+L_0) \tag{8.111}$$

式中，L_0 为 $X(k)$ 对应于频率 f_0 的谱线序号。

上式表明，复调制使 $x(n)$ 中的零频点移到 $x_0(n)$ 中的频率成分 f_0，相当于 $X(k)$ 中的零点谱线移到 $X_0(k)$ 中第 L_0 条谱线位置。

为了得到 $X_0(k)$ 零点附近的一部分细化谱，可用选抽的方法把采样频率降低至 f_s/D，D 是一个比例因子，又称为选抽比。这样，在频域上频谱周期从 f_s 缩短为 f_s/D。为了保证选抽后不产生频混现象，在选抽前应进行低通滤波，滤波器的截止频率不能超过 $f_s/(2D)$。

若细化前后都进行 N 点谱分析，细化前的全景谱具有 $N/2$ 条独立的谱线反映 $0 \sim f_s/2$ 频率范围的频谱，细化后的选带谱具有 N 条独立的谱线反映 $f_1 \sim f_2$ 频率范围内的频谱，显然其谱线条数是不一致的。为了使细化前后的独立谱线条数一致，采用将低通数字滤波的截止频率缩窄一倍为 $f_s/(4D)$，隔 $2D$ 点重抽样的方法。现代大多数频谱分析仪都采用这种算法。

与同样点数的直接 FFT 相比，这一细化方法所获得的分辨率要高 D 倍。因为直接进行 FFT 分析时，频率分辨率 $\Delta f = f_s/N$，重抽样以后频率分辨率 $\Delta f = f_s/(DN)$，故 D 有时又被称为细化倍数。经过以上几个处理步骤分析所得的最终结果，完全能反映出原信号在某一频率范围内的频谱特性，只是幅度绝对值相差一比例常数 D。

8.6.2　FFT-FS 频谱细化方法

由高等数学和积分变换相关知识可知，一个以 T_0 为周期的函数 $x(t)$，如果满足 Dirichlet 条件，即 $x(t)$ 在 $(-T_0/2, T_0/2)$ 上满足：

① 连续或只有有限个第一类间断点，

② 只有有限个极值点，

③ 在一个周期上绝对可积，即 $\int_{-T_0/2}^{T_0/2} |x(t)|\, \mathrm{d}t < \infty$，

那么，$x(t)$ 就可以展成傅里叶级数。在 $x(t)$ 的连续点处，级数的三角形式为

$$x(t) = a_0 + \sum_{k=1}^{\infty}[a_k\cos(k\omega_0 t) + b_k\sin(k\omega_0 t)] \tag{8.112}$$

式中，角频率 $\omega_0 = \dfrac{2\pi}{T_0}$ ；直流分量 $a_0 = \dfrac{1}{T_0}\displaystyle\int_{-T_0/2}^{T_0/2} x(t)\mathrm{d}t$ ；余弦分量的幅值 $a_k =$

$\dfrac{2}{T_0}\displaystyle\int_{-T_0/2}^{T_0/2} x(t)\cos(k\omega_0 t)\mathrm{d}t$ ， $k = 1, 2, \cdots$ ；正弦分量的幅值 $b_k = \dfrac{2}{T_0}\displaystyle\int_{-T_0/2}^{T_0/2} x(t)\sin(k\omega_0 t)\mathrm{d}t$ ，

$k = 1, 2, \cdots$ 。

对连续时间周期信号 $x(t)$ ，以 T_s 为采样时间间隔进行时间离散，每个周期 T_0 内采集 N 点数据，得到离散周期信号 $\tilde{x}(n)$ ，取其一个周期内的信号记为 $x(n)$ ， $n = 0, 1, \cdots, N-1$ ，同时有 $t = nT_s$ ， $T_0 = NT_s$ 。时域采样会在频域产生周期延拓现象，形成周期频谱，且频谱的周期为 $f_s = 1/T_s = N/T_0 = Nf_0$ 。因此，在 $0 \sim f_s$ 范围内正好也有 N 条谱线，这样式（8.112）变为

$$x(n) = a_0 + \sum_{k=1}^{N}\left[a_k \cos\left(\frac{2\pi kn}{N}\right) + b_k \sin\left(\frac{2\pi kn}{N}\right)\right] \tag{8.113}$$

式中，

$$a_0 = \frac{1}{N}\sum_{n=1}^{N-1} x(n)$$

$$a_k = \frac{2}{N}\sum_{n=1}^{N-1} x(n)\cos\left(\frac{2\pi kn}{N}\right) \tag{8.114}$$

$$b_k = \frac{2}{N}\sum_{n=1}^{N-1} x(n)\sin\left(\frac{2\pi kn}{N}\right) \tag{8.115}$$

式（8.114）和式（8.115）中， $k = 0, 1, \cdots, N/2 - 1$ 。频率 kf_0 处幅值谱矢量表达式为 $a_k - \mathrm{j}b_k$ ，即 a_k 、 b_k 分别对应幅值谱的实部和虚部。

由采样定理可知，序列 $x(n)$ 包含 $0 \sim f_s/2$ 频段的连续信息，若把式（8.114）和式（8.115）中的 k 看作区间 $0 \sim N/2$ 内连续变化的实数变量 $f(0 \le f \le f_s/2)$ ，则式（8.114）和式（8.115）可变成

$$a(f) = \frac{2}{N}\sum_{n=1}^{N-1} x(n)\cos\left(\frac{2\pi nf}{f_s}\right) \tag{8.116}$$

$$b(f) = \frac{2}{N}\sum_{n=1}^{N-1} x(n)\sin\left(\frac{2\pi nf}{f_s}\right) \tag{8.117}$$

于是，利用式（8.116）和式（8.117）可得到连续的频谱曲线，从而频率分辨率就不再受采样点数的限制了。这样，通过对感兴趣的频段致密取值，增加离散点数，即可达到频谱细化的目的。

假设给定欲细化频带的起始频率 f_1 ，细化后的分辨率 Δf_1 ，输出谱线的条数 M ，则细化频带的下限频率 $f_2 = f_1 + (M-1)\Delta f_1$ 。因此，在保证细化频率范围为

$0 \leqslant f_1 < f_2 \leqslant f_s / 2$ 时，则有

$$a_m = \frac{2}{N} \sum_{n=1}^{N-1} x(n) \cos\left[\frac{2\pi n(f_1 + m\Delta f_1)}{f_s}\right] \tag{8.118}$$

$$b_m = \frac{2}{N} \sum_{n=1}^{N-1} x(n) \sin\left[\frac{2\pi n(f_1 + m\Delta f_1)}{f_s}\right] \tag{8.119}$$

式中，$m = 0, 1, \cdots, M-1$。为保证细化后的谱线条数与细化前谱线条数相同，常取 $M = N / 2$。

显然，式（8.118）和式（8.119）直接采用了傅里叶级数（FS）的原理公式，故所需的运算量较大。因此，在实际应用中可以针对 N 点序列先用 FFT 做出 $0 \sim f_s / 2$ 频段的基带谱（又称为全景谱），然后再利用式（8.118）和式（8.119）对感兴趣的局部频谱进行细化运算。细化密度可以根据需要确定。

为了尽可能提高频谱分析的效率、减少计算时间，具体实施细化分析时，细化的范围可以由大到小，细化密度可以由低到高逐渐进行。这种将 FFT 和 FS 结合起来对频谱进行细化分析的方法被简称为 FFT–FS 频谱细化分析。

8.6.3　两种频谱细化方法的应用实例

传统的 Zoom–FFT 方法物理概念非常明确，但存放中间数据所需内存空间大，频率调整复杂，使最大细化倍数和精度都受到一定限制。基于 FFT–FS 的频谱细化方法处理过程简单、细化倍数选择灵活、运算效率高、细化效果好，可以用来替代传统的 Zoom–FFT 方法，在工程信号分析中广泛采用。

图 8.30（a）所示为某型装甲车辆综合传动箱原位检测 1 挡 800 r/min 时振动速度信号，图 8.30（b）所示为其幅值谱。由于该测点距发动机动力输出端较近，受发动机振动的影响较为明显，信号中的低频部分比较丰富，所以在此分别利用 Zoom–FFT 和 CZT 方法对 $0 \sim 100$ Hz 频率范围上的信号进行 25 倍细化分析，如图 8.30（c）、（d）所示。

对比图 8.30（c）、（d）可以看出，这两种细化分析结果基本相同，都能取得令人满意的结果。但 Zoom–FFT 方法需要设计数字滤波器，细化频带两端附近的频谱幅度受到滤波器性能（幅频特性过渡带）的影响较大，而基于 CZT 的细化方法，不使用滤波器，也就不受滤波器性能的影响。从中可以明显地看出以下特征频率：当发动机转速为 800 r/min 时，综合传动箱的前传动与发动机曲轴相连的输入轴旋转频率为 800/60=13.3（Hz），其 2 倍频为 26.6Hz，3 倍频为 40 Hz（亦即气缸爆发频率），气缸爆发频率的 0.5 倍频为 20 Hz，气缸爆发频率的 1.5 倍频为 60 Hz，这些在细化谱中清晰可见。

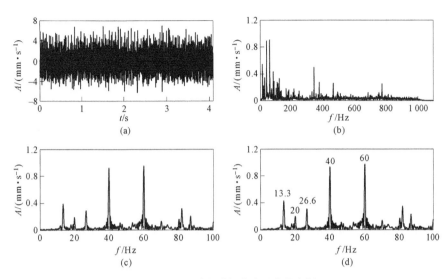

图 8.30　两种频谱细化方法应用实例

参考文献

［1］樊尚春，周浩敏. 信号与测试技术［M］. 北京：北京航空航天大学出版社，2002.

［2］李科杰. 新编传感器技术手册［M］. 北京：国防工业出版社，2002.

［3］李晓莹. 传感器与测试技术［M］. 北京：高等教育出版社，2004.

［4］吴道悌. 非电量电测技术［M］. 西安：西安交通大学出版社，2001.

［5］张洪亭，王明赞. 测试技术［M］. 沈阳：东北大学出版社，2005.

［6］王伯雄，王雪，陈非凡. 工程测试技术［M］. 北京：清华大学出版社，2007.

［7］樊新海. 工程测试技术基础［M］. 北京：国防工业出版社，2007.

［8］熊诗波，黄长艺. 机械工程测试技术基础［M］. 第 3 版. 北京：机械工业出版社，2013.

［9］郑君里，应启珩，杨为理. 信号与系统［M］. 北京：高等教育出版社，2004.

［10］胡广书. 数字信号处理——理论、算法与实现［M］. 北京：清华大学出版社，2003.

［11］盛兆顺，尹琦岭. 设备状态监测与故障诊断技术及应用［M］. 北京：化学工业出版社，2003.

［12］蔡武昌，孙淮清，纪纲. 流量测量方法和仪表的选用［M］. 北京：化学工业出版社，2001.

［13］邬惠乐，邱毓强. 汽车拖拉机试验学［M］. 北京：机械工业出版社，1983.

［14］郑慕侨. 车辆试验技术［M］. 北京：国防工业出版社，1989.

［15］李杰敏. 汽车拖拉机试验学［M］. 北京：机械工业出版社，1994.

［16］刘维平. 车辆试验学［M］. 北京：兵器工业出版社，2005.

［17］刘学工，徐保荣. 坦克装甲车辆试验［M］. 北京：兵器工业出版社，2015.

［18］何国伟. 可靠性试验技术［M］. 北京：国防工业出版社，1995.

［19］甘茂治，吴真真. 维修性设计与验证［M］. 北京：国防工业出版社，1995.

［20］康锐，屠庆慈，田仲，等. 可靠性维修性保障性工程基础［M］. 北京：
　　　国防工业出版社，2012.

［21］石君友. 测试性设计分析与验证［M］. 北京：国防工业出版社，2011.

［22］黄考利. 装备测试性设计与分析［M］. 北京：兵器工业出版社，2005.

［23］赵廷弟. 安全性设计分析与验证［M］. 北京：国防工业出版社，2011.

［24］聂皞. 电子装备复杂电磁环境效应［M］. 北京：国防工业出版社，2013.

［25］柯宏发. 电子装备复杂电磁环境适应性试验与评估［M］. 北京：国防工
　　　业出版社，2015.

索 引

H

K

L